U0938105

高等职业教育物联网专业系列教材

宁波市科协科普资助项目

物联网应用基础

主　编　李方园

副主编　应秋红

参　编　张燕珂　周庆红　钟晓强

范海绍　郑振杰

机械工业出版社

本书是一本关于物联网的入门读物，内容从物联网的产生背景、概念、特点、现实与困境，到物联网的感知层、网络层和应用层，再到智慧社区、智慧物流、智慧交通、智慧校园等多个物联网应用在智慧城市上的典型案例，始终紧紧围绕物联网发展前沿的热点问题，依据物联网相关技术的最新标准，比较全面、通俗地介绍了物联网基础理论和应用实践的最新成果。

本书内容丰富，结构完整，深入浅出，图文并茂，可以作为物联网应用技术、应用电子技术和自动化专业的基础教材和公共选修课的教材，也可以供物联网及计算机网络行业的工程技术人员阅读。

为方便教学，本书有电子课件、习题答案、模拟试卷及答案等教学资源，凡选用本书作为授课教材的学校，均可通过电话（010-88379564）或 QQ（2314073523）索取，有任何技术问题也可通过以上方式联系。

图书在版编目（CIP）数据

物联网应用基础/李方园主编. —北京：机械工业出版社，2016.4（2024.1 重印）
高等职业教育物联网专业系列教材
ISBN 978-7-111-53487-7

Ⅰ.①物… Ⅱ.①李… Ⅲ.①互联网络-应用-高等职业教育-教材②智能技术-应用-高等职业教育-教材 Ⅳ.①TP393.4②TP18

中国版本图书馆 CIP 数据核字（2016）第 072783 号

机械工业出版社（北京市百万庄大街 22 号 邮政编码 100037）
策划编辑：曲世海 责任编辑：曲世海 高亚云
封面设计：陈 沛 责任印制：邓 博
北京盛通数码印刷有限公司印刷
2024 年 1 月第 1 版第 7 次印刷
184mm×260mm · 12.25 印张 · 296 千字
标准书号：ISBN 978-7-111-53487-7
定价：39.80 元

电话服务	网络服务
客服电话：010-88361066	机 工 官 网：www.cmpbook.com
010-88379833	机 工 官 博：weibo.com/cmp1952
010-68326294	金 书 网：www.golden-book.com
封底无防伪标均为盗版	机工教育服务网：www.cmpedu.com

前　言

物联网是继计算机、互联网和移动通信之后的新一轮信息技术革命，目前已经成为我国重点发展的战略性新兴产业之一。发展物联网不仅成为世界各国寄托未来发展的经济理想，同时也成为实现“感知中国”宏伟愿景的有效途径。智慧城市就是运用物联网技术进行感测、分析、整合城市运行核心系统的各项关键信息，从而对包括民生、环保、公共安全、城市服务和工商业活动在内的各种需求做出智能响应的典型物联网应用案例。

本书共分5章。第1章介绍了物联网的定义与发展、物联网的层次结构，包括感知层、网络层和应用层。第2章主要介绍了物联网的感知技术，包括二维码识别技术、RFID技术、传感器技术、智能手机和可穿戴技术。第3章主要介绍了物联网的网络建构，包括蓝牙技术与网络、WiFi技术与网络、ZigBee技术与网络、超宽带技术与网络、无线传感器网络（WSN）和移动通信网络。第4章对物联网数据处理中经常用到的云计算、大数据进行了介绍，包括云计算的MapReduce编程模型、数据挖掘技术等，还介绍了中间件。第5章重点介绍智慧城市应用物联网进行体系构建的理论和实践。

本书由李方园任主编，应秋红任副主编，张燕珂、周庆红、钟晓强、范海绍、郑振杰参与了相关章节的编写工作。

在本书编写过程中，IBM、华为技术有限公司等提供了许多案例，同时编者参考和引用了国内外许多专家、学者最新发表的论文和著作等资料，中国传动网也为本书提供了最新的项目案例，在此一并致谢！

另外，本书的出版获得了宁波市科协科普资助项目经费的支持，在此表示感谢！

编　者

目　录

第1章　物联网概述

【导读】物联网是新一代信息技术的重要组成部分，也是“信息化”时代的重要发展阶段，其英文名称是 Internet of Things（IoT）。顾名思义，物联网就是物物相连的互联网。这有两层意思：其一，物联网的核心和基础仍然是互联网，是在互联网基础上延伸和扩展的网络；其二，其用户端延伸和扩展到了任何物品与物品之间，进行信息交换和通信，也就是物物相联。物联网通过智能感知、识别技术与普适计算等通信感知技术，广泛应用于网络的融合中，也因此被称为继计算机、互联网之后世界信息产业发展的第三次浪潮。物联网是互联网的应用拓展，与其说物联网是网络，不如说物联网是业务和应用。

1.1　物联网的定义与发展

1.1.1　物联网的定义

物联网的定义最初在1999年由美国麻省理工学院（MIT）提出，即物联网是通过射频识别（RFID）装置、红外感应器、全球定位系统、激光扫描器、气体感应器等信息传感设备，按照约定的协议，把任何物品与互联网连接起来，进行信息交换和通信，以实现智能化识别、定位、跟踪、监控和管理的一种网络。

中国物联网校企联盟则将物联网的定义进行扩展：物联网是当下几乎所有技术与计算机、互联网技术的结合，来实现物体与物体之间信息（环境以及状态信息）的实时共享以及智能化的收集、传递、处理、执行。按照这个定义，从广义上说，当下涉及信息技术的应用都可以纳入物联网的范畴。

国际电信联盟（ITU）发布的 ITU 互联网报告也对 MIT 的物联网定义进行了扩展（见图1-1）：物联网是通过二维码识读设备、射频识别（RFID）装置、红外感应器、全球定位系统和激光扫描器等信息传感设备，按照约定的协议，把任何物品与互联网相连接，进行信息交换和通信，以实现智能化识别、定位、跟踪、监控和管理的一种网络。

根据国际电信联盟（ITU）的定义，物联网主要解决物品与物品（Thing to Thing，T2T）、人与物品（Human to Thing，H2T）、人与人（Human to Human，H2H）之间的互联。但是与传统互联网不同的是，H2T 是指人利用通信装置与物品之间的连接，从而使得物品连接更加的简化，而 H2H 是指人之间不依赖于 PC 而进行的互连。因为互联网并没有考虑到对于任何物品连接的问题，故我们使用物联网来解决这个传统意义上的问题。

综上所述，物联网也可以简单定义为：物联网就是连接物品的网络。许多学者讨论物联

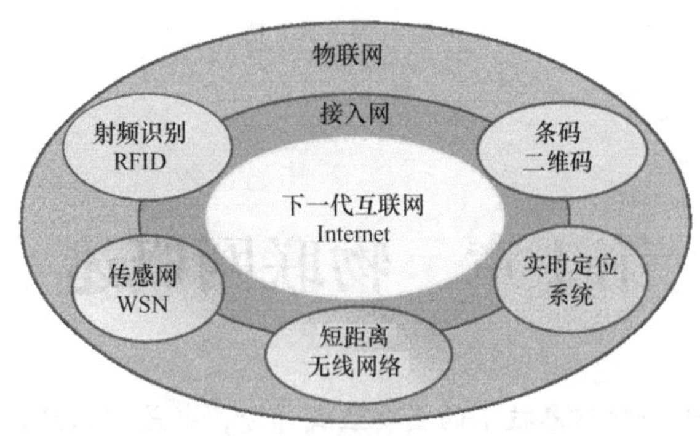

图 1-1　物联网的扩展定义

网时，经常会引入 M2M 的概念，可以解释成为人到人（Man to Man）、人到机器（Man to Machine）、机器到机器（Machine to Machine）。从本质上而言，人与机器、机器与机器的交互，大部分是为了实现人与人之间的信息交互。

随着科技的快速发展，物联网的应用也越来越广泛（见图 1-2），社会上对物联网的定义也超出了当初 1999 年 MIT 提出的内涵。

图 1-2　物联网的应用

目前国内对物联网形成的一个广泛认识就是：物联网是指通过各种信息传感设备，实时采集任何需要监控、连接、互动的物体或过程等各种需要的信息，与互联网结合形成的一个巨大网络，其目的就是实现物与物、物与人、所有的物品与网络的连接，方便识别、管理和控制。

1.1.2　物联网的发展历程

物联网的实践最早可以追溯到 1990 年施乐公司的网络可乐贩售机——Networked Coke Machine。

1991 年美国麻省理工学院（MIT）的 Kevin Ashton 教授首次提出物联网的概念。

1995 年比尔·盖茨在《未来之路》一书中也曾提及物联网，但未引起广泛重视。

1999 年美国麻省理工学院建立了“自动识别中心（Auto-ID）”，提出“万物皆可通过网络互联”，阐明了物联网的基本含义。早期的物联网是依托射频识别（RFID）技术的物流网络，随着技术和应用的发展，物联网的内涵已经发生了较大变化。

2000 年底，京瓷公司和 Palm 公司发布了世界上最早的智能手机之一 Palm Kyocera（也称 Kyocera Palm），如图 1-3 所示。Palm 公司后来一度成为了智能手机行业的领导品牌，依靠 Treo 等知名智能机款式风靡全球。至此，移动电话连接上了网络。

图 1-3　Palm Kyocera 智能手机

2001 年，德国宝马公司发布了第四代 7 系轿车产品，主打“联网驾驶”（Connected Drive）。至此，车也开始连接上了网络。

2003 年美国《技术评论》提出传感网络技术将是未来改变人们生活的十大技术之首。

2004 年日本提出 U-Japan 计划，该计划力求实现人与人、物与物、人与物之间的连接，希望将日本建设成一个随时、随地、任何物体、任何人均可连接的泛在网络社会。

2005 年 11 月 17 日，在突尼斯举行的信息社会世界峰会（WSIS）上，国际电信联盟（ITU）发布《ITU 互联网报告 2005：物联网》，引用了“物联网”的概念。物联网的定义和范围已经发生了变化，覆盖范围有了较大的拓展，不再只是指基于 RFID 技术的物联网。

2006 年韩国确立了 U-Korea 计划，该计划旨在建立无所不在的社会（Ubiquitous Society），在民众的生活环境里建设智能型网络（如 IPv6、BcN、USN）和各种新型应用（如 DMB、Telematics、RFID），让民众可以随时随地享有科技智慧服务。

2008 年后，为了促进科技发展，寻找经济新的增长点，各国政府开始重视下一代的技术规划，将目光放在了物联网上。在中国，同年 11 月在北京大学举行的第二届中国移动政务研讨会“知识社会与创新 2.0”提出移动技术、物联网技术的发展代表着新一代信息技术的形成，并带动了经济社会形态、创新形态的变革，推动了面向知识社会的以用户体验为核心的下一代创新（创新 2.0）形态的形成，创新与发展更加关注用户、注重以人为本。而创新2.0形态的形成又进一步推动新一代信息技术的健康发展。

2008年，Roku联手Netflix推出了Roku Netflix Player机顶盒（见图1-4），这是世界上第一款智能电视产品，至此电视连上了网络。当时，世界上大约有超过20亿台各式设备连接了网络。

图1-4　Roku Netflix Player机顶盒

2009年欧洲联盟相关组织发表了欧洲物联网行动计划，描绘了物联网技术的应用前景，提出欧洲联盟区域相关政府与组织要加强对物联网的管理，促进物联网的发展。

2009年1月，奥巴马就任美国总统后，与美国工商业领袖举行了一次“圆桌会议”，作为仅有的两名代表之一，IBM首席执行官彭明盛首次提出“智慧地球”这一概念，建议新政府投资新一代的智慧型基础设施。当年，美国将新能源和物联网列为振兴经济的两大重点。

2009年8月，温家宝总理有关“感知中国”的讲话把我国物联网领域的研究和应用开发推向了高潮，无锡市率先建立了“感知中国”研究中心，中国科学院、运营商、多所大学在无锡建立了物联网研究院，江南大学还建立了全国首家实体物联网工厂学院。2010年3月5日，温家宝总理在作政府工作报告时指出，要“大力发展新能源、新材料、节能环保、生物医药、信息网络和高端制造业，积极推进新能源汽车、‘三网’融合取得实质性进展，加快物联网的研发应用，加大对战略性新兴产业的投入和政策支持”。这是我国首次将物联网写入政府工作报告中。物联网在中国受到了全社会极大的关注，其受关注程度是美国、欧盟以及其他各国家与地区不可比拟的。

2010年，Google推出了GoogleTV，将电视和互联网娱乐内容更好地整合到一起，在传统的电视中加入了互联网搜索，支持一边上网一边看电视，使用Android手机作为遥控器，还可以运行Android应用。至此，人们的家具生活因为互联网和家居电器物品的整合，变得更加丰富多彩。

2011年，IPv6（Internet Protocol Version 6）面世。这个新的互联网基础协议将允许2的128次方个互联网地址被创建和分配，大约340，282，366，920，938，463，463，374，

607，431，768，211，456 个地址。这个数字的含义：使用 IPv6，我们可以给整个地球上所有生物非生物的所有原子分配一个地址，剩下的地址量还够分给 100 多个地球。

2012 年 4 月，谷歌公司在其社交网络 Google + 上公布了命名为“Project Glass”的电子眼镜产品计划。图 1-5 所示是一款增强现实型穿戴式智能眼镜。这款眼镜将集智能手机、GPS、相机于一身，在用户眼前展现实时信息，只要眨眨眼就能完成拍照上传、收发短信、查询天气路况等操作。

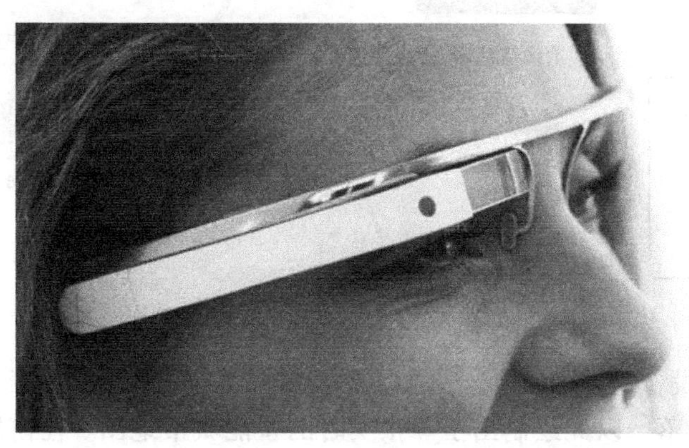

图 1-5　谷歌眼镜

2014 年 2 月，阿里巴巴集团将“云 + 端”确立为未来 10 年的重要战略。阿里巴巴未来 10 年的目标是建立大数据时代中国商业发展的基础设施。云计算正是这种基础设施中最关键的部分。就像国家电网一样，云计算能为未来经济提供源源不断的新能源。在未来的物联网中，云计算将会成为一种随时、随地、根据需要提供的公共服务。

2015 年 5 月，华为推出物联网操作系统 Liteos 和全新敏捷网络 3. 0，基于该方案华为服务将全面延伸到物联网领域。

预计到 2020 年，全世界联网设备将超过 2000 亿台，超过 40 亿人享受有网络的生活。届时，每个人将拥有大约 26 种智能物品，包括且不仅限于汽车、房屋、钥匙、电话、计算机、医疗保健产品等。

预计到 2025 年左右，全球物联网产业总值将达到 6. 2 万亿美元，其中医疗健康领域 2. 5 万亿美元，工业生产领域 2. 3 万亿美元，其他领域分别为零售、安保和交通。

1. 1. 3　物联网的“物”

图 1-6 所示就是根据定义所做的物联网工作原理示意。这里的“物”要满足以下条件才能够被纳入“物联网”的范围：①要有数据传输通路；②要有一定的存储功能；③要有 CPU；④要有操作系统；⑤要有专门的应用程序；⑥遵循物联网的通信协议；⑦在世界网络中有可被识别的唯一编号。

对于物联网中“物”的研究，目前已经有的结论是：

1）最小的物联网设备将是智能灰尘。跟灰尘一样小的超微型计算机即将出现，并且使用各种方式被散布到世界各地。智能灰尘的用途将非常广泛，包括且不仅限于地理调查、空气污染分析，甚至小到每个人的身体状况分析。

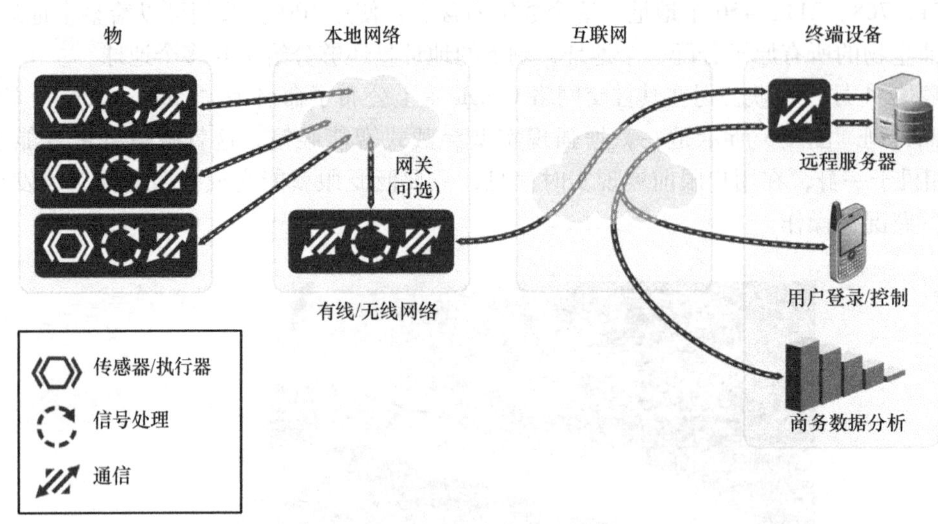

图 1-6　物联网的工作原理示意

2）最大的物联网设备是整个城市。爱尔兰首都都柏林已经将很多用于各种用途的检测器分布到全城的各个角落，以此绘制出了一张实时的智能城市地图。任何地方发生任何事情，当局都能够进行快速反应，避免和延迟危机的发生。

3）已经走入人们生活的物联网设备是智能门锁、智能建筑等。智能门锁能够通过智能手机进行解锁和上锁，智能建筑则可以保证在其中工作的人们能够感觉舒适，同时为社会节省能源。

4）还未走入人们生活的物联网设备是心控设备、高智机器人以及给所有物品用的社交网络服务网站。尽管物联网中的“物”已经能够从人的身体中提取部分关键的信息，但目前使用人的思想来控制机械设备，还是一个无法达到的伟大构想。假若这样美好的事情真正发生，将会对全人类的生活带来巨大的变革。

1.2　物联网的三个层次

1.2.1　物联网的层次结构

物联网应该具备三个特征，一是全面感知，即利用 RFID、传感器、二维码等随时随地获取物体的信息；二是可靠传递，通过各种电信网络与互联网的融合，将物体的信息实时准确地传递出去；三是智能处理，利用云计算、模糊识别等各种智能计算技术，对海量数据和信息进行分析和处理，对物体实施智能化的控制。

在业界，物联网大致被公认为有三个层次，底层是用来感知数据的感知层，第二层是数据传输的网络层，最上面则是内容应用层。其结构如图 1-7 所示。

1.2.2　感知层

感知层包括传感器等数据采集设备，包括数据接入到网关之前的传感器网络。它是物联

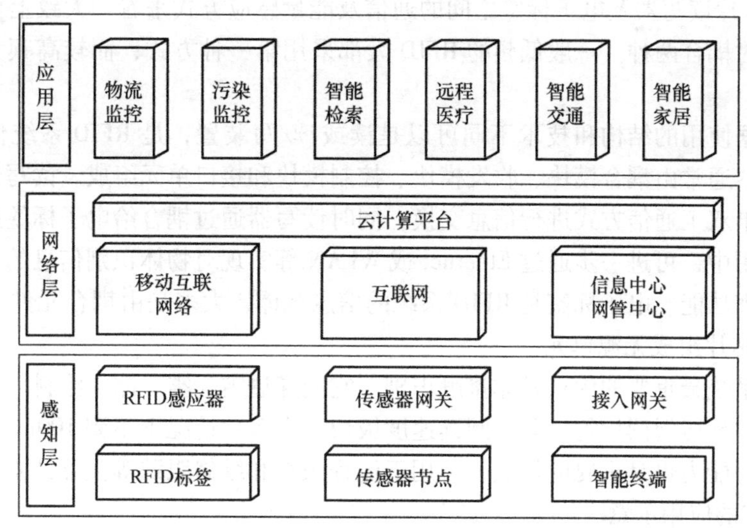

图 1-7　物联网层次结构

网发展和应用的基础，RFID 技术、传感和控制技术、短距离无线通信技术是感知层涉及的主要技术。感知层又包括芯片研发、通信协议研究、RFID 材料、智能节点供电等细分技术。

对于目前关注和应用较多的 RFID 网络来说，张贴安装在设备上的 RFID 标签和用来识别 RFID 信息的扫描仪、感应器属于物联网的感知层。

无线射频识别系统由电子标签（Tag）、读写器（Reader）和天线（Antenna）三部分组成。具体的工作原理如图 1-8 所示：上位机发送指令使读写器工作，天线发送射频信号，电子标签接收到射频信号后，转化为电流，供芯片工作，读出内部所储存的数据，经调制后发送出去；天线接收标签反馈的信息后送至读写器，经解调后还原出标签数据，发送给上位机进行处理。

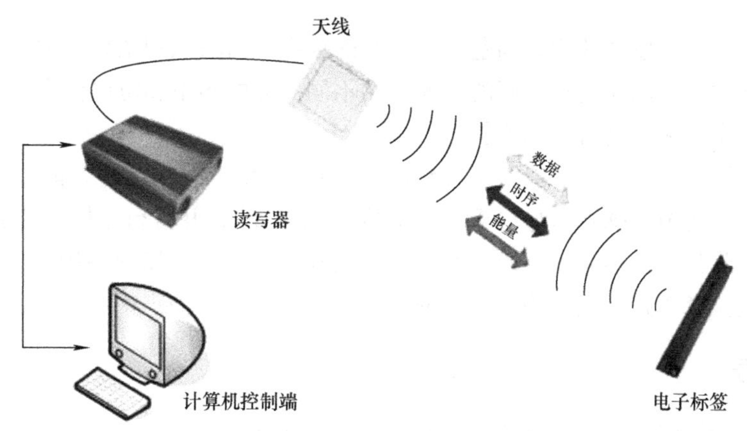

图 1-8　RFID 系统工作原理图

因此，一套完整的 RFID 系统是读写器（Reader）发射一特定频率的无线电波能量，用以驱动电路将内部的数据送出，同时读写器（Reader）能依序接收解读数据，送给应用程序做相应的处理。

以 RFID 卡片读写器及电子标签之间的通信及能量感应方式来看，大致上可以分成感应耦合及后向散射耦合两种。一般低频的 RFID 大都采用第一种方式，而较高频大多采用第二种方式。

读写器根据使用的结构和技术不同可以是读或读/写装置，是 RFID 系统信息控制和处理中心。读写器通常由耦合模块、收发模块、控制模块和接口单元组成。读写器和电子标签之间一般采用半双工通信方式进行信息交换，同时读写器通过耦合给电子标签提供能量和时序。在实际应用中，可进一步通过 Ethernet 或 WLAN 等实现对物体识别信息的采集、处理及远程传送等管理功能。电子标签是 RFID 系统的信息载体，大多是由耦合元件（线圈、微带天线等）和微芯片组成无源单元。

射频识别系统最重要的优点是非接触识别，它能穿透雪、雾、冰、涂料、尘垢和条形码无法使用的恶劣环境阅读标签，并且阅读速度极快，大多数情况下不到 100ms。有源式射频识别系统的速写能力也是重要的优点，可用于流程跟踪和维修跟踪等交互式业务。图 1-9 所示是 RFID 标签的应用示意。

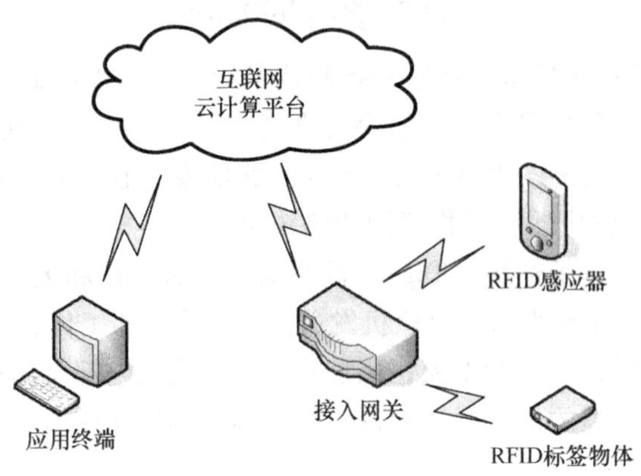

图 1-9　RFID 标签的应用

制约射频识别系统发展的主要问题是不兼容的标准。射频识别系统的主要厂商提供的都是专用系统，导致不同的应用和不同的行业采用不同厂商的频率和协议标准，这种混乱的状况已经制约了整个射频识别行业的增长。

用于战场环境信息收集的智能微尘（Smart Dust）网络，感知层由智能传感节点和接入网关组成，智能传感节点感知信息（温度、湿度、图像等），并自行组网传递到上层网关接入点，由网关将收集到的感应信息通过网络层提交到后台处理，如图 1-10 所示。环境监控、污染监控等应用是基于这一类结构的物联网。

1.2.3　网络层

物联网的网络层将建立在现有的移动通信网和互联网基础上。物联网通过各种接入设备与移动通信网和互联网相连，如手机付费系统中由刷卡设备将内置手机的 RFID 信息采集、分析，传到互联网，网络层完成后台鉴权认证并从银行网络划账。

网络层中应有的功能包括信息存储查询、网络管理等。但是，数据感知与处理技术是实现以数据为中心的物联网的核心技术。数据感知与处理技术包括本网络层数据的存储、查

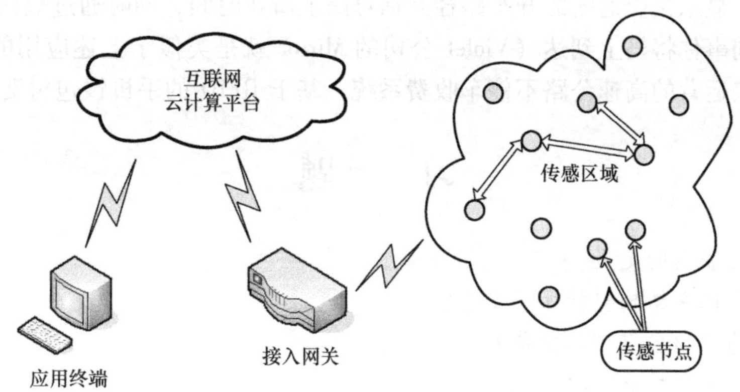

图 1-10　智能微尘网络的应用

询、挖掘、理解以及基于感知数据的决策和行为的理论和技术，如图 1-11 所示。

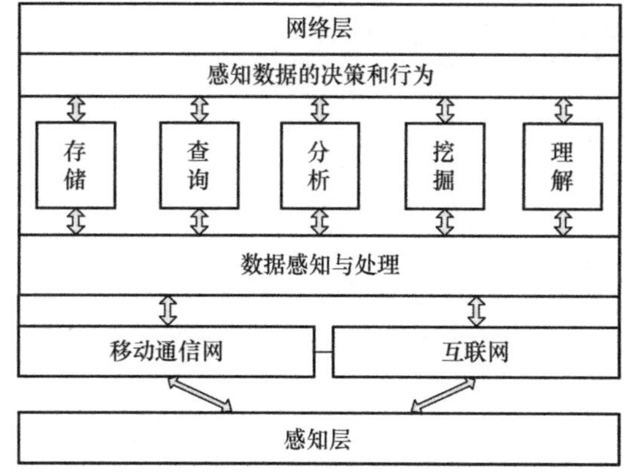

图 1-11　网络层示意图

云计算平台作为海量感知数据的存储、分析平台，将是物联网网络层的重要组成部分，也是应用层众多应用的基础。

在产业链中，通信网络运营商将在物联网网络层占据重要的地位。而正在高速发展的云计算平台将是物联网发展的又一助力。

1.2.4　应用层

物联网应用层利用经过分析处理的感知数据，为用户提供丰富的特定服务。物联网的应用可分为监控型（物流监控、污染监控）、查询型（智能检索、远程抄表）、控制型（智能交通、智能家居、路灯控制）、扫描型（手机钱包、高速公路不停车收费）等。

应用层是物联网发展的目的，软件开发、智能控制技术将会为用户提供丰富多彩的物联网应用。各种行业和家庭应用的开发将会推动物联网的普及，也给整个物联网产业链带来利润。

目前已经有不少物联网范畴的应用，譬如通过一种感应器感应到某个物体触发信息，然后按设定通过网络完成一系列动作。当你早上拿车钥匙出门上班时，在计算机旁待命的感应器检测到之后就会通过互联网络自动发起一系列事件：通过短信或者扬声器自动报今天的天气，在计算机上显示快捷通畅的开车路径并估算路上所花时间，同时通过短信或者即时聊天工具告知你的同事你将马上到达（Violet 公司的 Mirror 就是类似于上述应用的产品）。又譬如已经投入试点运营的高速公路不停车收费系统、基于 RFID 的手机钱包付费应用等。

习　　题

1. 请阐释物联网的定义。
2. 物联网的体系结构包括哪些部分？
3. 物联网的感知层有哪些功能？
4. 物联网的网络层有哪些功能？
5. 物联网的应用层有哪些功能？

第2章　物联网的感知技术

【导读】物联网感知层的主要功能是实现对信息的采集、识别和控制。物联网是通过二维码识别器、传感器、RFID读写器、摄像头、GPS等模块实现温度、湿度、风向、标签、道路拥塞等信息的感知和获取。其中应用最普及的感知技术是射频识别，即RFID，它可通过无线电信号识别特定目标并读写相关数据，而无须识别系统与特定目标之间建立机械或光学接触。而将来最大规模的感知点则是智能手机和可穿戴产品，在"智慧城市"的背景下，每一位市民都可以通过使用自己的智能产品进行感知周边和自身，从而获得巨大的利用效益。

2.1　二维码识别技术

2.1.1　概述

二维码是指在一维条码的基础上扩展出另一维具有可读性的条码，使用黑白矩形图案表示二进制数据，被设备扫描后可获取其中所包含的信息。一维条码的宽度记载着数据，而其长度没有记载数据。二维码的长度、宽度均记载着数据。

二维码有一维条码没有的"定位点"和"容错机制"。容错机制在即使没有辨识到全部的条码，或是说条码有污损时，也可以正确地还原条码上的资讯。

2.1.2　二维码的分类

二维码的种类很多，不同的机构开发出的二维码具有不同的结构以及编写、读取方法，主要有堆叠式二维码（又称行排式二维码、堆积式二维码或层排式二维码）和矩阵式二维码（又称棋盘式二维码）两类。

（1）堆叠式二维码　堆叠式二维码包括PDF417、Code 49、Code 16K、Ultra Code等。

（2）矩阵式二维码　矩阵式二维码包括QR二维码、Code One、Aztec Code、Data Matrix、Maxi Code、龙贝码、矽感网格矩阵（GM）、矽感紧密矩阵（CM）、汉信码等。其中龙贝码、矽感网格矩阵（GM）、矽感紧密矩阵（CM）和汉信码是具有国内专利技术的二维码。

国外的二维码主要类型如图2-1所示。

国内主流的二维码类型如图2-2所示，包括汉信码、GM码、CM码和龙贝码等。

Data Matrix

Maxi Code

Aztec Code

QR Code

Verilog Code

PDF417

Ultra Code

Code 49

Code 16K

图 2-1　国外的二维码

图 2-2　国内主流的二维码类型

2.1.3　PDF417 码

PDF417 码是一种高密度、高信息含量的便携式数据文件，是实现证件及卡片等大容量、高可靠性信息自动存储、携带并可用机器自动识读的理想手段。

PDF417 码是由留美华人王寅敬博士发明的。PDF 是取英文 Portable Data File 三个单词的首字母的缩写，意为“便携数据文件”。因为组成条码的每一符号字符都是由 4 个条和 4 个空构成，如果将组成条码的最窄条或空称为一个模块，则上述的 4 个条和 4 个空的总模块数一定为 17，所以称 417 码或 PDF417 码（见图 2-3）。

图 2-3　PDF417 码

PDF417 码可表示数字、字母或二进制数据，也可表示汉字。一个 PDF417 码最多可容纳 1850 个字符或 1108 个字节的二进制数据，如果只表示数字则可容纳 2710 个数字。PDF417 的纠错能力分为 9 级，级别越高，纠正能力越强。由于这种纠错功能，使得污损的

417 条码也可以正确读出。

1. PDF417 码的特点及优点

我国目前已制定了 PDF417 码的国家标准，PDF417 码的特点及优点如下：

（1）信息容量大　根据不同的条空比例，每平方英寸（1in = 0.0254m）可以容纳 250 到 1100 个字符。在国际标准的证卡有效面积上（相当于信用卡面积的 2/3，约为 76mm × 25mm），PDF417 码可以容纳 1848 个字母字符或 2729 个数字字符，约 500 个汉字信息。这种二维码比普通条码信息容量高几十倍。

（2）编码范围广　PDF417 码超越了字母数字的限制，可以将照片、指纹、掌纹、签字、声音和文字等凡可数字化的信息进行编码。

（3）保密、防伪性能好　PDF417 码具有多重防伪特性，它可以采用密码防伪、软件加密及利用所包含的信息如指纹、照片等进行防伪，因此具有极强的保密防伪性能。

（4）译码可靠性高　普通条码的译码错误率约为百万分之二，而 PDF417 码的误码率不超过千万分之一，译码可靠性极高。

（5）修正错误能力强　PDF417 码采用了世界上最先进的数学纠错理论，如果破损面积不超过 50%，条码由于沾污、破损等所丢失的信息，可以照常被正确读取。

（6）容易制作且成本很低　利用现有的点阵、激光、喷墨、热敏/热转印和制卡机等打印技术，即可在纸张、卡片、PVC 甚至金属表面上印出 PDF417 二维码。由此所增加的费用仅是油墨的成本，因此人们又称 PDF417 是“零成本”技术。

（7）条码符号的形状可变　同样的信息量，PDF417 码的形状可以根据载体面积及美工设计等进行自我调整。

2. PDF417 码的应用领域

由于二维码具有成本低、信息可随载体移动、不依赖于数据库和计算机网络、保密防伪性能强等优点，结合我国人口多、底子薄、计算机网络投资资金难度较大、对证件的防伪措施要求较高等特点，可以预见，PDF417 码在我国极有推广价值，可以应用在如下领域：

（1）证件管理　由于可以把照片或指纹编在二维码中，有效地解决了证件的可机读及防伪等问题，因此可广泛地应用在护照、身份证、驾驶证、暂住证、行车证、军人证、健康证和保险卡等任何需要唯一识别个人身份的证件上。

（2）执照年检　行车证、驾驶证的年审，各种工商营业执照、税务登记证、卫生检疫证、企事业代码证和统计登记证等各种政府部门登记证件的年检，可以通过采用二维码，解决年检登记的计算机录入问题，既节约了政府工作人员的时间，同时，为企事业单位提供了良好的服务。采用这种先进的技术，有利于改善政府的服务和公众形象。

（3）报表管理　海关报关单、税务报表、保险登记表等任何需重复录入或禁止伪造、删改的表格，都可以将表中填写的信息编在 PDF417 码中，以解决表格的自动录入问题和防止篡改表中内容。

（4）机电产品的生产和组配线　如汽车总装线、电子产品总装线，皆可采用二维码并通过二维码实现数据的自动交换。

（5）银行票据管理　以一张很简单的转账支票为例，客户在出具支票前，可以事先用银行提供的客户端，在客户端上面填写上收款人、付款人、日期、金额、票据号码等要素信息，填写完毕之后，把支票放入打印机打印，打印出来之后，除了该有的票据要素之外，支票空白处（如加盖印鉴章旁）会单独再打印一段二维码，此二维码作为银行端读取之用。

（6）行包、货物的运输和邮递　用户扫描邮筒二维码登录快寄服务微信公众号，再扫描预付费封套上的二维码，就可进行快寄下单，随后将快件封套投入邮筒即可。由于每个邮筒上的二维码标示着各自不同的准确位置，揽件员就可以轻松完成收件工作。

2.1.4　QR 二维码

QR 二维码是二维码的一种，1994 年由日本 DENSO WAVE 公司发明。QR 来自英文“Quick Response”的缩写，即快速反应的意思，源自发明者希望 QR 二维码可让其内容快速被解码，是属于开放式的标准。QR 二维码最常见于日本，并为目前日本最流行的二维空间条码（见图 2-4）。QR 二维码比普通条码可存储更多数据，也无须像普通条码那样在扫描时需直线对准扫描仪。

图 2-4　QR 二维码

QR 二维码呈正方形，只有黑白两色。在 3 个角落，印有较小、像“回”字的正方形图案。这 3 个是帮助解码软件定位的图案，用户不需要对准，无论以任何角度扫描，数据仍可被正确读取。

符号规格为 21×21 模块（版本 1）到 177×177 模块（版本 40）。每一规格是每边增加 4 个模块。数据表示方法为：深色模块表示二进制“1”，浅色模块表示二进制“0”。除了标准的 QR 二维码之外，也存在一种称为“微型 QR 二维码”的格式，是 QR 二维码标准的缩小版本，主要是为了无法处理较大型扫描的应用而设计。微型 QR 二维码同样有多种标准，最高可存储 35 个字符。

QR 二维码与 PDF417 比较，其区别如下：

1）QR 二维码比 PDF417 识别速度快，可达到 30 个/s，而 PDF417 为 3 个/s。

2）QR 二维码可以实现 360°全方向旋转识读，PDF417 需要在角度为 ±10°的范围内才能被识读。

3）QR 二维码表示汉字的效率比 PDF417 码高 20%，QR 二维码使用 13bit 表示一个汉字，而 PDF417 使用 16bit 表示一个汉字。

4）QR 二维码数据容量大，信息密度大，最多可表示 3KB 的内容，PDF417 最多只能表示 1KB 的内容。

5）QR 二维码是正方形，PDF417 是长方形，同样数据容量、有限面积的情况下 QR 二维码可以表示更多的内容。

6）QR 二维码对识读设备要求较低，PDF417 当容量比较大时长度也会随之增加，所以就要求识读设备可以读取较长的空间。

7）支持 QR 二维码开发的工具控件非常多，使用起来非常方便。

8）QR 二维码又被称为手机二维码，所以 QR 二维码不但支持了传统 PC 设备上的 Windows、Linux 等系统，还支持了手机平台的主要系统，例如安卓、iOS、Windows Mobile 等，而 PDF417 尚未见过类似的应用。

QR 二维码数据容量见表 2-1。

表 2-1　QR 二维码数据容量

QR 二维码数据类型	数字	字母	二进制数（8bit）	中文汉字	中文汉字
QR 二维码数据容量	最多 7089 个字符	最多 4296 个字符	最多 2953 个字节	最多 984 个字符（采用 UTF-8）	最多 1800 个字符（采用 BIG5）

图 2-5 所示是用 QR 二维码制作的《千字文》，图 2-5a 为 960 个字符，图 2-5b 为 290 个字符，两图合起来共 1250 个字，为千字文全文（含标点）。

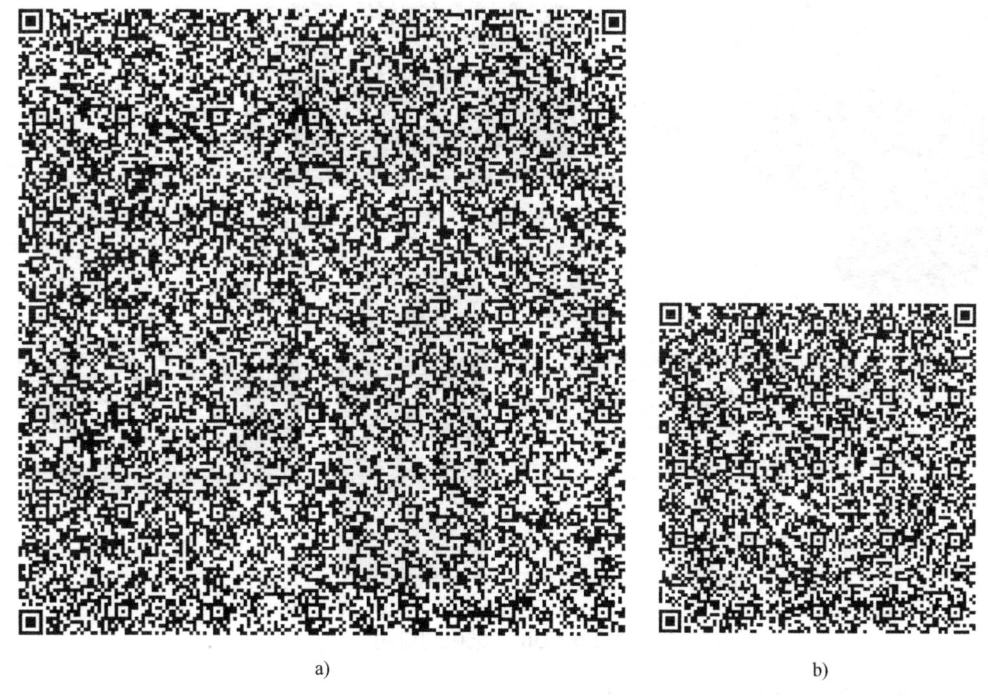

a)　　b)

图 2-5　QR 二维码制作的《千字文》

QR 二维码有容错能力，QR 二维码图形如果有破损，仍然可以被机器读取内容，7%～30% 面积破损仍可被读取（见表 2-2），所以 QR 二维码可以被广泛使用在运输外箱上。相对的，容错能力百分比越高，QR 二维码图形面积越大，所以一般折衷使用 15% 容错能力。

表 2-2　QR 二维码的纠错方式与能力

纠错方式	纠错能力	纠错方式	纠错能力
L 水平	7% 的字码可被修正	Q 水平	25% 的字码可被修正
M 水平	15% 的字码可被修正	H 水平	30% 的字码可被修正

QR 二维码最常见的应用就是利用 30 万像素以上的照相手机，搭配手机内的 QR 二维码解码软件，对着 QR 二维码一照，解码软件会自动解读二维码信息，显示于手机屏幕上面。

目前也有运用网络摄像机（Webcam）来解码的，预计未来所有有镜头的科技产品，都会采用识别 QR 二维码的技术。

此外，QRDOOR、QuickMark 提供 PC 版的 QR 二维码解码软件，让没有照相手机的用户也能直接通过 PC 版 QR 二维码解码软件直接截取屏幕上的 QR 二维码，以得到相关信息，让一般手机和 PC 用户也能体验 QR 二维码带来的方便性。运用 QR 二维码及 GPS 的手机导航技术，可以简化用户在手机中输入坐标的程序，只需通过 QR 二维码照相手机一照，便可即时将地理坐标存储在手机当中（见图 2-6）。

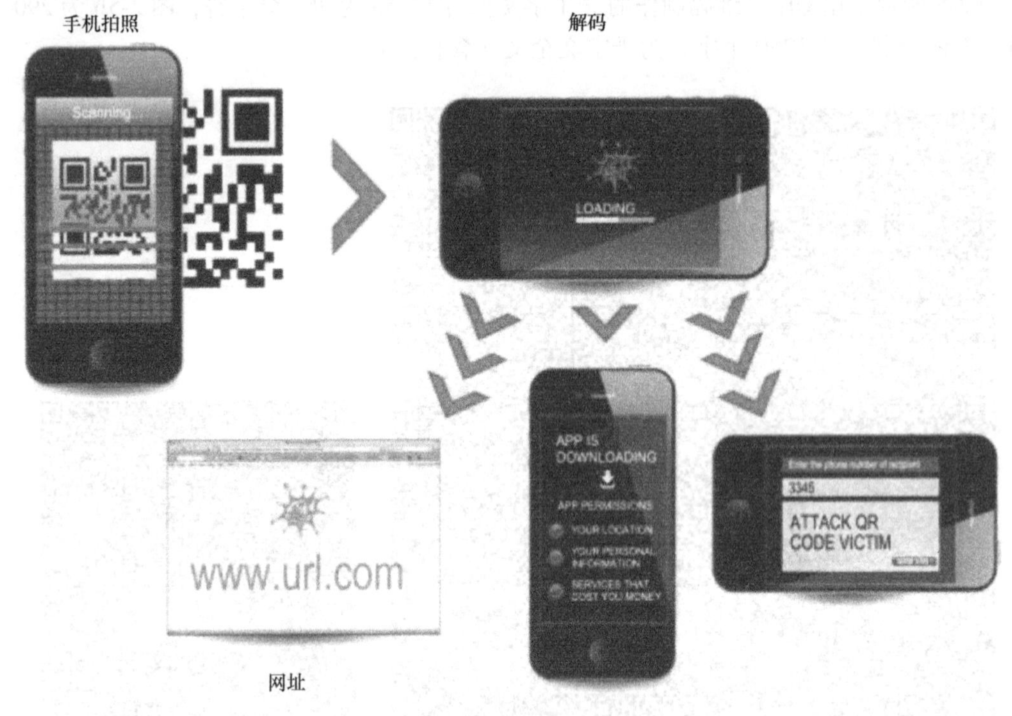

图 2-6　QR 二维码的应用

QR 二维码的主要应用可分成四类：

（1）自动化文字传输　通常应用于文字的传输，利用快速方便的模式，让人可以轻松输入如地址、电话号码、工作日程安排等，进行名片、进程数据等的快速交换。

（2）数字内容下载　通常应用于电信公司游戏及影音的下载，在账单中打印相关的 QR 二维码信息供消费者下载，消费者通过 QR 二维码的解码，就能轻易链接到下载的网页，下载需要的数字内容。

（3）网址快速链接　以提供用户进行网址快速链接、电话快速调用等。

（4）身份鉴别与商务交易　许多公司现在正在推行 QR 二维码防伪机制，利用商品提供的 QR 二维码链接至交易网站，付款完成后系统发回 QR 二维码当成购买身份鉴别，应用于购买票券、贩卖机等。在消费者端，也开始有企业提供商品品牌确认的服务，通过 QR 二维码链接至统一验证中心，核对商品数据是否正确，并提供生产制造过程供消费者查询，消费者能够更明白商品的信息，除了能够杜绝非正规产品，对消费者的购物更是多了一层保护。

2.1.5　二维码的电子商务应用

二维码将成为移动互联网和 O2O（Online to Offline，线上到线下，指将线下的商务机会与互联网结合，让互联网成为线下交易的平台）的关键入口。随着电子商务（简称“电商”）企业越来越多地进行线上线下并行的互动，二维码已经成为电子商务企业进入公众视野的重要营销载体。二维码在电商领域的广泛应用，结合 O2O，带给消费者更便捷和快速的消费体验，成为电商平台连接线上与线下的一个新通路，对于产品信息的延展、横向的价格对比，都有帮助。

传统的 O2O 商业模式能将线上的用户引导到线下进行消费，对商家来说，这更像是一种短期的线上促销活动，因为用户不需要像线上那样先注册再进行消费，所以对用户来说这类消费主要是“一次性消费行为”。更为关键的是，在传统的 O2O 模式下没有一个总的数据库能够记录这些实际的消费数据。

1. 二维码签到系统

二维码签到陆续在一些重要会议中出现，与会人员只需调出手机中参会前收到的二维码凭证信息，验证通过即可完成签到。二维码签到系统是一种“凭证”类的移动数据业务新产品，属于手机二维码被读应用。它将现代移动通信技术和二维码编码技术结合在一起，使传统凭证的内容及持有者信息编码成为一个二维码图形，并通过短信、彩信等方式发送至用户的手机上，使用时，通过专用的读码设备对手机上显示的二维码图形进行识读验证即可（见图 2-7）。它最大的特点是唯一性和安全性，不仅节约了成本，更重要的是节省时间、提高效率、方便使用，同时还非常环保和时尚。

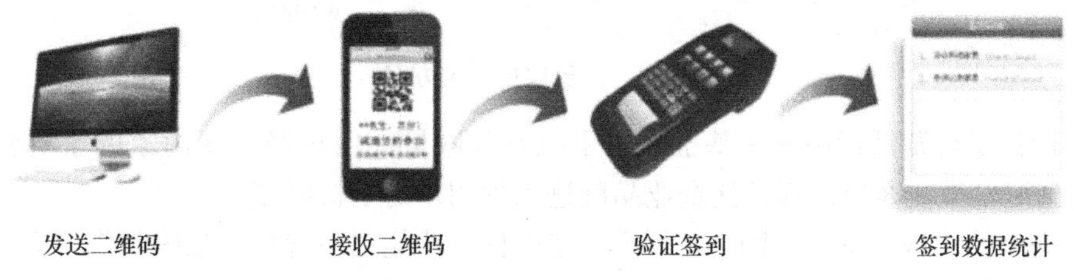

图 2-7　二维码签到系统

高效检测二维码的步骤如下：参会、参展前，主办方只需通过系统给参与人员发去含有二维码的电子邀请函（彩信、短信），此二维码含有会务信息，作为展会签到凭证；签到时，参与人员只需携带手机就可轻松完成签到，带来了全新的参会体验，同时也避免了主办方现场核对信息时手忙脚乱的尴尬，而且非常安全，有效核实身份，杜绝误闯者。参与人员的信息在验证时，通过无线通信系统传输到系统数据库，这样展会的参与情况一目了然，方便展会后对参与情况的统计工作。整个流程全采用了电子化，以手机中的二维码作为入场凭证，实现了会议签到的信息化。

2. 基于二维码的广告媒体系统方案

基于二维码的广告媒体系统方案可以为一些房地产、汽车、家居等准备投放户外媒体广告的商家量身定做，通过体验式营销的解决方案让消费者能够感受到商品价值，从而产生购买行为，为企业销售和发展助力。

图 2-8 所示的广告媒体系统方案是一种平台运营商、媒介载体、广告媒体以及消费者多

方共赢，具有纵深远景的良性商业模式。该系统由手机扫码客户端、手机 WAP 网站、后台管理系统等三个重要部分组成，具有非常鲜明的特色和使用功能。

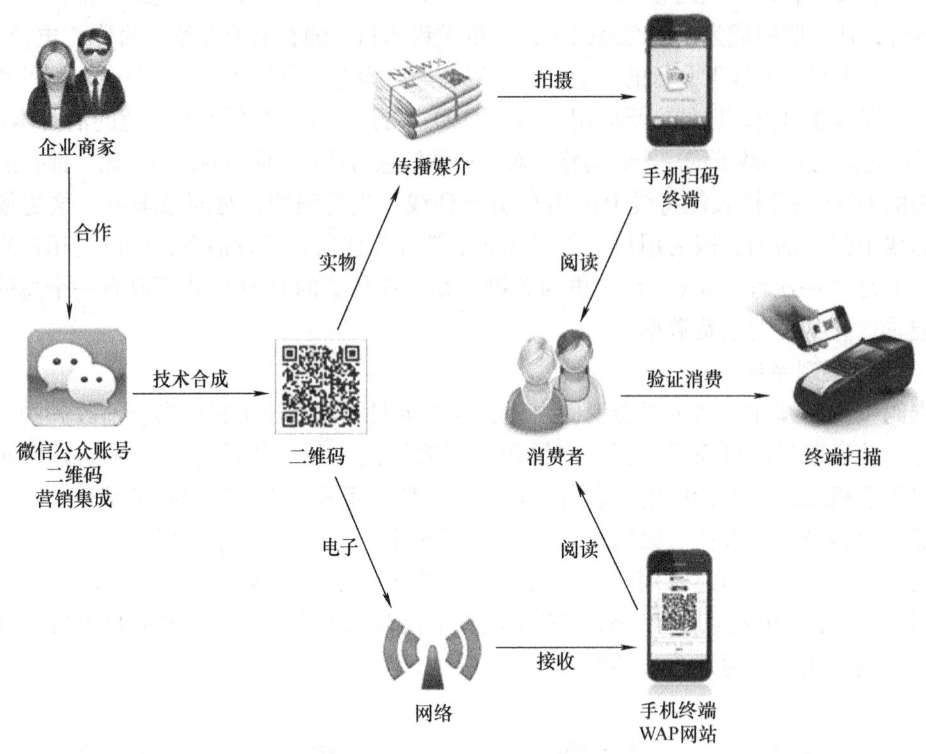

图 2-8　广告媒体系统方案

（1）微信平台营销运用——基于中国手机互联网最大用户群　让商家的手机营销平台搜索查询到海量潜在客户，真正让企业品牌进入到用户的手机终端。

（2）安全的广告二维码　图 2-8 所示方案的核心功能之一就是二维码制作管理，企业将视频、文字、图片和链接等压制在一个二维码内，再选择投放到报刊、户外、宣传单、公交站牌、网站、地铁墙壁和公交车身等。

（3）WAP 网站承载海量内容　二维码与 WAP 网站的结合无限扩展了信息的数量和形式，用户通过手机随时随地体验浏览、评论、下载、搜索、查询和支付等丰富应用，达到企业宣传、产品展示、活动促销和客户服务等效果。

（4）智能数据监控广告效果　企业通过管理后台对业务流程进行有效监控，广告二维码在不同地点、不同时间、不同媒介载体的使用情况一目了然，方便企业随时调整营销策略，帮助企业以最小投入获得最大回报。

3. 基于二维码的食品追溯方案

在仓储与物流配送管理中，可以通过二维码在生产加工及商店供应链中建立可追溯系统（见图 2-9）。在物流上，货品信息记录在托盘或货品箱的标签上。这样条码系统能够清楚地获知托盘上货箱甚至单独货品的各自位置、身份、储运历史、目的地、有效期及其他有用信息。该条码系统能够为供应链中的实际货品提供详尽的数据，并在货品与其完整的身份之间建立联系，用户可方便地访问这些完全可靠的货品信息。通过条码高效的数据采集，可以及

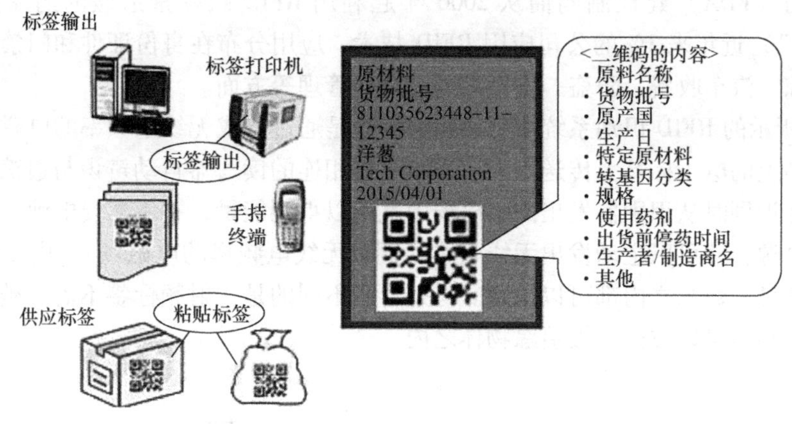

图 2-9　基于二维码的食品追溯方案

时地将仓储物流信息反馈到生产加工环节，指导生产。

除此之外，利用基于二维码的食品追溯方案，原材料供应商可以在向食品厂家提供原材料的时候进行批次管理，将原材料的原始生产数据如制造日期、食用期限、原产地和生产者等信息录入到二维码中并打印带有二维码的标签，粘贴在包装箱上后交给食品厂家。在食品厂家原材料入库时，使用数据采集器读取二维码，取得到货原材料的原始生产数据。从该数据就可以马上确认交货的产品是否符合厂家的采购标准，然后将原材料入库。

根据当天的生产计划，制作配方。根据生产计划单，员工从仓库中提取必要的原材料，按各个批次要求使用的各种原材料的重量进行称重、分包，在分包的原材料上粘贴带有二维码的标签，码中含有原材料名称、重量、投入顺序和原材料号码等信息。

根据生产计划指示，打印带有二维码的看板并放置在生产线的前方。看板上的二维码中录入有作业指示内容。在混合投入原材料时使用数据采集器按照作业指示读取看板上的码及各原材料上的二维码，以此来确认是否按生产计划正确进行投入并记录使用原材料的信息。在原材料投入后的各个检验工序，使用数据采集器录入以往手工记录的检验数据，省去手工纪录。数据采集器中登录的数据上传到计算机中，计算机生成生产原始数据，使得产品、原材料追踪成为可能，摆脱以往使用纸张的管理方式。使用该数据库，可以在互联网上向消费者公布产品的原材料信息。

2.2　RFID 技术

2.2.1　概述

射频识别（Radio Frequency Identification，RFID）技术，又称无线射频识别，是一种通信技术，可通过无线电信号识别特定目标并读写相关数据，而无须识别系统与特定目标之间建立机械或光学接触。

RFID 技术作为构建“物联网”的关键技术，近年来受到人们的关注，它最早起源于英国，应用于第二次世界大战中辨别敌我飞机身份，20 世纪 60 年代就开始了商用；美国食品与药品管理局（FDA）建议制药商从 2006 年起利用 RFID 跟踪常造假的药品；欧洲联盟（简称“欧盟”）近年来 3% 的公司应用 RFID 技术，应用分布在身份证件和门禁控制、供应链和库存跟踪、汽车收费、防盗、生产控制和资产管理等方面。

图 2-10 所示的 RFID 识别系统中，无线电信号是通过调成无线电频率的电磁场，把数据从附着在物品上的电子标签上传送出去，用与主机相连的读写器自动辨识与追踪该物品。某些电子标签在识别时从识别器发出的电磁场中就可以得到能量，并不需要电池；也有电子标签本身拥有电源，并可以主动发出无线电波（调成无线电频率的电磁场）。电子标签包含了电子存储的信息，数米之内都可以识别。与条形码不同的是，射频标签不需要被安置在识别器视线之内，甚至可以被嵌入被追踪物体之内。

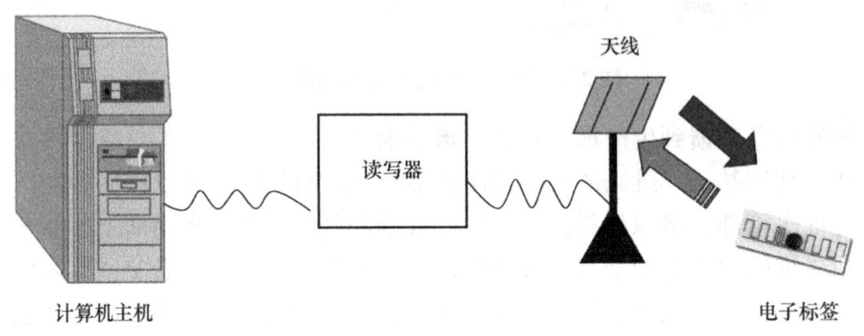

图 2-10　RFID 识别系统

RFID 的基本原理就是将 RFID 电子标签安装在被识别的物体上，读写器通过发射天线发射一定频率的射频信号，当被标识的物体进入读写器的阅读范围时，利用电感耦合或者电磁反向散射耦合进行通信。

（1）电感耦合　电感耦合类似变压器模型，通过空间高频交变磁场实现耦合，依据的是电磁感应原理（见图 2-11），适用于低频和中频，如 125kHz、13. 56MHz 等，作用距离有限。

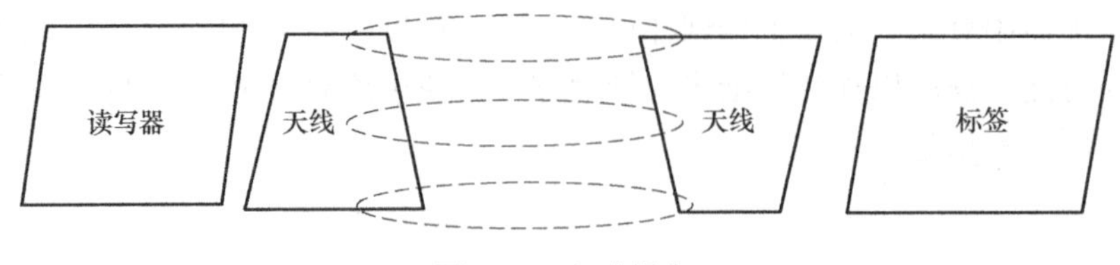

图 2-11　电感耦合

（2）电磁反向散射耦合　利用电磁反向散射耦合的反向散射调制技术是指无源 RFID 将数据发送给读写器所采用的方式（见图 2-12）。标签返回数据的方式是控制天线的阻抗，其方法有多种，但都是基于一种阻抗开关的方法。实际采用的阻抗开关有变容二极管、逻辑门与高速开关等。常用的频率有 433MHz、915MHz、2. 45GHz、5. 8GHz 等，作用距离可达 3 ~ 10m。

2. 2. 2　RFID 系统的组成

典型的 RFID 系统主要由读写器、电子标签和应用系统软件组成，如图 2-13 所示。

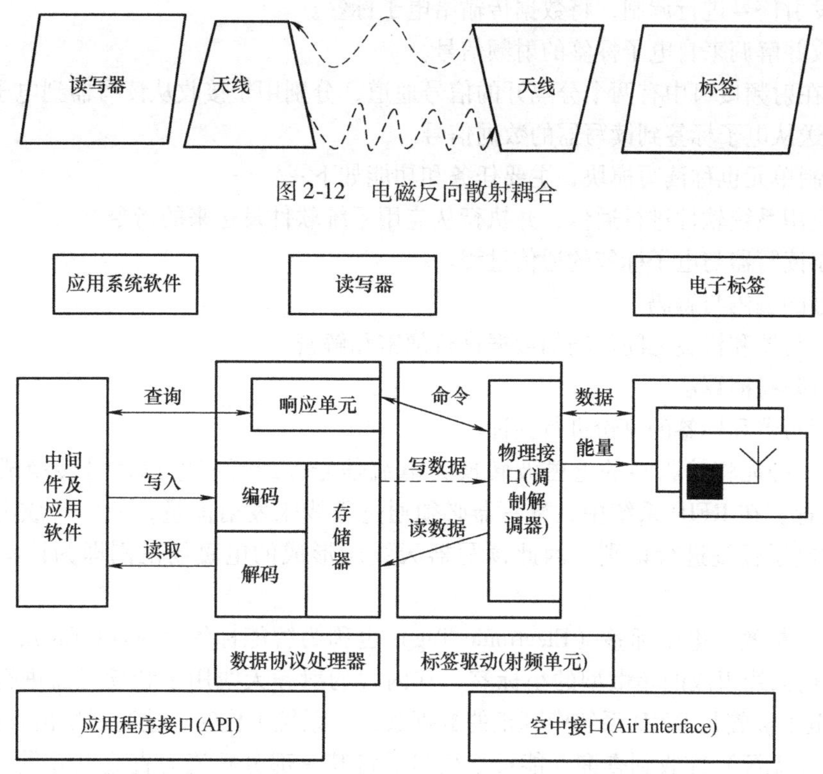

图 2-12　电磁反向散射耦合

图 2-13　RFID 系统的组成

（1）读写器　读写器（Reader）又称阅读器。读写器主要负责与电子标签的双向通信，同时接收来自主机系统的控制指令。读写器的频率决定了 RFID 系统工作的频段，其功率决定了射频识别的有效距离。读写器根据使用的结构和技术的不同可以是读或读/写装置，它是 RFID 系统信息控制和处理中心。它通常由射频接口、逻辑控制单元和天线三部分组成（见图 2-14）。

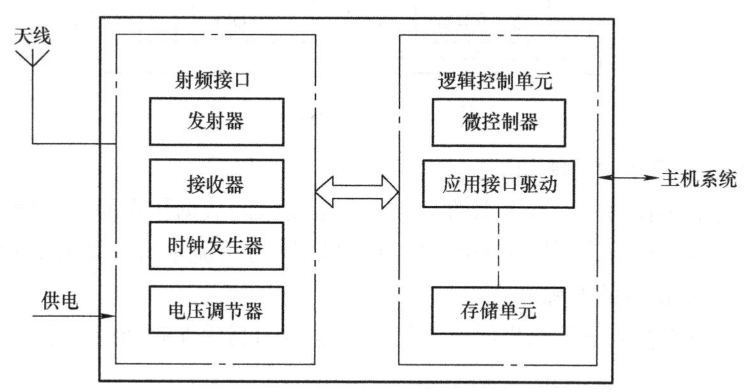

图 2-14　读写器

射频接口模块主要任务和功能如下：

1）产生高频发射能量，激活电子标签并为其提供能量。

2）对发射信号进行调制，将数据传输给电子标签。

3）接收并解调来自电子标签的射频信号。

注意：在射频接口中有两个分隔开的信号通道，分别用于接收从读写器到电子标签的数据信号、发送从电子标签到读写器的数据信号。

逻辑控制单元也称读写模块，主要任务和功能如下：

1）与应用系统软件进行通信，并执行从应用系统软件发送来的指令。

2）控制读写器与电子标签的通信过程。

3）信号的编码与解码。

4）对读写器和标签之间传输的数据进行加密和解密。

5）执行防碰撞算法。

6）对读写器和标签的身份进行验证。

天线是一种能将接收到的电磁波转换为电流信号，或者将电流信号转换成电磁波发射出去的装置。在 RFID 系统中，读写器必须通过天线来发射能量，从而形成电磁场，通过电磁场对电子标签进行识别，因此读写器天线所形成的电磁场范围即为读写器的可读区域。

（2）电子标签　电子标签（Electronic Tag）也称为智能标签（Smart Tag），是由 IC 芯片和无线通信天线组成的超微型的小标签，其内置的射频天线用于和读写器进行通信（见图 2-15）。电子标签是 RFID 系统中真正的数据载体。系统工作时，读写器发出查询（能量）信号，标签（无源）在收到查询（能量）信号后将其一部分整流为直流电源供电子标签内的电路工作，一部分能量信号被电子标签内保存的数据信息调制后反射回读写器。

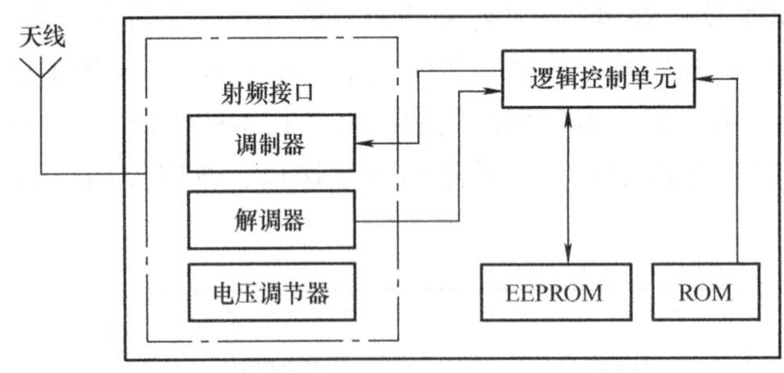

图 2-15　电子标签

电子标签内部各模块的功能如下：

1）天线：用来接收由读写器送来的信号，并把要求的数据传送回去给读写器。

2）电压调节器：把由读写器送来的射频信号转换为直流电源，并经大电容存储能量，再通过稳压电路提供稳定的电源。

3）调制器：逻辑控制电路送出的数据经调制电路调制后加载到天线返给读写器。

4）解调器：去除载波，取出调制信号。

5）逻辑控制单元：译码读写器送来的信号，并依据要求返回数据给读写器。

6）存储单元：包括 EEPROM 和 ROM，用于系统运行及存放识别数据。

（3）应用系统软件　应用系统软件主要是把收集的数据进一步处理，并为人们所使用，它包括中间件和数据库等分布式应用软件。中间件是一种独立的系统软件或服务程序。分布式应用软件借助这种软件在不同的技术之间共享资源。中间件位于客户机、服务器的操作系统之上，管理计算机资源和网络通信（具体将在第 4 章进行详细阐述）。

2.2.3　RFID 的技术标准

ISO/IEC 是信息技术领域最重要的标准化组织之一。ISO/IEC 认为 RFID 是自动身份识别和数据采集的一种很好的手段，制定 RFID 标准不仅要考虑物流供应链领域的单品标识，还要考虑电子票证、物品防伪、动物管理、食品与医药管理、固定资产管理等应用领域。基于这种认识，ISO/IEC 联合技术委员会 JTC 委托 SC31 子委员会，负责所有 RFID 通用技术标准的制定工作，也即对所有 RFID 应用领域的共同属性进行规范化；委托各专业委员会负责应用技术标准的制定，如 ISO TC104 SC4 负责制定集装箱系列 RFID 标准的制定，ISO TC 23 SC19 负责制定动物管理系列 RFID 标准，ISO TC122 和 ISO TC104 组成的联合工作组制定物流与供应链系列应用标准。所有标准的制定工作，可以由技术委员会委托某些专家起草标准草案，也可以由企业或者专家直接提交标准草案，然后按照 ISO 标准化组织制定标准的程序进行审核、修改直至最后批准执行。目前 ISO RFID 所有标准草案都可以在网站 www. iso. org 中找到。

ISO/IEC 的通用技术标准可以分为数据采集和信息共享两大类，数据采集类技术标准涉及标签、读写器、应用程序等，可以理解为本地单个读写器构成的简单系统，也可以理解为大系统中的一部分，其层次关系如图 2-16 所示；而信息共享类就是 RFID 应用系统之间实现信息共享所必需的技术标准，如软件体系架构标准等。

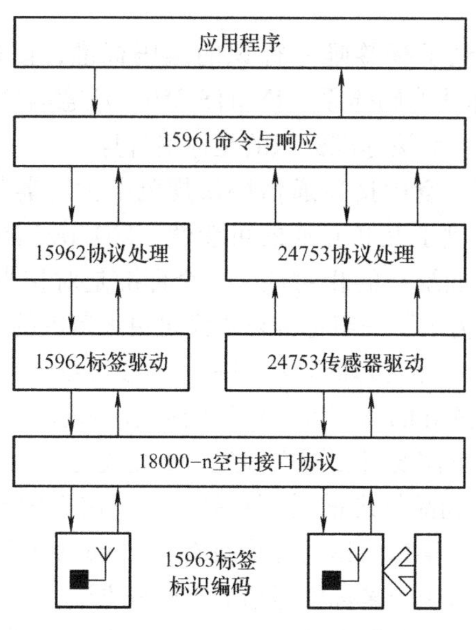

图 2-16　ISO RFID 标准体系框图

在图 2-16 中，左半图是普通 RFID 标准分层框图，右半图是近年来新增加辅助电源和传感器功能以后的 RFID 标准分层框图。它清晰地显示了各标准之间的层次关系，自下而上先是 RFID 标签标识编码标准 ISO/IEC 15963，然后是空中接口协议 ISO/IEC 18000 系列、ISO/IEC 15962 和 ISO/IEC 24753 数据传输协议，最后是 ISO/IEC 15961 应用程序接口。与辅助电源和传感器相关的标准有空中接口协议、ISO/IEC 24753 数据传输协议以及 IEEE 1451 标准。

（1）数据标准　数据标准主要规定数据在标签、读写器到主机（也即中间件或应用程序）各个环节的表示形式。因为标签能力（存储能力、通信能力）的限制，在各个环节的数据表示形式必须充分考虑各自的特点，采取不同的表现形式。另外主机对标签的访问可以独立于读写器和空中接口协议，也就是说读写器和空中接口协议对应用程序来说是透明的。RFID 数据协议的应用接口基于 ASN. 1，它提供一套独立于应用程序、操作系统和编程语言，也独立于标签读写器与标签驱动之间的命令结构。

ISO/IEC 15961 规定了读写器与应用程序之间的接口，侧重于应用命令与数据协议的标准方式，这样应用程序可以完成对电子标签数据的读取、写入、修改、删除等操作功能。该协议也定义了错误响应消息。

ISO/IEC 15962 规定了数据的编码、压缩、逻辑内存映射格式，再加上如何将电子标签中的数据转换为对应用程序有意义的方式。该协议提供了一套数据压缩的机制，能够充分利用电子标签中有限数据存储空间与空中通信能力。

ISO/IEC 24753 在 ISO/IEC 15962 的基础上对数据处理能力进行了补充，适用于具有辅助电源和传感器功能的电子标签。增加传感器以后，电子标签中存储的数据量增大，传感器的管理任务也大大增加，因此 ISO/IEC 24753 规定了电池状态监视、传感器设置与复位、传感器处理等功能。图 2-16 表明 ISO/IEC 24753 与 ISO/IEC 15962 一起，规范带辅助电源和传感器功能电子标签的数据处理与命令交互。它们的作用使得 ISO/IEC 15961 独立于电子标签和空中接口协议。

ISO/IEC 15963 规定了电子标签唯一标识的编码标准，该标准兼容 ISO/IEC 7816-6、ISO/TS 14816、EAN. UCC 标准编码体系、INCITS 256。注意与物品编码的区别，物品编码是对标签所贴附物品的编码，而该标准标识的是标签自身。

（2）空中接口通信协议　空中接口通信协议规范了读写器与电子标签之间信息交互，为不同厂家生产设备之间提供了互联互通的可能性。ISO/IEC 制定五种频段的空中接口协议，这种思想充分体现了标准统一的相对性，一个标准是对相当广泛的应用系统的共同需求，但不是所有应用系统的需求，一组标准可以满足更大范围的应用需求。

ISO/IEC 18000-1《基于物品管理的射频识别——参考结构和标准化的参数定义》规范了空中接口通信协议中共同遵守的读写器与标签的通信参数表、知识产权基本规则等内容。这样每一个频段对应的标准不需要对相同内容进行重复规定。

ISO/IEC 18000-2《基于物品管理的射频识别——适用于中频 125 ~ 134kHz》规定了在标签和读写器之间通信的物理接口、读写器应具有与 Type A（FDX）和 Type B（HDX）标签通信的能力，规定协议和指令与多标签通信的防碰撞方法。

ISO/IEC 18000-3《基于物品管理的射频识别——适用于高频段 13. 56MHz》规定了读写器与标签之间的物理接口、协议、命令与防碰撞方法。防碰撞协议可以分为两种模式：模式 1 分为基本型与两种扩展型协议（无时隙无终止多应答器协议和时隙终止自适应轮询多应答器读取协议）；模式 2 采用时频复用 FTDMA 协议，共有 8 个信道，适用于标签数量较多的情形。

ISO/IEC 18000-4《基于物品管理的射频识别——适用于微波段 2. 45GHz》规定了读写器与标签之间的物理接口、协议、命令与防碰撞方法。该标准包括两种模式：模式 1 是无源标签，工作方式是读写器先讲（Reader Talks First）；模式 2 是有源标签，工作方式是标签先讲（Tag Talks First）。

ISO/IEC 18000-6《基于物品管理的射频识别——适用于超高频段 860 ~ 960MHz》规定了读写器与标签之间的物理接口、协议、命令与防碰撞方法。它包含 TypeA、TypeB 和 TypeC 三种无源标签的接口协议，通信距离最远可以达到 10m。其中 TypeC 是由 EPCglobal 起草的，并于 2006 年 7 月获得批准，它在识别速度、读写速度、数据容量、防碰撞、信息安全、频段适应能力和抗干扰等方面有较大提高。2006 年 ISO/IEC 18000-6 V4.0 被颁布，它针对带辅助电源和传感器电子标签的特点进行扩展，包括标签数据存储方式和交互命令。带电池的主动式标签可以提供较大范围的读取能力和更强的通信可靠性，不过其尺寸较大，价格也更贵一些。

ISO/IEC 18000-7《基于物品管理的射频识别——适用于超高频段 433.92 MHz》定义了有源电子标签的相关规范。规定了读写器与标签之间的物理接口、协议、命令与防碰撞方法。有源标签识读范围大，适用于大型固定资产的跟踪。

2.2.4　RFID 的应用案例

许多行业都运用了射频识别技术，比如将电子标签附着在一辆正在生产中的汽车，厂方便可以追踪此车在生产线上的进度；仓库可以用它来追踪药品的所在；射频识别的身份识别卡可以使员工进入有门禁卡的建筑部分；汽车上的射频应答器可以用来征收收费路段与停车场的费用。

1. 基于 RFID 的智能停车场车辆管理

目前大部分的停车场车辆出入管理采用高频近距离 IC 卡，当车辆出入时，车辆都必须停下，由人工把卡片贴近读卡器读卡，被正确识别后才可以通行。超高频 RFID 技术与高频 RFID 技术相比具有读取距离远、识别速度快、可识别高速运动物体并可同时识别多个标签等优点，使用超高频 RFID 技术的停车场管理系统采用远距离读写卡，不需停车，不需摇窗，能在 3 ~ 10m（可调）距离识别车上的 RFID 卡片，自动控制，自动放行，简化了车辆出入手续，提高了车辆管理效率，给车主提供很大的便利，同时也提高了车辆出入停车场时的安全性。

基于 RFID 的智能停车场车辆管理的系统架构如图 2-17 所示。

系统功能说明如下：

（1）车辆出入控制系统

1）RFID 车辆自动识别：在车辆通过出入口时，可通过闸口顶端 RFID 读写设备将车辆上携带车辆卡的注册信息数据自动采集到计算机中，计算机根据自动读到的车牌号等数据信息与数据库信息比对，检查车辆在该出入口是否具有进出权限，向通道门禁子系统提供控制命令、显示车辆信息。

2）门禁控制及显示模块：接收计算机控制系统发出的控制命令，控制道闸自动开启和关闭，实现自动放行操作（见图 2-18）。

（2）基础信息管理系统

1）车辆信息注册发卡模块：给车辆发放 RFID 车辆卡，记录卡的识别代码，并且关联记录该车辆的相关信息：车牌号码、车辆类型、车主姓名、所属单位、有效日期、车位编号

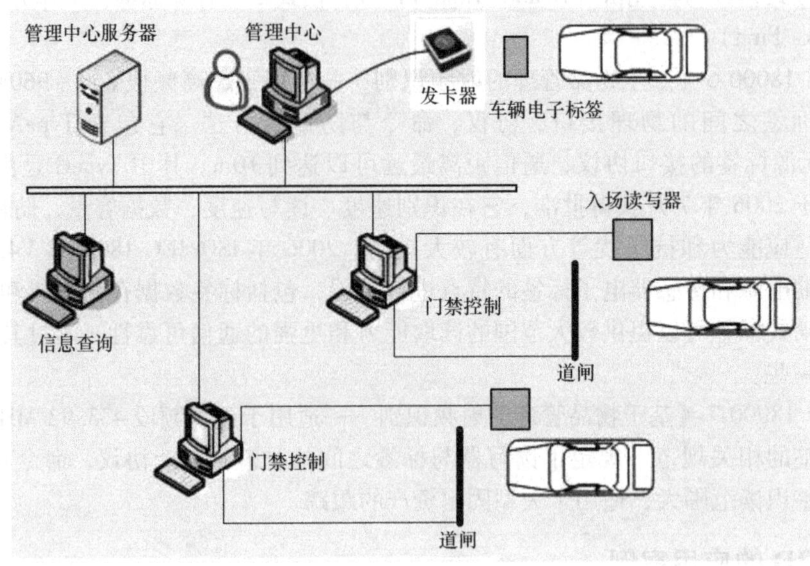

图 2-17　系统架构

图 2-18　智能停车场的门禁系统

等，并上报数据中心备案存储在数据库中。

2）车辆 RFID 卡管理模块：提供车辆卡的维护管理功能，包括车辆、车主、单位、卡有效期等信息的变更、卡的注销、补卡的管理。

3）车辆进出权限管理模块：提供车辆卡在各个出入口的权限管理功能。

4）查询统计模块：查询车辆、单位、出入口的状况，并且提供各种情况下的报表打印。

2. RFID 在危险品管理中的应用

近几年来，危险化学品的泄漏、爆炸等事故时有发生，给人民生命财产带来严重威胁，对于危险品的管理问题，一直困扰着政府部门和很多企业。近几年政府出台了一系列行政措施，不但要求对危险化学品的生产、运输、保管和使用进行严格管理，而且要求对盛装的容器进行严密监管。但是，这种管理大部分是人工管理，缺乏可靠的技术手段，有以下几点不便：

1）对于流通容器的制造、检验、使用等存在的安全隐患问题，无法及时加以判断和追溯。

2）容器的使用极为分散，没有一种便利和快捷的检查方法，政府的许多行政监督工作都难以有效地实施。

3）不便于对危险品容器状态监控，如易燃、易爆的危险品要实时监控容器的温度。

4）不便于对危险品容器动态跟踪，以及动态的数据分析和信息掌控。

5）不便于容器的回收管理。

6）对危险性极高、辐射强的危险品，不能远距离管理。

7）人工管理存在人员交接班的问题，容易发生漏检、错检现象。

危险品钢瓶管理系统采用先进的 RFID 识别技术（见图 2-19），也就是通常被称为的电子标签，可以解决对危险化学品容器即气瓶的动态跟踪。首先在每个气瓶上安装一个电子标签，以此作为气瓶的唯一标识，就像每个人有一个身份证号码一样，通过电子标签可对这个气瓶“身份”做出准确确认。此外，气瓶的检验、冲气、配送等动态信息，可在电子标签内进行记录和更新，同时保存在数据中心的计算机内，随时提供给企业和政府监管部门查询。

对于高危险性化学品容器的运输，则通过电子标签与车载读卡器或车载 GPS 终端的数据通信，对这辆车装载的危险化学品气瓶、车辆所处位置与状态进行监控。监管人员通过气瓶上电子标签及其建立起的计算机安全监督平台，对不符合安全规定的气瓶、运输过程中温度报警的气瓶和违章运输行为，可进行及时干预和纠正。

对于企业来说，电子标签里面存储气瓶的标识号、出厂日期、报废日期与维修记录等信息。每当这个气瓶生产或检测完成开始出库时，库存记录中可以显示卷标数据（例如，标识号、重量、测试日期及其他历史数据），读写通过并合格后该瓶可以出库使用。而后，每次使用以及维修都可以进行相应的标注。这样，气瓶的安全与否、使用寿命是否到期等问题就可以一目了然。利用手持式读写器和电子标签具有的数据自动采集功能，然后再将数据传输到计算机数据管理中心，可以简化气瓶检验、充装、配送等环节的操作，提高企业的工作效率。

安装电子标签的对象物品中，气瓶、化学物品运输罐都是金属材料，一般来说，金属类材料上很难使用电子标签，由于读写器与应答器（电子标签）间产生的磁通量会在金属表面感应涡流，而涡流对读写器的磁场起反作用（楞次定律），致使金属表面上的磁场进行强烈的衰减，所以金属材料对电波具有屏蔽作用，贴在金属品上的电子标签很难接受读写器发来的电波，影响 RFID 的正常工作。

针对这种情况一般采用下面几点解决：

1）采用有源主动高频电子标签，能够主动全向发射电波，与被贴材料性质无关，且发

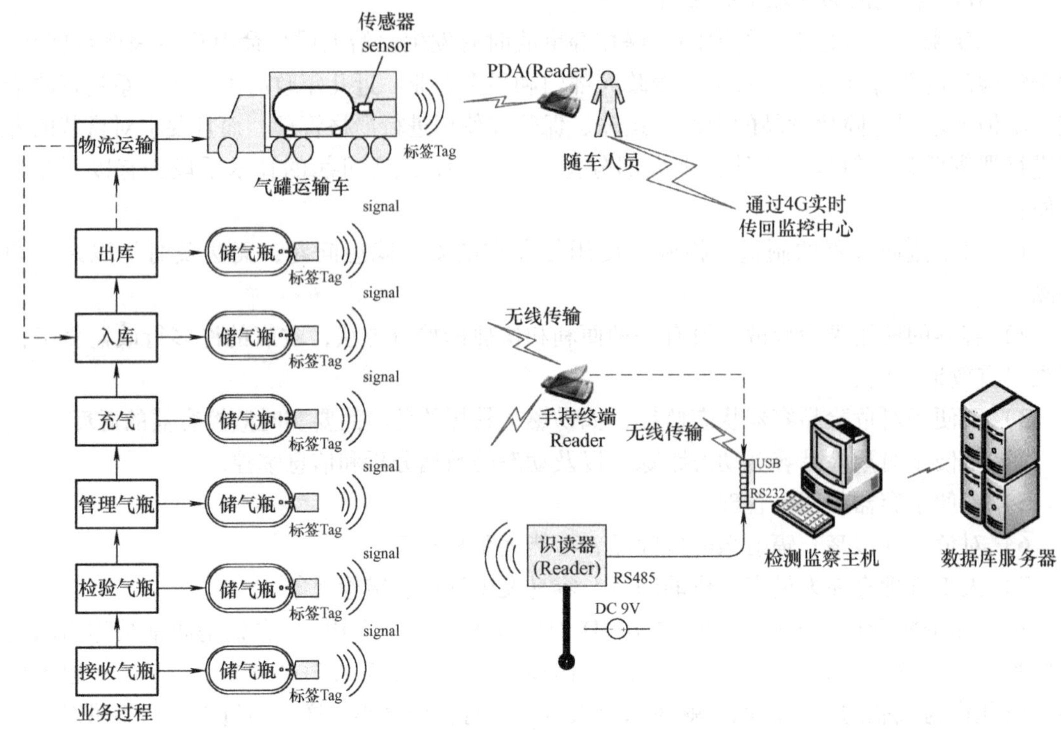

图 2-19　危险品管理系统的技术方案图

射功率较大。在普通电子标签与金属表面间插入一种高磁导率的磁性材料，通常的做法是把磁性材料与电子标签做成一体，从而形成防金属电子标签。防金属电子标签的应用系统一般采用被动式 RFID 射频识别技术（即防金属电子标签是无源的），当读写器遇见 RFID 电子标签时，发出电磁波，周围形成电磁场，RFID 标签从电磁场中获得能量激活标签中的微芯片电路，芯片转换电磁波，然后发送给读写器，读写器把它转换成相关数据，上位机采集到这些数据就可以处理这些数据从而进行管理控制。图 2-20 所示为防金属电子标签。

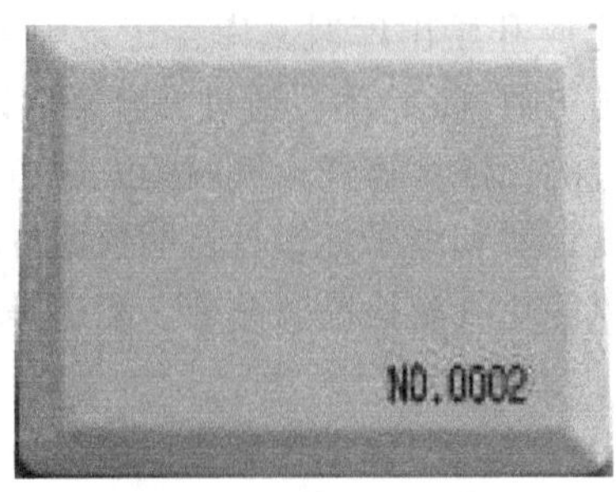

图 2-20　防金属电子标签

2）改变电子标签的天线设计技术。一般的电子标签放在金属表面上时，穿过标签上的天线的磁力线是与金属表面垂直的，穿过金属的磁力线在金属上产生涡流，因此损耗了大量能量，导致金属对电波产生了屏蔽作用。可以改变电子标签的天线设计，让金属板上的电子标签附上天线，使得磁力线的方向平行于金属表面（见图 2-21）。

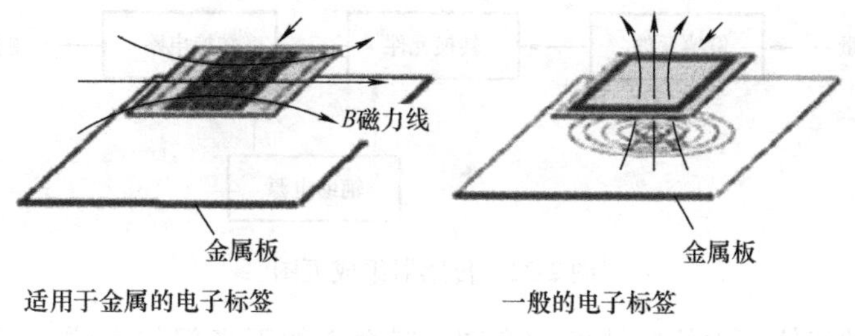

图 2-21　两种类型的电子标签

2.3　传感器技术

2.3.1　概述

传感器是一种检测装置，能感受到被测量的信息，并能将检测感受到的信息，按一定规律变换成为电信号或其他所需形式的信息输出，以满足信息的传输、处理、存储、显示、记录和控制等要求。它是实现自动检测和自动控制的首要环节。传感器的输出信号多为易于处理的电量，如电压、电流和频率等。

传感器应用领域广泛，覆盖了工业、农业、交通、科技、环保、国防、文教卫生和人民生活等各方面，在国民经济建设各行各业的运行过程中承担着把关者和指导者的任务。由于其地位特殊、作用大，对国民经济有巨大倍增和拉动作用，有着良好的市场需求和巨大的发展潜力。

2.3.2　传感器的定义

国家标准 GB 7665—2005 对传感器的定义是：能感受被测量并按照一定的规律转换成可用输出信号的器件或装置，通常由敏感元件和转换元件组成。

传感器的定义包含了以下几方面的意思：①传感器是测量装置，能完成检测任务；②它的输入量是某一被测量，可能是物理量，也可能是化学量或生物量等；③它的输出量是某种物理量，这种量要便于传输、转换、处理和显示等，这种量可以是气、光、电量，但主要是电量；④输出输入有对应关系，且应有一定的精确程度。

关于传感器，我国曾出现过多种名称，如发送器、传送器、变送器等，它们的内涵相同或相似，所以近来已逐渐趋向统一，大都使用“传感器”这一名称了，但是由于行业的习惯问题，有些传感器还是被称呼为“变送器”。

因此，传感器从字面上可以作如下解释：传感器的功用是一感二传，即感受被测信息，并传送出去。传感器的一般组成如图 2-22 所示。

图 2-22 中敏感元件是在传感器中直接感受被测量的元件，即被测量通过传感器的敏感元件转换成一个与之有确定关系、更易于转换的非电量。这一非电量通过转换元件被转换成电参量。转换电路的作用是将转换元件输出的电参量转换成易于处理的电压、电流或频率量。应该指出，有些传感器将敏感元件与转换元件合二为一了。

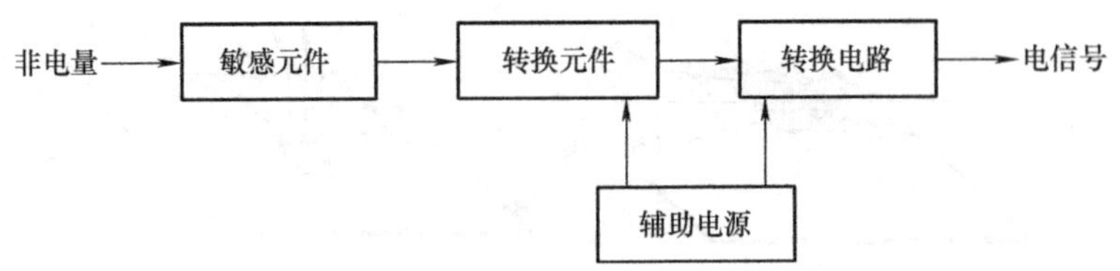

图 2-22　传感器组成框图

图 2-23 是一种气体压力传感器的示意图，膜盒 2 的下半部与壳体 1 固接，上半部通过连杆与磁心 4 相连，磁心 4 置于两个电感线圈 3 中，后者接入转换电路 5。

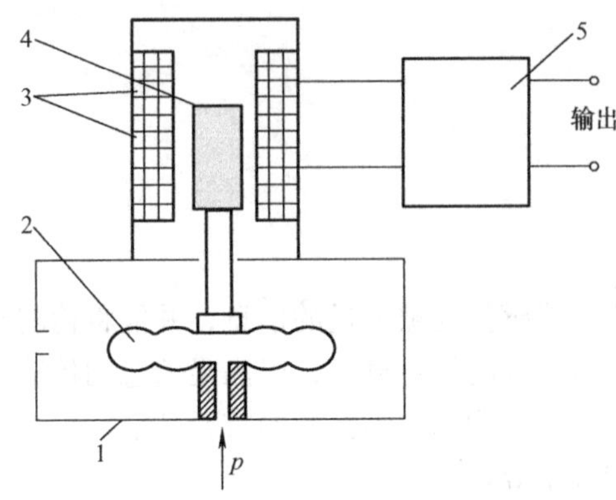

图 2-23　气体压力传感器

这里的膜盒就是敏感元件，其外部与大气相通，当内部感受被测压力变化时，引起膜盒上半部移动，即输出相应的位移量。

转换元件：敏感元件的输出就是它的输入，它把输入转换成电路参量。在图 2-23 中，转换元件是可变电感线圈 3，它把输入的位移量转换成电感的变化。

实际上，有些传感器很简单，有些则较复杂，大多数是开环系统，也有些是带反馈的闭环系统。最简单的传感器由一个敏感元件（兼转换元件）组成，它感受被测量时直接输出电量，如热电偶就是这样，如图 2-24 所示。

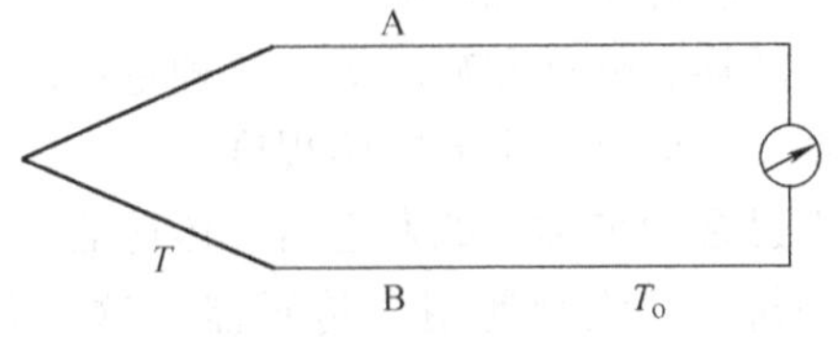

图 2-24　热电偶

有些传感器由敏感元件和转换元件组成；有些传感器，转换元件不止一个，要经过若干次转换。敏感元件与转换元件在结构上常是装在一起的，而转换电路为了减小外界的影响也希望和它们装在一起，不过由于空间的限制或者其他原因，转换电路常装入电箱中。尽管如此，因为不少传感器要在通过转换电路后才能输出电量信号，从而决定了转换电路是传感器的组成环节之一。

2.3.3　传感器的作用

人们为了从外界获取信息，必须借助于感觉器官。而在研究自然现象、规律以及生产活动中，单靠人们自身的感觉器官的功能就远远不够了。为适应这种情况，就需要传感器。因此可以说，传感器是人类五官的延长，又称之为“电五官”。

随着新技术革命的到来，世界开始进入信息时代。在利用信息的过程中，首先要解决的就是要获取准确可靠的信息，而传感器是获取自然和生产领域中信息的主要途径与手段。

在现代工业生产尤其是自动化生产过程中，要用各种传感器来监视和控制生产过程中的各个参数，使设备工作在正常状态或最佳状态，并使产品达到最好的质量，图 2-25 所示为用于食品包装传输线上的食品到位检测的光电传感器。因此可以说，没有众多的优良的传感器，现代化生产也就失去了基础。

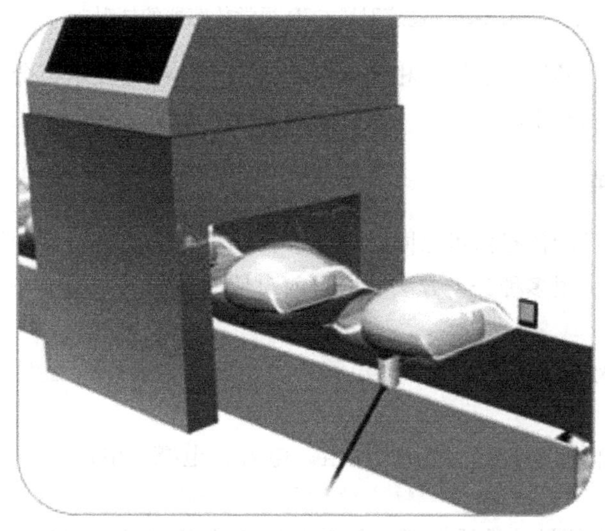

图 2-25　食品包装传输线上的食品到位检测用光电传感器

在基础学科研究中，传感器更具有突出的地位。现代科学技术的发展，进入了许多新领域，例如在宏观上要观察上千光年的茫茫宇宙，微观上要观察小到纳米量级的粒子世界，纵向上要观察长达数十万年的天体演化，短到时间为微秒级的瞬间反应。此外，还出现了对深化物质认识、开拓新能源、新材料等具有重要作用的各种极端技术研究，如超高温、超低温、超高压、超高真空、超强磁场和超弱磁场等。显然，要获取大量人类感官无法直接获取的信息，没有相适应的传感器是不可能的。许多基础科学研究的障碍，首先就在于对象信息的获取存在困难，而一些新机理和高灵敏度的检测传感器的出现，往往会导致该领域内的突破。一些传感器的发展，往往是一些边缘学科开发的先驱。

传感器早已渗透到诸如工业生产、宇宙开发、海洋探测、环境保护、资源调查、医学诊断、生物工程甚至文物保护等极其广泛的领域。可以毫不夸张地说，从茫茫的太空，到浩瀚的海洋，以至各种复杂的工程系统，几乎每一个现代化项目，都离不开各种各样的传感器。图 2-26 所示就是遥感卫星 CCD 视觉传感器的外观。

由此可见，传感器技术在发展经济、推动社会进步方面的重要作用，是十分明显的，世

图 2-26　遥感卫星 CCD 视觉传感器的外观

界各国都十分重视这一领域的发展。相信不久的将来，传感器技术将会出现一个飞跃，达到与其重要地位相称的新水平。

2.3.4　传感器分类

根据某种原理设计的传感器可以同时检测多种物理量，而有时一种物理量又可以用几种传感器测量，传感器由很多种分类方法。但目前对传感器尚无一个统一的分类方法，但比较常用的有如下四种：

1）按传感器的物理量分类，可分为位移、力、速度、温度、湿度、流量和气体成分等传感器。

2）按传感器工作原理分类，可分为电阻、电容、电感、电压、霍尔、光电、光栅和热电偶等传感器。

3）按传感器输出信号的性质分类，可分为输出为开关量（“1”和“0”或“开”和“关”）的开关型传感器，模拟型传感器，输出为脉冲或代码的数字型传感器。

4）根据传感器的能量转换情况，可分为能量控制型传感器和能量转换型传感器。

能量控制型传感器，在信息变化过程中，其能量需要外电源供给，如电阻、电感、电容等电路参量传感器都属于这一类传感器。基于应变电阻效应、磁阻效应、热阻效应、光电效应和霍尔效应等的传感器也属于此类传感器。

能量转换型传感器，主要由能量变换元件构成，它不需要外电源，如基于压电效应、热电效应、光电动势效应等的传感器都属于此类传感器。

2.3.5　传感器数学模型与静态特性

传感器检测被测量，应该按照规律输出有用信号，因此，需要研究其输出-输入之间的关系及特性，理论上用数学模型来表示输出-输入之间的关系和特性。

传感器可以检测静态量和动态量，输入信号的不同，传感器表现出来的关系和特性也不尽相同。在这里，将传感器的数学模型分为动态和静态两种，这里介绍静态数学模型。

静态数学模型是指在静态信号作用下，传感器输出与输入量之间的一种函数关系。表

示为

$$y = a_0 + a_1x + a_2x^2 + \cdots + a_nx^n$$

式中，x 为输入量；y 为输出量；a_0 为零输入时的输出，也称零位误差；a_1 为传感器的线性灵敏度，用 K 表示；a_2、$\cdots$、a_n 为非线性项系数。

根据传感器的数学模型一般把传感器分为三种：

① 理想传感器，静态数学模型表现为 $y = a_1x$。

② 线性传感器，静态数学模型表现为 $y = a_0 + a_1x$。

③ 非线性传感器，静态数学模型表现为 $y = a_0 + a_1x + a_2x^2 + \cdots + a_nx^n$（$a_2$、$\cdots$、$a_n$ 中至少有一个不为零）。

传感器的静态特性是指对静态的输入信号，传感器的输出量与输入量之间的关系。因为输入量和输出量都和时间无关，它们之间的关系，即传感器的静态特性可用一个不含时间变量的代数方程，或以输入量作横坐标、把与其对应的输出量作纵坐标而画出的特性曲线来描述。表征传感器静态特性的主要参数有线性度、灵敏度、分辨力和迟滞等，传感器的参数指标决定了传感器的性能以及选用传感器的原则。

（1）传感器的灵敏度　灵敏度是指传感器在稳态工作情况下输出量变化 Δy 对输入量变化 Δx 的比值。它是输出-输入特性曲线的斜率：

$$K = \mathrm{d}y/\mathrm{d}x$$

如果传感器的输出和输入之间显线性关系，则灵敏度 K 是一个常数，即特性曲线的斜率。否则，它将随输入量的变化而变化。

灵敏度的量纲是输出量、输入量的量纲之比。例如，某位移传感器，在位移变化 1mm 时，输出电压变化为 200mV，则其灵敏度应表示为 200mV/mm。当传感器的输出量、输入量的量纲相同时，灵敏度可理解为放大倍数。

提高灵敏度，可得到较高的测量精度。但灵敏度越高，测量范围越窄，稳定性也往往越差。

（2）传感器的线性度　通常情况下，传感器的实际静态特性输出是条曲线而非直线。在实际工作中，为使仪表具有均匀刻度的读数，常用一条拟合直线近似地代表实际的特性曲线，线性度（非线性误差）就是这个近似程度的一个性能指标。拟合直线的选取有多种方法，如将零输入和满量程输出点相连的理论直线作为拟合直线，或将与特性曲线上各点偏差的平方和为最小的理论直线作为拟合直线，此拟合直线称为最小二乘法拟合直线。

传感器校准曲线与拟合直线间的最大偏差（$\Delta_{\max}$）与满量程输出（Y_{m}）的百分比，称为线性度（又称为“非线性误差”），该值越小，表明线性特性越好。表示公式如下：

$$E = \Delta_{\max}/Y_{\mathrm{m}} \times 100\%$$

式中，$\Delta_{\max}$是实际曲线和拟合直线之间的最大差值；Y_{m} 为量程。

（3）传感器的分辨力　分辨力是指传感器可能感受到的被测量的最小变化的能力。也就是说，如果输入量从某一非零值缓慢地变化，当输入变化值未超过某一数值时，传感器的输出不会发生变化，即传感器对此输入量的变化是分辨不出来的。只有当输入量的变化超过最小变化时，其输出才会发生变化。

通常传感器在满量程范围内各点的分辨力并不相同，因此常用满量程中能使输出量产生阶跃变化的输入量中的最大变化值作为衡量分辨力的指标，上述指标若用满量程的百分比表示，则称为分辨力。

（4）重复性　传感器在输入量按同一方向做全量程多次测试时，所得特性曲线不一致的程度。

（5）迟滞现象　传感器在正向行程（输入量增大）和反向行程（输入量减小）期间，特性曲线不一致的程度。

（6）稳定性与漂移　传感器的稳定性有长期和短期之分。一般指一段时间以后，传感器的输出和初始标定时的输出之间的差值。通常用不稳定度来表征其输出稳定的程度。

传感器的漂移是指在外界干扰下，输出量出现与输入量无关的变化。漂移有很多种，如时间漂移和温度漂移等。时间漂移指在规定的条件下，零点或灵敏度随时间发生变化；温度漂移指环境温度变化而引起的零点或灵敏度的变化。

2.3.6　温度传感器

常用的各种材料和元器件的性能大都会随着温度的变化而变化，具有一定的温度效应。其中一些稳定性好、温度灵敏度高、能批量生产的材料就可以作为温度传感器。

温度传感器的分类方法很多。按照用途可分为基准温度计和工业温度计；按照测量方法又可分为接触式和非接触式；按工作原理又可分为膨胀式、电阻式、热电式、辐射式等；按输出方式分有自发电型、非电测型等。总之，温度测量的方法很多，而且直到今天，人们仍在不断地研究性能更好的温度传感器。用户可以根据成本、精度、测温范围及被测对象的不同，选择不同的温度传感器。表 2-3 列出了常用温度传感器的工作原理、名称、测温范围和特点。

表 2-3　温度传感器介绍

所利用的物理现象	传感器类型	测温范围/℃	特　点
体积热膨胀	气体温度计 液体压力温度计 玻璃水银温度计 双金属片温度计	-250 ~ 1000 -200 ~ 350 -50 ~ 350 -50 ~ 350	不需要电源，耐用；但感温部件体积较大
接触热电动势	钨铼热电偶 铂铑热电偶 其他热电偶	1000 ~ 2100 200 ~ 1800 -200 ~ 1200	自发电型，标准化程度高，品种多，可根据需要选择；应注意冷端温度补偿
电阻的变化	铂热电阻 热敏电阻	-200 ~ 900 -50 ~ 300	标准化程度高；但需要接入桥路才能得到电压输出
PN 结结电压	硅半导体二极管 （半导体集成电路温度传感器）	-50 ~ 150	体积小，线性好；但测温范围小
温度-颜色	示温涂料 液晶	-50 ~ 1300 0 ~ 100	面积大，可得到温度图像；但易衰老，精度低
光辐射 热辐射	红外辐射温度计 光学高温温度计 热释电温度计 光子探测器	-50 ~ 1500 500 ~ 3000 0 ~ 1000 0 ~ 3500	非接触式测量，反应快；但易受环境及被测体表面状态影响，标定困难

一般把由金属导体（如铂、铜、银等）制成的测温元件称为热电阻，把由半导体材料制成的测温元件称为热敏电阻。

热敏电阻是利用半导体材料电阻率随温度变化而变化的性质制成的，按其温度特性分成三类，适用于不同的使用场合。电阻值随温度升高而升高的，称为正温度系数热敏电阻（PTC）；电阻值随温度升高而降低的，称为负温度系数热敏电阻（NTC）；具有正或负温度系数特性，但在某一温度范围电阻值发生巨大变化的，称为突变型温度系数热敏电阻（CTR）。三类热敏电阻温度特性曲线如图 2-27 所示。

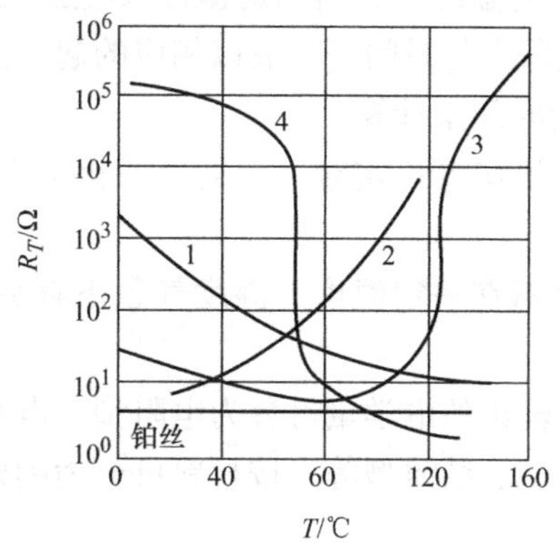

图 2-27　热敏电阻的温度特征曲线

1—NTC　2—PTC　3、4—CTR

2. 3. 7　湿度传感器

湿敏元件是指对环境湿度具有响应或将湿度转换成相应可测信号的元件。湿度传感器是由湿敏元件及转换电路组成的，具有把环境湿度转变为电信号的能力。湿度传感器的主要特性有以下几点：

（1）感湿特性　湿度传感器的特征量（如电阻、电容、频率等）随湿度变化的关系，常用感湿特征量和相对湿度的关系曲线来表示（见图 2-28）。

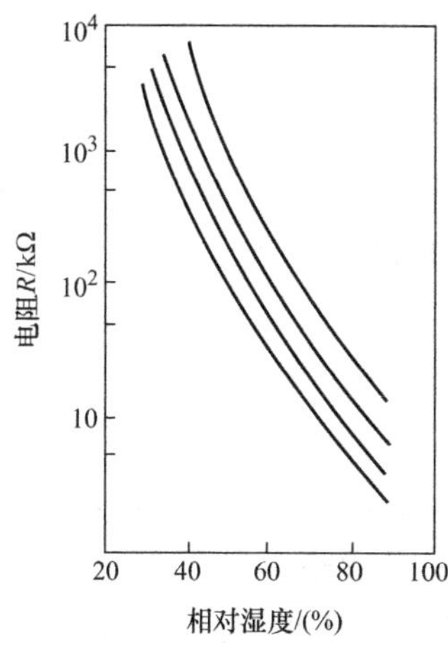

图 2-28　湿度传感器的感湿特性

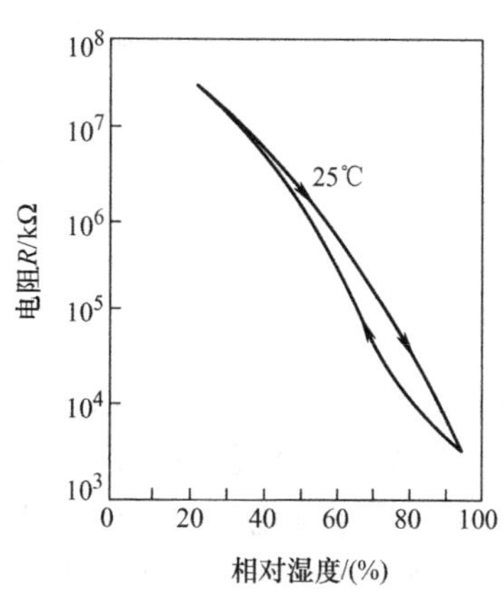

图 2-29　湿度传感器的湿滞特性

（2）湿度量程　它表示湿度传感器技术规范规定的感湿范围。全量程相对湿度为 0～100%。

（3）灵敏度　它表示湿度传感器的感湿特征量（如电阻、电容等）随环境湿度变化的程度，也是该传感器感湿特性曲线的斜率。由于大多数湿度传感器的感湿特性曲线是非线性的，因此常用不同环境下的感湿特征量之比来表示其灵敏度的大小。

（4）湿滞特性　湿度传感器在吸湿过程和脱湿过程中吸湿与脱湿曲线不重合，而是一个环形回线，这一特性就是湿滞特性（见图 2-29）。

（5）响应时间　在一定环境温度下，当相对湿度发生跃变时，湿度传感器的感湿特征量达到稳定变化量的规定比例所需的时间，一般以相应的起始湿度和终止湿度这一变化区间的 90% 的相对湿度变化所需的时间来计算。

（6）感湿温度系数　当环境湿度恒定时，温度每变化 1℃ 所引起的湿度传感器感湿特征量的变化量。

（7）老化特性　湿度传感器在一定温度、湿度气氛下存放一定时间后，其感湿特性将发生变化的特性。

湿度传感器种类繁多。按输出的电学量可分为电阻型、电容型、频率型等；按探测功能可分为绝对湿度型、相对湿度型、结露型等；按材料可分为陶瓷型、有机高分子型、半导体型、电解质型等。

这里主要介绍应用最广泛的陶瓷型湿度传感器。陶瓷型湿度传感器是利用其表面多孔性吸湿进行导电，从而改变元件的阻值。这种湿敏元件随外界湿度变化而使电阻值变化的特性便是用来制造湿度传感器的依据。陶瓷型湿度传感器较成熟的产品有 $MgCr_2O_4$-TiO_2 系、ZnO-Cr_2O_3 系、ZrO_2 系厚膜型、Al_2O_3 薄膜型、TiO_2-V_2O_5 薄膜型等品种。

1）$MgCr_2O_4$-TiO_2 系湿度传感器。$MgCr_2O_4$-TiO_2 系湿度传感器是一种典型的多孔陶瓷湿度测量器件。由于它具有灵敏度高、响应特性好、测湿范围宽和高温清洗后性能稳定等优点，目前已商品化，并得到广泛应用。$MgCr_2O_4$-TiO_2 系湿度传感器的结构示意如图 2-30 所示。

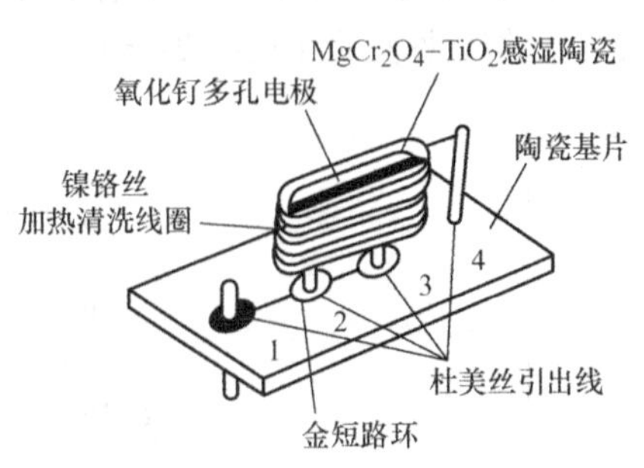

图 2-30　$MgCr_2O_4$-TiO_2 湿度传感器的结构示意图

$MgCr_2O_4$-TiO_2 系湿度传感器是以 $MgCr_2O_4$ 为基础材料，加入一定比例的 TiO_2（20～35mol/L）制成的。感湿材料被压制成 4mm×4mm×0.5mm 的薄片，在 1300℃ 左右烧成，在感湿片两面涂布氧化钌（RuO_2）多孔电极，并于 800℃下烧结。在感湿片外附设有加热清洗线圈，此清洗线圈主要是通过加热排除附着在感湿片上的有害气氛及油雾、灰尘，恢复对水汽的吸附能力。

2）ZrO_2 系厚膜型湿度传感器。由于烧结法制成的体型陶瓷湿度传感器结构复杂，工艺上一致性差，特性分散，近来，国外开发了厚膜陶瓷型湿度传感器，这不仅降低了成本，也提高了传感器的一致性。

ZrO_2 系厚膜型湿度传感器的感湿层是用一种多孔 ZrO_2 系厚膜材料制成的，它可用碱金属调节阻值的大小并提高其长期稳定性。其结构示意如图 2-31 所示。

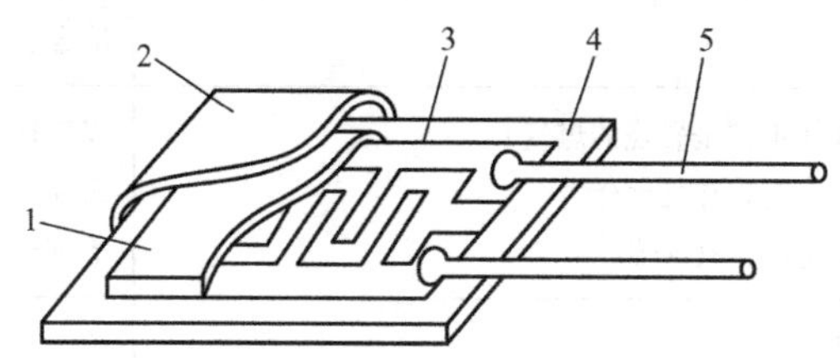

图 2-31　ZrO_2 系湿度传感器的结构示意图

1—电极引线　2—印制的 ZrO_2 感湿层（厚为几十微米）　3—瓷衬底

4—由多孔高分子膜制成的防尘过滤膜　5—用丝网印刷法印制的 Au 梳状电极

2.3.8　气体传感器

气体传感器是一种把气体（多数为空气）中的特定成分检测出来，并将它转换为电信号的器件，以便提供有关待测气体的存在及浓度大小的信息。

气体传感器最早用于可燃性气体及瓦斯泄漏报警，用于防灾，保证生产安全，以后逐渐推广应用，用于有毒气体的检测（见图 2-32）、容器或管道的检漏、环境监测（防止公害）、锅炉及汽车的燃烧检测与控制（可以节省燃料，并且可以减少有害气体的排放）、工业过程的检测与自动控制（测量分析生产过程中某一种气体的含量或浓度）。近年来，在医疗、空气净化、家用燃气灶和热水器等方面，气体传感器得到普遍的应用。

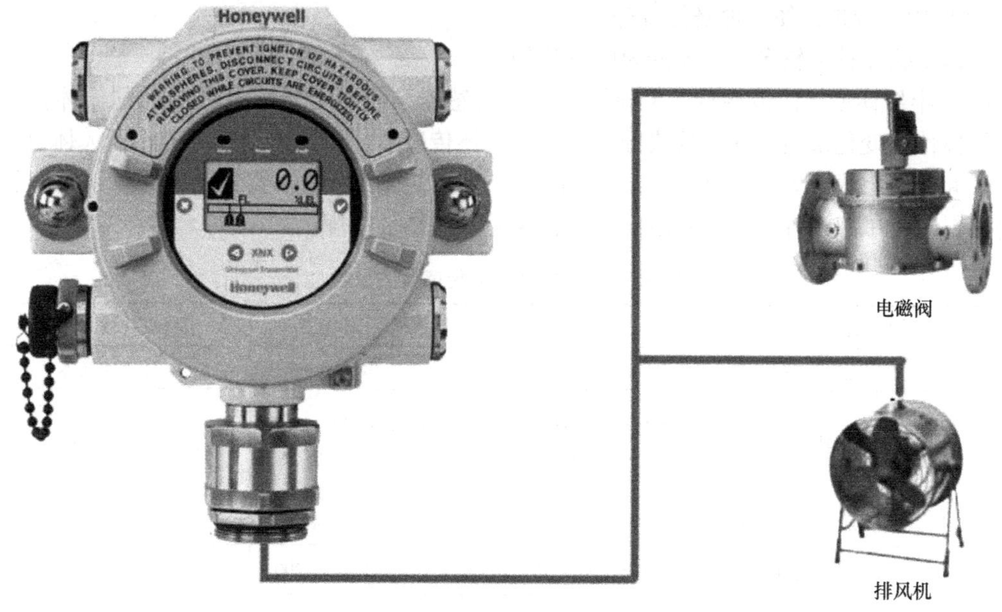

图 2-32　有毒气体报警系统

表2-4为气体传感器的主要检测对象及应用场所。

表2-4　气体传感器的主要检测对象及应用场所

分　类	检测对象气体	应用场合
易燃易爆气体	液化石油气、焦炉煤气、发生炉煤气、天然气 甲烷 氢气	家庭 煤矿 冶金、试验室
有毒气体	一氧化碳（不完全燃烧的煤气） 硫化氢、含硫的有机化合物 卤素、卤化物、氨气等	煤气灶等 石油工业、制药厂 冶炼厂、化肥厂
环境气体	氧气（缺氧） 水蒸气（调节湿度，防止结露） SO_x、NO_x、Cl_2 等（大气污染）	地下工程、家庭 电子设备、汽车、温室 工业区
工业气体	燃烧过程气体控制，调节空燃比 一氧化碳（防止不完全燃烧） 水蒸气（食品加工）	内燃机、锅炉 内燃机、冶炼厂 电子灶
其他灾害	烟雾、驾驶员呼出的酒精	火灾预报、事故预报

气体传感器的性能必须满足下列条件：

① 能够检测易爆气体的允许浓度、有害气体的允许浓度和其他基准设定浓度，并能及时给出报警、显示与控制信号；

② 对被测气体以外的共存气体或物质不敏感；

③ 性能长期稳定性、重复性好；

④ 动态特性好、响应迅速；

⑤ 使用、维护方便，价格便宜等。

气体传感器种类较多，主要分为以下几种：

（1）半导体型气体传感器　半导体型气体传感器是利用半导体气敏器件同气体接触造成半导体性质变化来检测气体的成分或浓度的气体传感器。半导体型气体传感器大体可分为电阻式和非电阻式两大类，见表2-5。电阻式半导体气体传感器用氧化锡、氧化锌等金属氧化物材料制作敏感元件，利用其阻值的变化来检测气体的浓度。

表2-5　半导体型气体传感器的分类

类型	主要的技术特性	传感器举例	工作温度/℃	代表性被测气体
电阻式	表面电阻特性	氧化锡、氧化锌	室温0～450	可燃性气体
	体电阻特性	LaI_x-Sr_xCoO_3、TiO_2（二氧化钛）、氧化钴、氧化镁、氧化锡	300～450 700以上	酒精、可燃性气体、氧气
非电阻式	表面电位	氧化银	室温	乙醇
	二极管整流特性	铂/硫化镉、铂/氧化钛	室温至200	氢气、一氧化碳、酒精
	晶体管特性	铂栅MOS场效应晶体管	150	氨气、硫化氢

1）表面控制型气体传感器。这类器件表面电阻变化取决于表面原来吸附气体与半导体材料之间的电子交换。器件一般工作在空气中，空气中的 O_2 接受来自半导体材料的电子而吸附负电荷，其结果表现为 N 型半导体材料的表面空间电荷区域的传导电子减少，使表面电导率减少，从而使器件处于高阻状态。一旦器件与被测气体接触，就会与吸附的氧起反应，将被氧束缚的电子释放出来，使敏感膜表面电导增加，使器件电阻减少。这种类型的传感器多数以可燃性气体为检测对象，但如果吸附能力强，即使是非可燃性气体也能作为检测对象。

这类器件具有检测灵敏度高、响应速度快、实用价值大等优点。目前常用的材料为氧化锡和氧化锌等较难还原的氧化物，也有研究用有机半导体材料的。在这类传感器中一般均掺有少量贵金属（如 Pt 等）作为激活剂。这类器件目前已商品化的有 SnO_2、ZnO 等气体传感器。

2）体电阻控制型气体传感器。这类器件是利用体电阻的变化来检测气体的半导体器件。很多氧化物半导体出现化学计量比偏离的情况，即组成原子数偏离整数比的情况，如 $Fe_{1-x}O$、$Cu_{2-x}O$ 等，或 SnO_{2-x}、ZnO_{1-x}、TiO_{2-x}等。前者为缺金属型氧化物，后者为缺氧型氧化物，统称为非化学计量化合物，它们是不同价态金属的氧化物构成的固溶体，其中 x 值由温度和气相氧分压决定。由于氧的进出使晶体中晶格缺陷（结构组成）发生变化，电导率随之发生变化。缺金属型为生成阳离子空位的 P 型半导体，氧分压越高，电导率越大。与此相反，缺氧型氧化物为生成晶格间隙阳离子或生成氧离子缺位的 N 型半导体，氧分压越高，电导率越小。

这类器件因需与外界氧分压保持平衡，或受还原性气氛的还原作用，致使晶体中的结构缺陷发生变化，随之体电阻变化。这种变化也是可逆的，当待测气体脱离后气敏器件又恢复原状。这类传感器以 α-Fe_2O、γ-Fe_2O_3、TiO_2 传感器为代表。其检测对象主要有液化石油气（主要是丙烷）、煤气（主要是 CO、H_2）和天然气（主要是甲烷）。

上述两种电阻式半导体气体传感器的优点是价格便宜、使用方便、对气体浓度变化响应快、灵敏度高。其缺点是稳定性差、老化快、对气体识别能力不强、特性的分散性大等。为了解决这些问题，目前正从提高识别能力、提高稳定性、开发新材料、改进工艺及器件结构等方面进行研究。

3）非电阻式气体传感器。这类传感器目前尚无商品，单从这方面也可看出科技人员正为发展气体传感器所做的努力。目前的成果主要有二极管、FET 及电容型几种。

二极管型气体传感器是利用一些气体被金属与半导体的界面吸收，对半导体禁带宽度或金属的功函数的影响，而使二极管整流特性发生性质变化而制成的，如 Pd/Ti、Pd/ZnO 之类二极管可用于对 H_2 的检测。

FET 型气体传感器是将 MOSFET 或 MESFET 中的金属栅采用 Pd 等金属膜，根据栅压域值的变化来检测未知气体。初期的 FET 型气体传感器以测 H_2 为主，近年来已制成 H_2S、NH_3、CO、乙醇等 FET 型气体传感器。最近又发展了 ZrO_2、LaF 固体电解质膜及锑酸质子导电体厚膜型的 FET 气体传感器。

人们发现随 CO_2 浓度变化 CaO-$BaTiO_3$ 等复合氧化物的静电容量有很大变化。当该复合氧化物加热到 419℃ 时，可测定 CO_2 浓度范围（0.05% ~2%）。其优点是选择性好，很少受 CO、CH_4、H_2 等气体干扰，不受湿度干扰，有良好前景。

（2）固体电解质式气体传感器　这类传感器内部不是依赖电子传导，而是靠阴离子或阳离子进行传导，因此，把利用这种传导性能好的材料制成的传感器称为固体电解质传感器。

（3）接触燃烧式气体传感器　一般将在空气中达到一定浓度、触及火种可引起燃烧的气体称为可燃性气体，如甲烷、乙炔、甲醇、乙醇、乙醚、一氧化碳和氢气等均为可燃性气体。

接触燃烧式气体传感器是将白金等金属线圈埋设在氧化催化剂中构成。使用时对金属线圈通以电流，使之保持在300～600℃的高温状态，同时将气体传感器接入电桥电路中的一个桥臂，调节桥路使其平衡。一旦有可燃性气体与传感器表面接触，燃烧热进一步使金属丝升温，造成元件阻值增大，从而破坏了电桥的平衡。气体传感器输出的不平衡电流或电压与可燃烧气体浓度成比例，检测出这种电流或电压就可测得可燃性气体的浓度。

接触燃烧式气体传感器敏感元件的结构主要有烧结型、厚膜型、薄膜型和旁热式（见图2-33）。

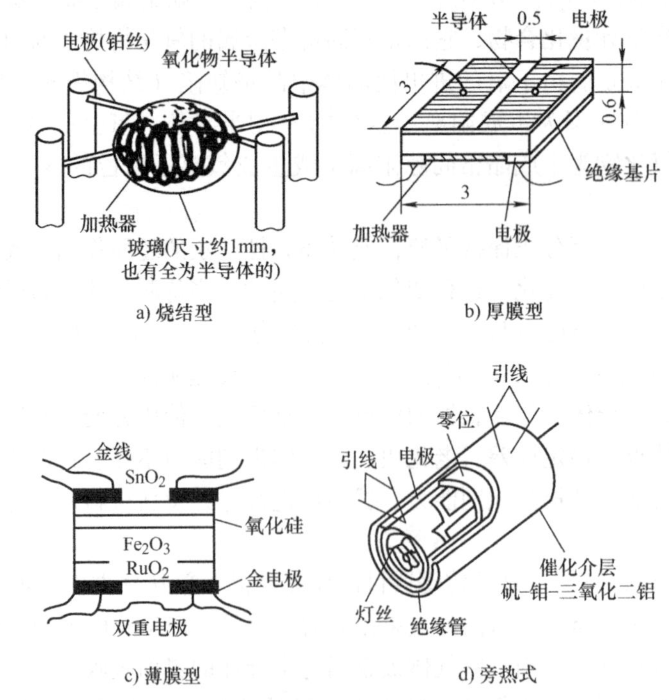

图2-33　接触燃烧式气体传感器的结构

接触燃烧式气体传感器的优点是对气体选择性好，线性好，受温度、湿度影响小，响应快。其缺点是对低浓度可燃性气体灵敏度低，敏感元件受到催化剂侵害后其特性锐减，金属丝易断。

（4）电化学式气体传感器　电化学式气体传感器包括离子电极型气体传感器、定位电解法气体传感器、加伐尼电池型气体传感器等种类。

1）离子电极型气体传感器。这种传感器由电解液、固定参照电极和pH电极组成，通过透气膜使被测气体和外界达到平衡，在电解液中达到如下化学平衡（以被测气体CO_2

为例）：

$$CO_2 + H_2O = H^+ + HCO_3^-$$

根据质量作用法则，HCO_3^- 的浓度一定与设定范围内的 H^+ 浓度和 CO_2 分压成比例，根据 pH 值就能知道 CO_2 的浓度。适当地组合电解液和电极，可以检测多种气体，如 NH_3、SO_2、NO_2（pH 电极）、HCN（Ag 电极）、卤素（卤化物电极）等传感器已实用化。

2）加伐尼电池型气体传感器。这种传感器中，由隔离膜、铅电极（阳）、电解液、白金电极（阴）组成一个加伐尼电池，当被测气体通过聚四氟乙烯隔膜扩散到达负极表面时，即可发生还原反应，在白金电极上被还原成 OH^- 离子，阳极上铅被氧化成氢氧化铅，溶液中产生电流。这时流过外电路的电流和透过聚四氟乙烯膜的氧的速度成比例，阴极上氧分压几乎为零，氧透过的速度和外部的氧分压成比例。

3）定位电解法气体传感器。这种传感器又称控制电位电解法气体传感器，它由工作电极、辅助电极、参比电极以及聚四氟乙烯制成的透气隔离膜组成。在工作电极与辅助电极、参比电极间充以电解液，传感器工作电极（敏感电极）的电位由恒电位器控制，使其与参比电极电位保持恒定，待测气体分子通过透气膜到达敏感电极表面时，在多孔型贵金属催化作用下，发生电化学反应（氧化反应），同时辅助电极上氧气发生还原反应。这种反应产生的电流大小受扩散过程的控制，而扩散过程与待测气体浓度有关，只要测量敏感电极上产生的扩散电流，就可以确定待测气体的浓度。在敏感电极与辅助电极之间加一定电压后，使气体发生电解，如果改变所加电压，氧化还原反应选择性地进行，就可以定量检测气体。

（5）集成型气体传感器　这种传感器有两类：一类是把敏感部分、加热部分和控制部分集成在同一基底上，以提高器件的性能；另一类是把多个具有选择性的元件，用厚膜或薄膜的方法制在一个衬底上，用微机处理和信号识别的方法对被测气体进行选择性的测定，既可对气体进行识别又可提高检测灵敏度。

2.3.9　光电传感器

光敏元器件是指能将光信号转变为电信号的元器件，有时候又会被称为“光电传感器”。光敏元器件与发光管配合，可以实现电→光、光→电的相互转换。

常见的光敏元器件有光敏电阻、光敏二极管、光敏晶体管等。

（1）光敏电阻　它是在陶瓷基片上沉积一层光敏半导体，再接上两根引线做电极制成的。常用的碳膜电阻和金属膜电阻受到光照射后阻值不会发生变化；而光敏电阻的阻值对光的变化则非常敏感，原因在于光敏电阻的材料和结构。它的外壳上有玻璃窗口或透镜，使光线能够入射到光敏半导体薄层上，随着入射光的增强或减弱，半导体的特征激发强度也不一样，使半导体内部的载流子数量发生变化，从而使光敏电阻的阻值跟着改变。常见的有紫外光敏电阻、可见光敏电阻、红外光敏电阻几种，对应的波长不同，使用时不能混淆。光敏电阻的外形及电路图形符号如图 2-34 所示。

图 2-34　光敏电阻的外形与电路符号

光敏电阻的主要参数有：

1）暗电阻（R_D）：光敏电阻在无光照射时的电阻值称为暗电阻。

2）亮电阻（R_L）：光敏电阻在受到光照射时所具有的阻值称为亮电阻。

3）峰值波长：光敏特性响应最佳时所对应的波长。

（2）光敏二极管　它是由一 PN 结构成的半导体器件。不是用作整流器件，而是通过它把光信号转换为电信号，即它是一种光电转换器件。如图 2-35 所示，光敏二极管的两管脚有正、负极之分：靠近管键和色点的是正极，另一管脚为负极；较长的一脚为正极，较短的一脚为负极。

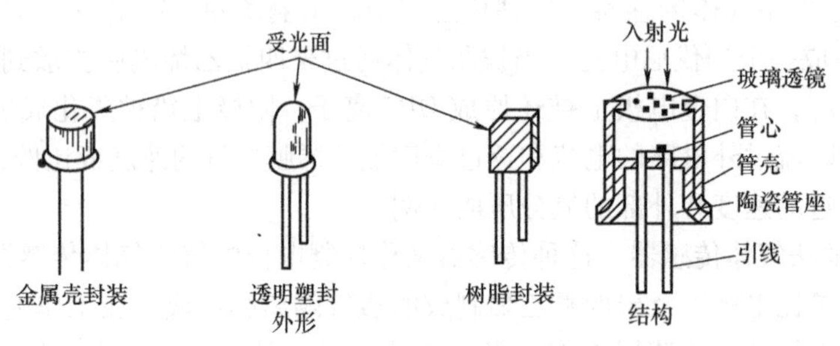

图 2-35　光敏二极管的外形与结构

光敏二极管是在反向电压下工作的，在黑暗状态下，由于本征激发微弱，反向电流（此时电流称为暗电流）很小。当有光照时，随着本征激发的增强，少数载流子浓度增加，使得反向电流迅速增大到几十微安，此时的电流称为光电流。光照的强弱变化引起了光敏二极管光电流大小的变化，这样就可以很容易地实现光/电信号的转换。在入射光照强度一定时，光敏二极管的反向电流为恒值，与所加反向电压大小基本无关。

光敏二极管的检测方法：①用万用表 $R\times100$ 或 $R\times1\text{k}$ 档，与测普通二极管一样，其正向电阻应为 10kΩ 左右。②对调两表笔，使光敏二极管工作在反向状态。用一物体遮住光敏二极管的透明窗口，测得的电阻值应接近无穷大。③去掉遮光物，表笔指针应向右偏转至几千欧处，光线越强，电阻值越小。若测得的正反向电阻都是无穷大或零，说明管子已损坏。

（3）光敏晶体管　光敏二极管能实现光电转换，但灵敏度低，使用光敏晶体管就大大提高了光电转换的灵敏度。光敏晶体管为 NPN 型结构，基极即为光射窗口，因此大多数光敏晶体管只有集电极和发射极两个管脚，也有基极有引出脚的，作为温度补偿用，不用时剪去。管脚排列如图 2-36 所示，靠近色点标志的是发射极，较远的是集电极，引线较长的是基极。

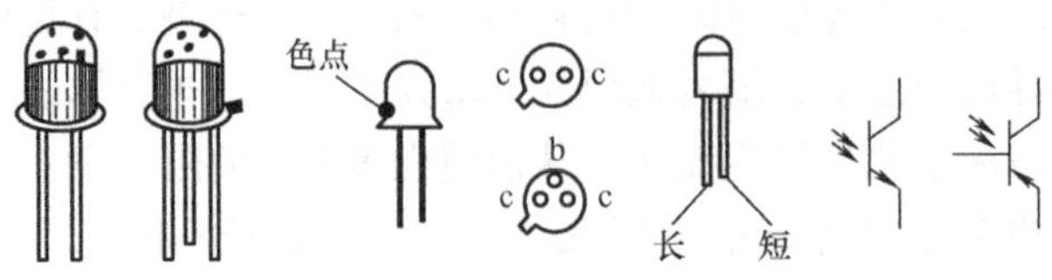

图 2-36　光敏晶体管外观

实际应用光敏晶体管作为接收器件时，为提高接收灵敏度，可给它一个适当的偏置电流即施加一个附加光照，使其进入浅放大区，实际安装时发光二极管不要挡住晶体管的受光面，以免影响遥控信号的接收。采用这种办法可以非常有效地提高接收灵敏度，增大遥控距离。

光敏晶体管的检测如图 2-37 所示：①用遮光物遮住光敏晶体管的窗口，没有光照，光敏晶体管没有电流，测得的阻值应为无穷大。②去掉遮光物，使光敏晶体管的窗口朝向光源，晶体管导通，万用表的指针向右偏转至 1kΩ 左右，指针偏转角的大小反映了管子的灵敏度。

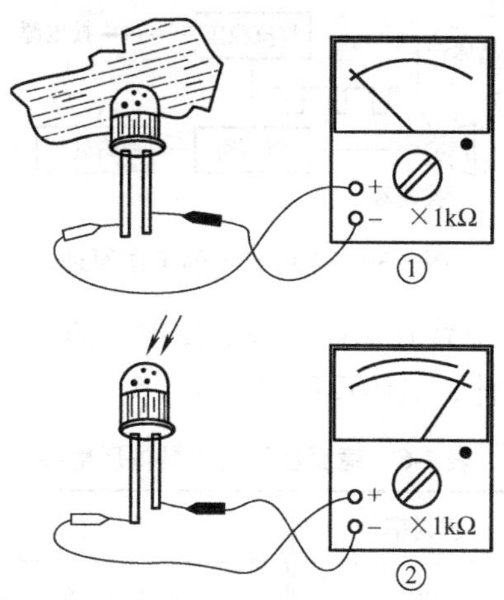

图 2-37　光敏晶体管的检测

通过光敏晶体管做成的光电开关目前应用非常普遍，以红外线光电开关为例，其所发射的红外线属于一种电磁射线，其特性等同于无线电或 X 射线。人眼可见的光波是 380 ~ 780nm，发射波长为 780nm ~ 1mm 的长射线称为红外线，一般红外线光电开关优先使用的是接近可见光波长的近红外线。图 2-38 所示为各种不同频率与波长的电磁射线。

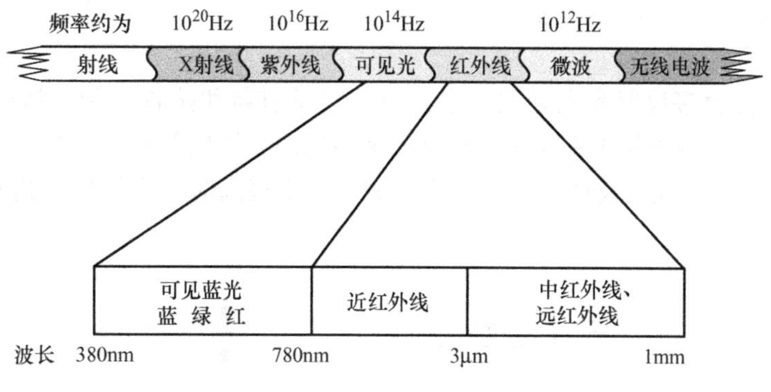

图 2-38　电磁射线

图 2-39 为光电开关的工作原理示意，由光电开关内部振荡回路产生的调制脉冲先经反射电路后，由发射管辐射出光脉冲；当被测物体进入受光器作用范围时，被反射回来的光脉冲进入光敏晶体管，并在接收电路中将光脉冲解调为电脉冲信号，再经放大器放大和同步选通整形，然后用数字积分或 *RC* 积分方式排除干扰，最后经延时（或不延时）触发驱动器输出光电开关控制信号。

常用光电开关的分类是按检测方式来划分的，其可分为反射式、对射式和镜面反射式等几种类型。对射式检测距离远，可检测半透明物体的密度（透光度）。反射式的工作距离被

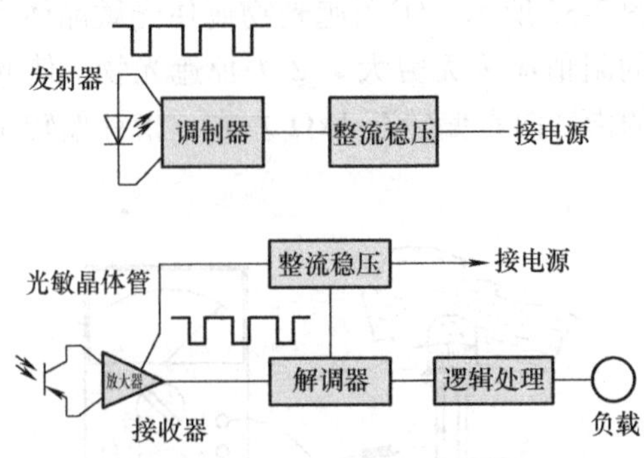

图 2-39　光电开关的工作原理

限定在光束的交点附近，以避免背景影响。镜面反射式的反射距离较远，适宜作远距离检测，也可检测透明或半透明物体，具体反射率见表 2-6。

表 2-6　镜面反射式的具体反射率

材料	反射率	材料	反射率
白画纸	90%	不透明黑色塑料	14%
报纸	55%	黑色橡胶	4%
餐巾纸	47%	黑色布料	3%
包装箱硬纸板	68%	未抛光白色金属表面	130%
洁净松木	70%	光泽浅色金属表面	150%
干净粗木板	20%	不锈钢	200%

图 2-40 所示为直接反射光电开关，它是一种集发射器和接收器于一体的传感器，当有被检测物体经过时，将光电开关发射器发射的足够量的光线反射到接收器，于是光电开关就产生了开关信号。当被检测物体的表面光亮或其反光率极高时，直接反射式的光电开关是首选的检测模式。

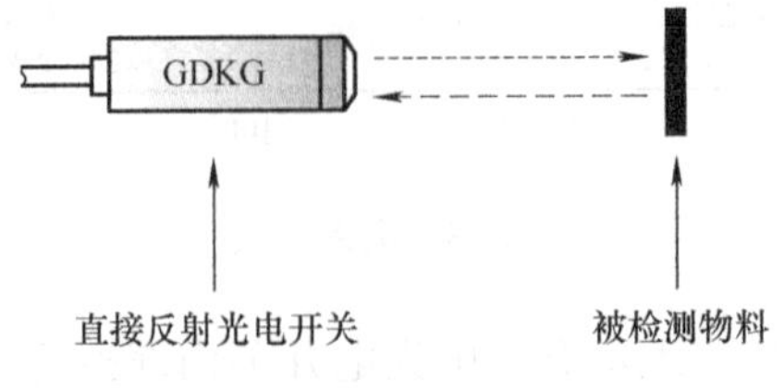

图 2-40　直接反射光电开关

由于光电开关输出回路和输入回路是电隔离的（即电绝缘），所以它可以在许多场合得到应用，如物位检测、液位控制、产品计数、宽度判别、速度检测、定长剪切、孔洞识别、信号延时、自动门传感、色标检出、冲床和剪切机以及安全防护等诸多领域。此外，利用红外线的隐蔽性，它还可在银行、仓库、商店、办公室以及其他需要的场合作为防盗警戒之用。

2.4　智能手机

2.4.1　概述

智能手机，是指像个人计算机一样，具有独立的操作系统、独立的运行空间，可以由用户自行安装软件、游戏、导航等第三方服务商提供的程序，并可以通过移动通信网络来实现无线网络接入的手机类型的总称。

智能手机的使用范围已经布满全世界，这全赖于智能手机具有优秀的操作系统、可自由安装各类软件、完全大屏的全触屏式操作感这三大特性，从而完全终结了键盘式手机（见图 2-41）。

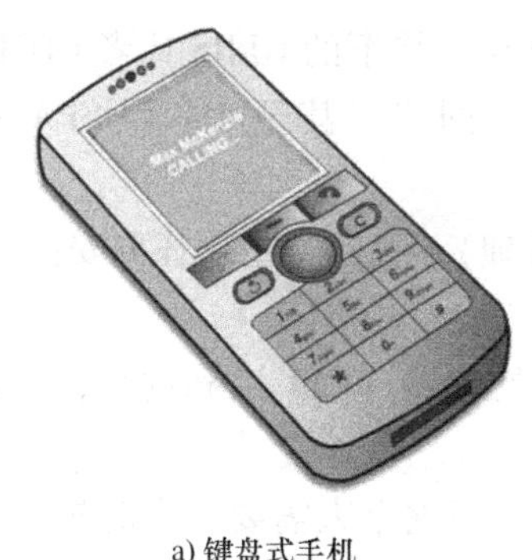

a) 键盘式手机

b) 智能手机

图 2-41　键盘式手机与智能手机的外观

2.4.2　智能手机的发展史

作为一项新兴技术，21 世纪初，CDMA2000 迅速风靡全球并占据了 20% 的无线市场。截至 2012 年，全球 CDMA2000 用户已超过 2.56 亿，遍布 70 个国家的 156 家运营商已经商用 3G CDMA 业务。包含高通授权的安可信通信技术有限公司在内全球有数十家 OEM 厂商推出 EVDO 移动智能终端，至今，高通公司已向全球包括中国在内的众多制造商提供了累计超过 75 亿多枚芯片。智能手机也就是在这个大背景下诞生的。

智能手机的诞生，是由掌上计算机（Pocket PC）演变而来的。最早的掌上计算机并不具备手机通话功能，但是随着用户对于掌上计算机的个人信息处理方面功能的依赖的提升，又不习惯于随时都携带手机和掌上计算机两个设备，所以厂商将掌上计算机的系统移植到了手机中，于是才出现了智能手机这个概念。

智能手机同传统手机外观和操作方式类似，不仅包含触摸屏手机，也包含非触摸屏数字键盘手机和全尺寸键盘操作的手机。但是传统手机都使用的是生产厂商自行开发的封闭式操作系统，所能实现的功能非常有限，不具备智能手机的扩展性。

智能手机这个说法主要是针对功能手机（Feature Phone）而来的，本身并不意味着这个手机有多智能（Smart）；从另一个角度来讲，所谓的“智能手机”就是一台可以随意安装和卸载应用软件的手机（就像计算机那样）。功能手机是不能随意安装、卸载软件的，JAVA 的出现使后来的功能手机具备了安装 JAVA 应用程序的功能，但是 JAVA 程序的操作友好性、运行效率及对系统资源的操作都比智能手机差很多。

最早的智能手机之一是 IBM 公司 1993 年推出的 Simon，它也是世界上第一款使用触摸屏的智能手机，使用 Zaurus 操作系统，只有一款名为 DispatchIt 的第三方应用软件。它为以后的智能手机处理器奠定了基础，有着里程碑式的意义。

第一代 iPhone 于 2007 年发布，2008 年 7 月 11 日，苹果公司推出 iPhone 3G。自此，智能手机的发展开启了新的时代，iPhone 成为了引领业界的标杆产品。

目前，大屏幕平板手机（Phablet）逐渐成为主流，到了 2014 年其出货量已经超越小型平板计算机。

2.4.3 智能手机的特点

智能手机具有六大特点：

1）具备无线接入互联网的能力：需要支持 GSM 网络下的 GPRS 或者 CDMA 网络的 CDMA1X 或 3G（WCDMA、CDMA2000、TD-SCDMA）网络，甚至 4G（HSPA +、FDD-LTE、TDD-LTE）。

2）具有 PDA 的功能：包括 PIM（个人信息管理）、日程记事、任务安排、多媒体应用、浏览网页。

3）具有开放性的操作系统：拥有独立的核心处理器（CPU）和内存，可以安装更多的应用程序，使智能手机的功能可以得到无限扩展。

4）人性化：可以根据个人需要扩展机器功能。根据个人需要，实时扩展机器内置功能以及软件升级，智能识别软件的兼容性，实现了软件市场同步的人性化功能。

5）功能强大：扩展性能强，第三方软件支持多。

6）运行速度快：随着半导体行业的发展，核心处理器（CPU）发展迅速，使智能手机在运行方面越来越极速。

2.4.4 智能手机的硬件系统

1. 硬件体系结构

图 2-42 所示为使用双 CPU 架构的智能手机硬件体系结构。

主处理器运行开放式操作系统，负责整个系统的控制。从处理器为无线 Modem 部分的 DBB（数字基带芯片），主要完成语音信号的 A-D 转换、D-A 转换、数字语音信号的编解码、信道编解码和无线 Modem 部分的时序控制。主从处理器之间通过串口进行通信。主处理器采用 × × ×公司的 CPU 芯片，它采用 CMOS 工艺，拥有 ARM926EJ-S 内核，采用 ARM 公司的 AMBA（先进的微控制器总线体系结构），内部含有 16KB 的指令 Cache、16KB 的数据 Cache 和 MMU（存储器管理单元）。为了实现实时的视频会议功能，携带了一个优化的 MPEG4 硬件编解码器，能对大运算量的 MPEG4 编解码和语音压缩、解压缩进行硬件处理，从而能缓解 ARM 内核的运算压力。主处理器上含有 LCD（液晶显示器）控制器、摄像机控制器、SDRAM 和 SROM 控制器、很多通用的 GPIO 口、SD 卡接口等。这些使它能很出色地应用于智能手机的设计中。

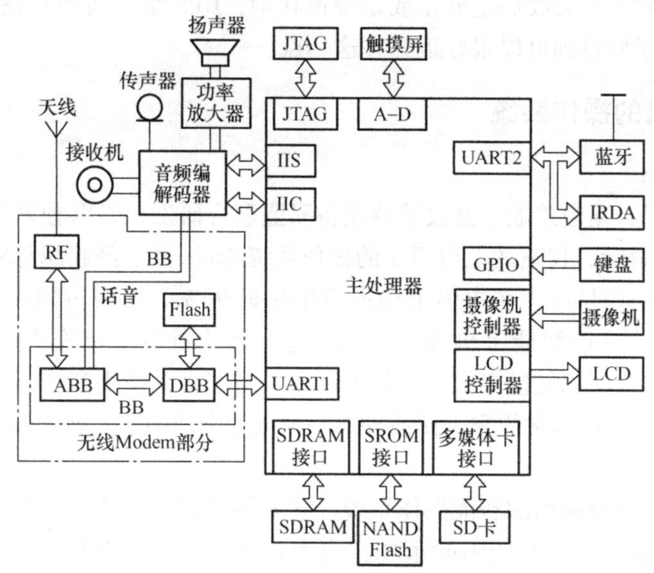

图 2-42 双 CPU 架构的智能手机硬件体系结构

在智能手机的硬件架构中，无线 Modem 部分只要再加一定的外围电路，如音频芯片、LCD、摄像机控制器、传声器、扬声器、功率放大器、天线等，就是一个完整的普通手机（传统手机）的硬件电路。模拟基带（ABB）语音信号引脚和音频编解码器芯片进行通信，构成通话过程中的语音通道。

从这个硬件电路的系统架构可以看出，功耗最大的部分包括主处理器、无线 Modem、LCD 和键盘的背光灯、音频编解码器和功率放大器。

2. 智能手机传感器

智能手机已经逐渐深入并广泛应用到人们的日常生活中，人们对智能手机的要求也越来越高。很多人会奇怪，智能手机是如何实现自动转屏等各种功能的呢？其实，这都是传感器的功劳。

（1）加速度传感器　智能手机可以实现自动旋转屏幕，这是如何实现的呢？这就要依靠加速传感器也就是重力感应器了。加速度传感器能够测量加速度，可以监测手机加速度的大小和方向。因此能够通过加速度传感器来实现自动旋转屏幕，并应用于一些游戏中。

（2）距离感应器　智能手机中还会应用到距离感应器，能够通过红外光来判断物体的位置。当将距离感应器应用于智能手机中时，手机将会具备多种功能，如接通电话后自动关闭屏幕来省电，此外还可以实现“快速一览”等特殊功能。

（3）气压传感器　气压传感器则能够对大气压变化进行检测，应用于手机中则能够实现大气压、当前高度检测以及辅助 GPS 定位等功能。

（4）光敏传感器　光敏传感器在手机中也普遍应用，主要用来根据周围环境光线，调节手机屏幕本身的亮度，以提升电池续航能力。

（5）电子罗盘　手机都有 GPS 功能了还有必要装电子罗盘吗？其实很有必要，因为在树林里或者是大厦林立的地方手机很有可能会丢失掉 GPS 信号，而有了电子罗盘后可以更好地保障不会迷失方向，毕竟地球的磁场是不会无端端消失的。更重要的是 GPS 其实只能判断我们所处的位置，如果我们是静止或是缓慢移动，GPS 是无法得知我们所面对的方向，所以手机配合上电子罗盘则可以很好地弥补这一点。

2.4.5 智能手机的操作系统

1. 谷歌 Android

中文名“安卓”，是由谷歌、开放手持设备联盟联合研发，谷歌独家推出的智能操作系统，2011 年初数据显示，仅正式上市两年的操作系统 Android 已经超越称霸十年的塞班操作系统，跃居全球第一。目前，在中国市场占有率接近 90%，彻底占领中国智能手机市场，也成为了全球最受欢迎的智能手机操作系统。这是因为谷歌推出安卓时采用开放源代码（开源）的形式推出，所以使世界大量手机生产商采用安卓系统生产智能手机，再加上安卓在性能和其他各个方面也非常优秀，便使安卓一举成为全球第一大智能操作系统。

2. 苹果 iOS

iOS 是苹果公司研发推出的智能操作系统，它采用封闭源代码（闭源）的形式推出，因此仅能苹果公司独家采用，在美国的市场占有率接近一半，为全球第二大智能操作系统。iOS 因为具有着独特又极为人性化、极为强大的界面和性能深受用户的喜爱。

2.5 可穿戴技术

2.5.1 概述

可穿戴技术是主要探索和创造能直接穿在身上或是整合进用户衣服或配件设备的科学技术。早在 20 世纪 60 年代，美国麻省理工学院媒体实验室就提出了一种创新技术，它可以把多媒体、传感器和无线通信等技术嵌入人们的衣着中，可支持手势和眼动操作等多种交互方式，这就是我们目前热捧的可穿戴技术。随着网络的快速普及，现在的可穿戴产品可以通过“内在连通性”实现快速的数据获取、通过超快的分享内容能力高效地保持社交联系，从而摆脱传统的手持设备（比如手机、PAD 等）而获得无缝的网络访问体验。

2.5.2 能与社交网络互通的谷歌眼镜

作为一种可穿戴设备，谷歌眼镜可以通过声音控制拍照、视频通话和辨明方向以及上网冲浪、处理文字信息和电子邮件等（见图 2-43）。

如图 2-44 所示，谷歌眼镜配备有在谷歌眼镜前方悬置的一台摄像头和一个位于镜框右侧的宽条状的计算机处理器装置，配备的摄像头像素为 500 万。镜片上配备了一个头戴式微型显示屏，它可以将数据投射到用户右眼上方的小屏幕上，显示效果如同在 2.4m 外看 25in（1in = 0.0254m）高清屏幕一样。还有一条可横置于鼻梁上方的平行鼻托和鼻垫感应器，鼻托可调整，以适应不同脸型。在鼻托里植入了电池，它能够辨识眼镜是否被佩戴。根据环境声音在屏幕上显示距离和方向，在两块目镜上分别显示地图和导航信息技术。

谷歌眼镜就像是可佩带式智能手机，让用户可以通过语音指令拍摄照片、发送信息以及实施其他功能。如果用户对着谷歌眼镜的麦克风说“OK，Glass”，一个菜单即在用户右眼

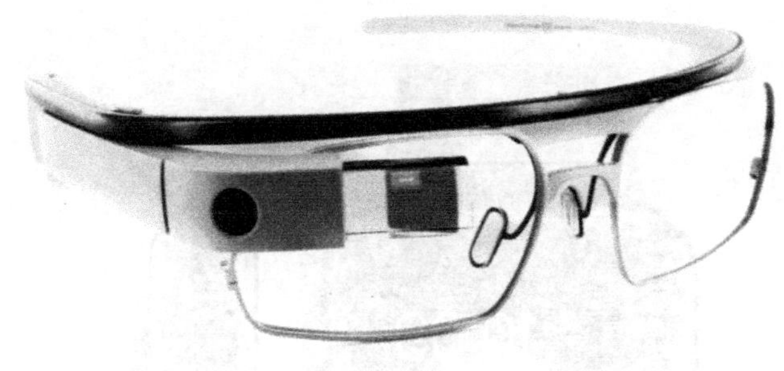

图2-43　谷歌眼镜

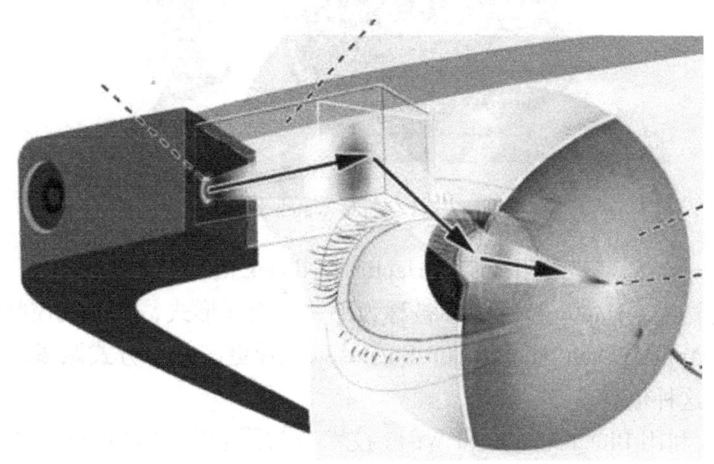

图2-44　谷歌眼镜的配置

上方的屏幕上出现，显示多个图标：拍照片、录像、使用谷歌地图或打电话。

2.5.3　能与智能手机进行通信的 Apple Watch

Apple Watch 是苹果公司推出的最具有创意的可穿戴产品（见图2-45）。它拥有各种各样的个性化表盘，在自定义的表盘上，可以增加天气、下一个活动等实用信息，可以显示用户的心跳信息等。Apple Watch 与苹果的 iPhone 配合使用，同全球标准时间的误差不超过50ms，当收到通知时，Taptic Engine 立刻就会通过 Tap 来提醒用户。

作为可穿戴设备，Apple Watch 专门推出了针对运动方面的两款新应用：Fitness 和 Workout，用户在 Apple Watch 上设置运动类型、设立目标，手表会实时记录数据，用户会获得激励，在 iPhone 上也可以看到 Apple Watch 监测的数据，比如记录心跳，配合 iPhone 的 GPS 记录位置，测量热量消耗、锻炼时间和距离等。

Apple Watch 能实现以上应用的原因在于它内置了3个传感器：

1）心率感应器，通过心率检测并结合相应分析能提供很多健康数据，而且心率检测时也针对各种运动情况做区分。

2）加速器，用来检测身体移动和计步，探知运动类型，算出热量。

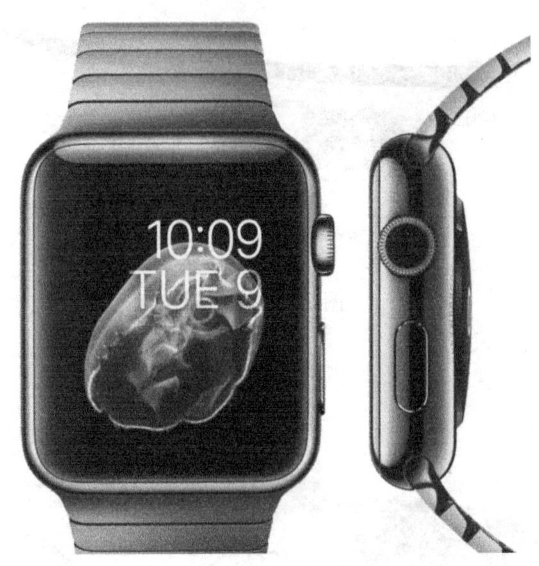

图 2-45　Apple Watch 外观

3）Taptic Engine，是苹果用来实现 Haptic Feedback 的线性触动器。

在这些传感器中，Haptic Feedback 被称为下一代交互形式，在游戏控制器中，提供给佩戴者触觉反馈。Apple Watch 通过 Taptic Engine 以一种更亲密的方式跟佩戴者交互，甚至能给朋友发送心跳这种信息。

Apple Watch 利用 Bluetooth LE 和 Wi-Fi 技术来与同它匹配的 iPhone 进行交互。这里有许多的技术用户可能会用到，一个流行的技术就是 Watch APP 在一个共享的容器里写或更新数据，并且它负责通知 iPhone APP，之后，iPhone APP 可以从这个共享的容器中获取变化。另一个技术是通过一个字典传送数据给 iPhone APP，但是这只能由 Watch APP 发起。在 WatchKit extension 中有一个单一的 API，调用 WKInterfaceController 类的类方法 openParentApplication（userInfo：reply：），正如下面的代码块所展示的那样：

```
// Notify companion iPhone app of some changes in the shared container.
let kSharedContainerDidUpdate = "com.rayWenderlich.shared-container.didUpdate"
let requestInfo: [NSObject: AnyObject] = [kSharedContainerDidUpdate: true]
WKInterfaceController.openParentApplication(requestInfo) { (replyInfo: [NSObject :
  // Handle the reply from the companion iPhone app...
}
```

在 userInfo 字典里，用户简单地传一个 flag 或一些数据给匹配的 iPhone APP 使用，为了接收这个通信，匹配的 iPhone APP 必须在其 app delegate 里实现 application（_ ：handleWatchKitExtensionRequest：reply：）方法。

```
func application(application: UIApplication!, handleWatchKitExtensionRequest userI
let kSharedContainerDidUpdate = "com.rayWenderlich.shared-container.didUpdate"
  if let isUpdate = userInfo[kSharedContainerDidUpdate] as? Bool {
    // Process request, then call reply block
    reply(...)
  }
 }
```

如果匹配的 iPhone APP 被挂起或者被终止了，系统会在后台激活它。根据交流的目的性，匹配的 iPhone APP 可能会在回复 Block ( ) (块) 里返回信息以便 Watch APP 可以相应做出处理。

2.5.4　可穿戴技术的发展趋势

可穿戴技术最火的应用前景是健身和个人保健。韩国 LG 公司将发布一款生物学探测耳机，它利用 PerformTek 感应技术，能记录佩戴者的脉搏和氧气消耗，甚至能够以音频的形式通过耳机回馈佩戴者的心跳，这将刺激佩戴者的积极性乃至令其能够控制自己的呼吸和心率（见图 2-46）。

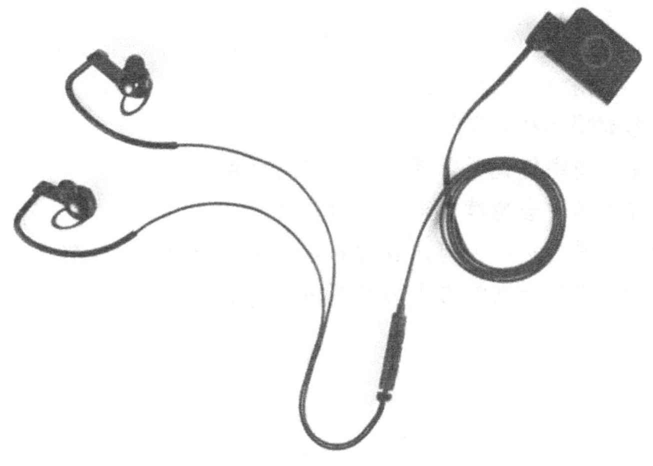

图 2-46　生物学探测耳机

可穿戴技术并未停留在眼前和手腕上，甚至有开发商研制出一种感觉系统智能袜子（见图 2-47）。这种袜子由传导纤维制成，能够在穿戴者锻炼时监测足底三个部位的压力：脚后跟、大趾和小趾。监测数据与温度、地形地貌等外部条件通过蓝牙被传送到穿戴者的智能手机。名为“虚拟教练”的应用将基于这些数据建议穿戴者如何提高技术、取得最佳成绩以及避免受伤。

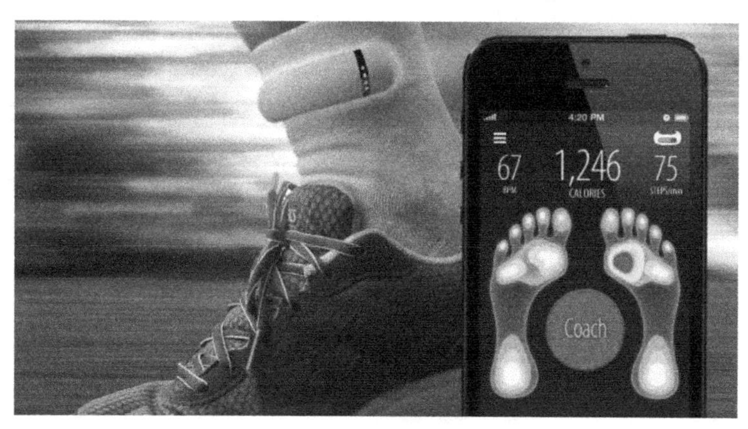

图 2-47　感觉系统智能袜子

如果没有实际提升穿戴者生活质量的软件，所有这些硬件相对而言都会失去价值。从目前而言，在用户喜欢的应用商店里面已经有了足够多的数字计步器。随着大量的投资流入具备保健功能的平台，更多开发者将被引来为这些设备研发，但开发者不应止步于收集生物监测数据，而应当让健康专家和消费者都能够利用到这些数据。通过让数据得以被利用以及成为病患护理工作的一部分，开发者将为最终用户创造更多的价值，这也将是可穿戴产品未来的发展趋势。

习　题

1. 简述什么是二维码。
2. RFID 的基本原理是什么？其系统工作在什么频段？
3. RFID 的天线有哪些？其作用是什么？
4. 常见的传感器有哪几种类型？
5. 在智能家居中，请举例说明需要用到哪些传感器。
6. 可穿戴技术在生活中会持续出现吗？为什么？
7. 智能手机的特点是什么？为何能成为物联网中的一个感知元件？
8. 可穿戴技术的特点是什么？常见的可穿戴产品有哪些？

第3章　物联网的网络建构

【导读】物联网与互联网、移动通信网络、无线传感器网络以及其他通信手段紧密结合。物联网扩展了通信网络的物理外延，互联网等通信网络成为物联网信息传输的手段。物联网技术可应用的通信技术有近距离通信手段、电力载波技术、移动通信技术等。物联网的网络层构成了物联网信息传输的基石，类似于人体的神经网络，从而使得物联网的触角与物理世界无缝连接。

3.1　蓝牙技术与网络

3.1.1　概述

蓝牙（Bluetooth）是一种无线技术标准，可实现固定设备、移动设备和楼宇个人域网之间的短距离数据交换（使用2.4～2.485GHz的ISM波段的UHF无线电波）。蓝牙技术最初由电信巨头爱立信公司于1994年创立，当时是作为RS232数据线的替代方案，用于连接多个设备，以克服数据同步的难题。

如今蓝牙由蓝牙技术联盟（Bluetooth Special Interest Group，BSIG）管理。蓝牙技术联盟在全球拥有超过25,000家成员公司，它们分布在电信、计算机、网络和消费电子等多重领域。蓝牙技术联盟负责监督蓝牙规范的开发，管理认证项目并维护商标权益。制造商的设备必须符合蓝牙技术联盟的标准才能以“蓝牙设备”的名义进入市场。蓝牙技术拥有一套专利网络，可发放给符合标准的设备。截至目前，蓝牙共有6个版本V1.1/1.2/2.0/2.1/3.0/4.0，以通信距离来看不同版本可再分为Class A（1）/Class B（2）。

3.1.2　蓝牙的特点

蓝牙是一种短距无线通信的技术规范（一般10m内），它能在包括移动电话、PDA、无线耳机、笔记本计算机、相关外设等众多设备之间进行无线信息交换。在制定蓝牙规范之初，就建立了统一全球的目标，向全球公开发布，工作频段为全球统一开放的2.4GHz工业、科学和医学（Industrial，Scientific and Medical，ISM）频段。从目前的应用来看，由于蓝牙体积小、功率低，其应用已不局限于计算机外设，几乎可以被集成到任何数字设备之中，特别是那些对数据传输速率要求不高的移动设备和便携设备。蓝牙数据速率为1Mbit/s，采用时分双工传输方案实现全双工传输。

蓝牙技术的特点可归纳为如下几点：

1）全球范围适用：蓝牙工作在 2.4GHz 的 ISM 频段，全球大多数国家 ISM 频段的范围是 2.4～2.4835GHz，使用该频段无需向各国的无线电资源管理部门申请许可证。

2）可同时传输语音和数据：蓝牙采用电路交换和分组交换技术，支持异步数据信道、三路语音信道以及异步数据与同步语音同时传输的信道。每个语音信道数据速率为 64kbit/s，语音信号编码采用脉冲编码调制（PCM）或连续可变斜率增量调制（CVSD）方法。当采用非对称信道传输数据时，速率最高为 721kbit/s，反向为 57.6kbit/s；当采用对称信道传输数据时，速率最高为 342.6kbit/s。

3）可以建立临时性的对等连接：根据蓝牙设备在网络中的角色，可分为主设备（Master）与从设备（Slave）。主设备是组网连接主动发起连接请求的蓝牙设备，几个蓝牙设备连接成一个皮网（Piconet）时，其中只有一个主设备，其余的均为从设备。皮网是蓝牙最基本的一种网络形式，最简单的皮网是一个主设备和一个从设备组成的点对点的通信连接。

4）ISM 频带是对所有无线电系统都开放的频带，因此使用其中的某个频段都会遇到不可预测的干扰源。图 3-1 所示为蓝牙的 ISM 频带。

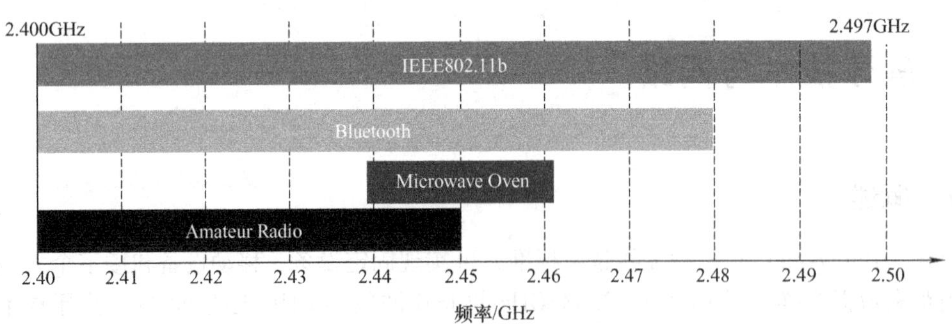

图 3-1　蓝牙的 ISM 频带

例如，某些家电、无绳电话、汽车开门器、微波炉等，都可能是干扰。为此，蓝牙特别设计了快速确认和跳频方案以确保链路稳定。跳频技术是把频带的 2.402～2.48GHz 频段分成 79 个频点，相邻频点间隔 1MHz。无线电收发器按一定的码序列（技术上叫作“伪随机码”，就是“假”的随机码）不断地从一个信道“跳”到另一个信道，每秒钟频率改变 1600 次，每个频率持续 625μs，只有收发双方是按这个规律进行通信的，而其他的干扰不可能按同样的规律进行干扰。跳频的瞬时带宽是很窄的，但通过扩展频谱技术使这个窄带宽成百倍地扩展成宽频带，使干扰可能的影响变成很小。蓝牙采用了跳频（Frequency Hopping）方式来扩展频谱（Spread Spectrum）。

3.1.3　蓝牙协议栈

蓝牙技术规范的目的是使符合该规范的各种应用之间能够实现互操作，互操作的远端设备需要使用相同的协议栈，不同的应用需要不同的协议栈。但是，所有的应用都要使用蓝牙技术规范的数据链路层和物理层。蓝牙协议栈的体系结构由底层硬件模块、中间协议层和高端应用层三部分组成（见图 3-2）。

1. 底层硬件模块

它包括链路管理协议（Link Management Protocol，LMP）、基带（Base Band，BB）、射

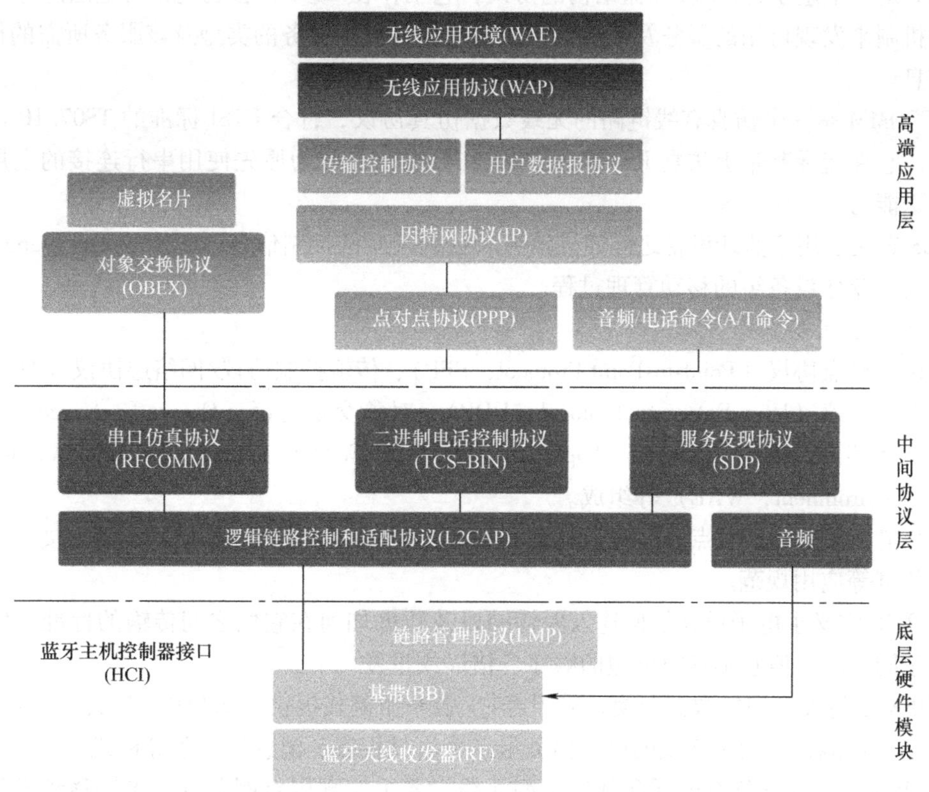

图 3-2　蓝牙协议栈的体系结构

频（Radio Frequency，RF）等三部分。

射频（RF）通过 2.4GHz 的 ISM 频段实现数据流的过滤和传输。

基带（BB）提供两种不同的物理链路，即同步面向连接链路（Synchronous Connection Oriented，SCO）和异步无连接链路（Asynchronous Connection Less，ACL），负责跳频、蓝牙数据及信息帧的传输，且对所有类型的数据包提供不同层次的前向纠错码（Forward Error Correction，FEC）或循环冗余度差错校验（Cyclic Redundancy Check，CRC）。

链路管理协议（LMP）负责两个或多个设备链路的建立和拆除及链路的安全和控制，如鉴权和加密、控制和协商基带包的大小等，它为上层软件模块提供了不同的访问入口。主机控制器接口（Host Controller Interface，HCI）是蓝牙协议中软硬件之间的接口，提供了一个调用下层 BB、LMP、状态和控制寄存器等硬件的统一命令，上下两个模块接口之间的消息和数据的传递必须通过 HCI 的解释才能进行。

2. 中间协议层

它由逻辑链路控制和适配协议（Logical Link Control and Adaptation Protocol，L2CAP）、服务发现协议（Service Discovery Protocol，SDP）、串口仿真协议（或称线缆替换协议 RF-COMM）、二进制电话控制协议（Telephony Control-protocol Spectocol，TCS）等构成。

L2CAP 位于基带（BB）之上，向上层提供面向连接的和无连接的数据服务，它主要完成数据的拆装、服务质量控制、协议的复用、分组的分割和重组及组提取等功能。

SDP 是一个基于客户/服务器结构的协议，它工作在 L2CAP 层之上，为上层应用程序提供一种机制来发现可用的服务及其属性，服务的属性包括服务的类型及该服务所需的机制或协议信息。

RFCOMM 是一个仿真有线链路的无线数据仿真协议，符合 ETSI 标准的 TS07.10 串口仿真协议。它在蓝牙基带上仿真 RS-232 的控制和数据信号，为原先使用串行连接的上层业务提供传送能力。

TCS 定义了用于蓝牙设备之间建立语音和数据呼叫的控制信令（Call Control Signalling），并负责处理蓝牙设备组的移动管理过程。

3. 高端应用层

它由点对点协议（Point-to-Point Protocol，PPP）、传输控制协议/网络层协议（TCP/IP）、用户数据报协议（User Datagram Protocol，UDP）、对象交换协议（Object Exchange Protocol，OBEX）、无线应用协议（Wireless Application Protocol，WAP）、无线应用环境（Wireless Application Environment，WAE）等组成。

PPP 定义了串行点对点链路应当如何传输因特网协议数据，主要用于 LAN 接入、拨号网络及传真等应用规范。

TCP/IP 定义了电子设备如何连入因特网以及数据如何在它们之间传输的标准。UDP 与 TCP 位于同一层，但它不管数据包的顺序、错误或重发。

OBEX 支持设备间的数据交换，采用客户/服务器模式提供与 HTTP（超文本传输协议）相同的基本功能，可用于交换的电子商务卡、个人日程表、消息和便条等格式。

WAP 用于在数字蜂窝电话和其他小型无线设备上实现因特网业务，支持移动电话浏览网页、收取电子邮件和其他基于因特网的协议。

WAE 提供用于 WAP 电话和个人数字助理（Personal Digital Assistant，PDA）所需的各种应用软件。

3.1.4 蓝牙应用模式

1. 文件传输模式

文件传输的目的是使两个终端之间的数据交换成为可能，传输时使用的协议如图 3-3 所示，可传送的文件有 DOC、JPG、PPT、XLS、WAV 等文件，还包括远端文件夹浏览功能。传输文件的设备可归结成 C/S 结构。客户可从服务器下载文件，或向服务器上传文件。服务器是一种使用对象交换协议（OBEX）文件夹列表格式的远端蓝牙设备，其支持目标交换服务、文件夹浏览功能，还允许客户修改、创建文件或文件夹。

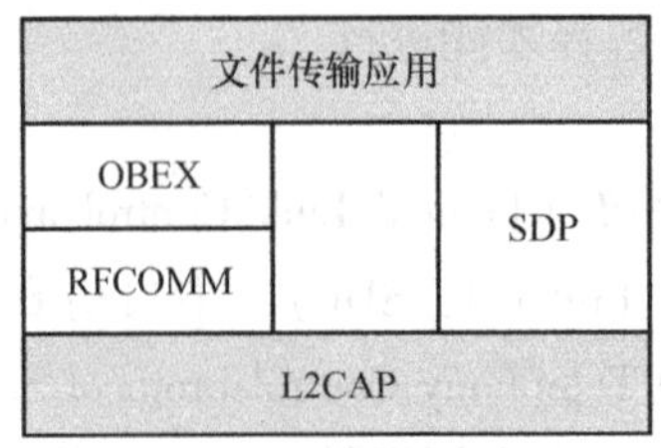

图 3-3 文件传输协议栈

2. 因特网网桥模式

这种用户模式可通过手机或无线调制解调器向PC提供拨号入网和收发传真的功能，而不必与PC有物理上的连接。拨号上网需要两列协议栈（不包括SDP），如图3-4所示。AT命令集用来控制移动电话或调制解调器以及传送其他业务数据的协议栈。传真采用类似协议栈，但不使用PPP及基于PPP的其他网络协议，而由应用软件利用RFCOMM直接发送。

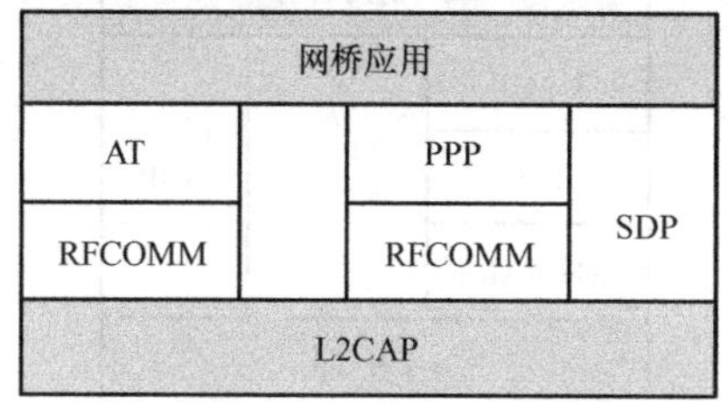

图3-4　因特网网桥模式协议栈

3. 头戴式设备模式

使用该模式，用户打电话时可自由移动。通过无线连接，头戴式设备通常作为蜂窝电话、无线电话或PC的音频输入输出设备。头戴式设备协议栈如图3-5所示，语音数据流不经过L2CAP层而直接接入基带协议层。头戴式设备必须能收发并处理AT命令，且能接收相应的编码信号。

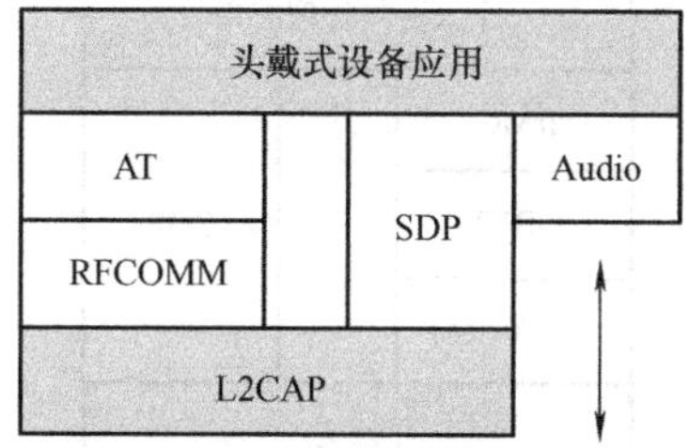

图3-5　头戴式设备模式协议栈

4. 蓝牙手机模式

蓝牙手机可接入公用电话网与其他座机或手机通话，也可在基站内使用。由此所需的应用协议栈如图3-6所示，其中音频数据信号不经过L2CAP层，而直接与基带协议层连接。

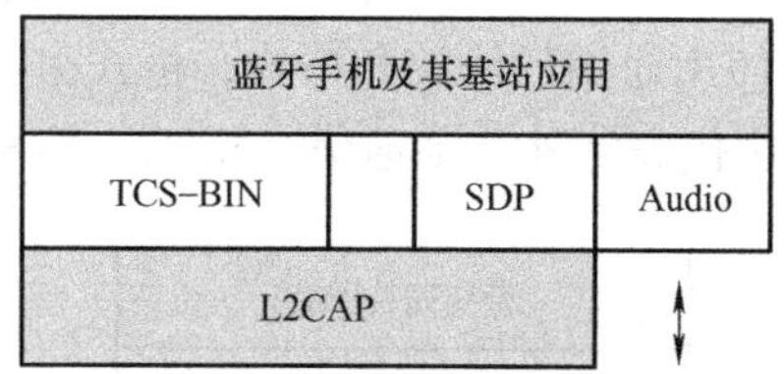

图3-6　蓝牙手机模式协议栈

5. 局域网访问模式

无线接入过程类以于拨号接入。蓝牙设备欲访问局域网，需遵从蓝牙协议中定义的点到点协议（PPP）。PPP可解决接入网络时的授权、加密、数据压缩等操作，在连接时也应采用相同的PPP结构。局域网接入点（LAP）起着PPP服务器的作用，提供的接入服务包括家庭网络、USB、电缆 MODEN（调制解调器）、1394 接口、以太网以及光纤令牌网等。数据终端则起着 PPP 客户的作用，与一个 LAP 建立起 PPP 连接，构成局域网接入，接入后数据终端就能享受 LAP 提供的服务。笔记本计算机、PAD、PC 是常见的数据终端。相应的应用协议栈如图 3-7 所示。

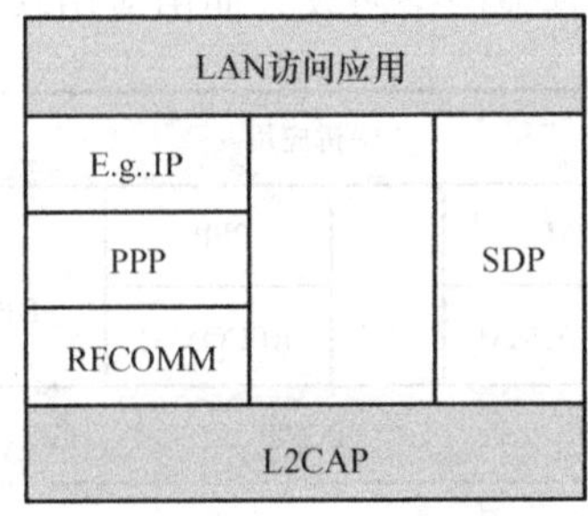

图 3-7　局域网访问模式协议栈

6. 个人资料管理模式

常见的个人资料管理有电话簿记录查询、日历、任务通知和名片的输入及更新，传送的协议或格式由收发双方共同确认。例如，当移动通信设备靠近笔记本计算机时，允许其自动与笔记本计算机同步。相应的协议栈如图 3-8 所示。

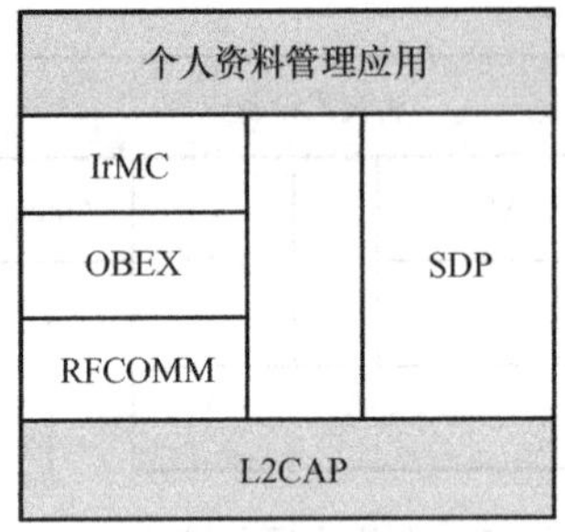

图 3-8　个人资料管理模式协议栈

7. 数据同步模式

数据同步模式提供设备到设备的个人资料管理（PIM）的同步更新功能，其典型应用如电话簿、日历、通知和记录等。它要求 PC、蜂窝电话和个人数字助理（PDA）在传输和处理名片、日历及任务通知时，使用通用的协议和格式，格式由收发双方共同确认。协议栈如图 3-9 所示，其中同步应用模块代表红外移动通信（IrMC）客户机或服务器。

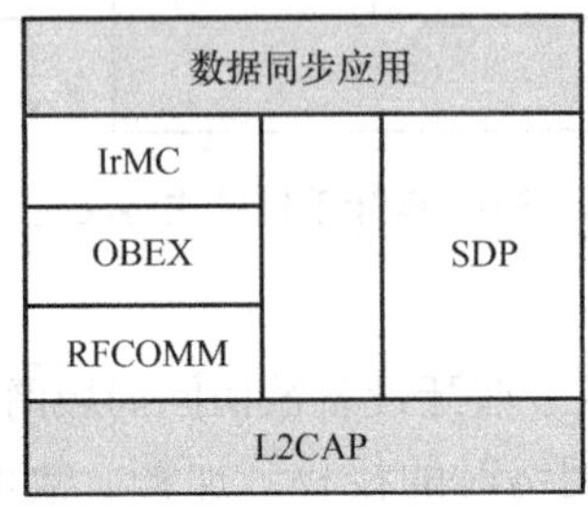

图 3-9　数据同步模式协议栈

3.2　WiFi技术与网络

3.2.1　概述

WiFi的全称是Wireless Fidelity，又叫802.11b标准。它的最大优点就是传输速度较高，可以达到11Mbit/s，另外它的有效距离也很长，同时与已有的各种802.11DSSS设备兼容。

WiFi是一种可以将个人计算机、手持设备（如PAD、手机）等终端以无线方式互相连接的技术。无线保真是一个无线网络通信技术的品牌，由WiFi联盟所持有。目的是改善基于IEEE 802.11标准的无线网络产品之间的互通性。有人把使用IEEE 802.11系列协议的局域网就称为无线保真，甚至把无线保真等同于无线网际网络（WiFi是WLAN的重要组成部分）。

无线网络在无线局域网的范畴是指“无线相容性认证”，实质上是一种商业认证，同时也是一种无线联网技术，以前通过网线连接计算机，而无线保真则是通过无线电波来联网。常见的就是一个无线路由器，那么在这个无线路由器的电波覆盖的有效范围都可以采用无线保真连接方式进行联网，如果无线路由器连接了一条ADSL线路或者别的上网线路，则又被称为热点。

3.2.2　WiFi协议的基本内容

WiFi第一个版本发表于1997年，其中定义了介质访问接入控制层（MAC层）和物理层。物理层定义了工作在2.4GHz的ISM频段上的两种无线调频方式和一种红外传输的方式，总数据传输速率设计为2Mbit/s。两个设备之间的通信可以自由直接的方式进行，也可以在基站（Base Station，BS）或者访问点（Access Point，AP）的协调下进行。

1999年加上了两个补充版本：802.11a定义了一个在5GHz ISM频段上的数据传输速率可达54Mbit/s的物理层，802.11b定义了一个在2.4GHz的ISM频段上但数据传输速率高达11Mbit/s的物理层。2.4GHz的ISM频段为世界上绝大多数国家通用，因此802.11b得到了最为广泛的应用。苹果公司把自己开发的802.11标准起名叫AirPort。1999年工业界成立了WiFi联盟，致力解决符合802.11标准的产品的生产和设备兼容性问题。802.11标准和补充版本的具体细节说明如下：

802.11，1997年，原始标准（2Mbit/s，工作在2.4GHz）。

802.11a，1999年，物理层补充（54Mbit/s，工作在5GHz）。

802.11b，1999年，物理层补充（11Mbit/s，工作在2.4GHz）。

802.11c，符合802.1D的媒体接入控制层桥接（MAC Layer Bridging）。

802.11d，根据各国无线电规定做的调整。

802.11e，对服务等级（Quality of Service，QS）的支持。

802.11f，定义了基站的互连性（Interoperability）。

802.11g，物理层补充（54Mbit/s，工作在2.4GHz）。

802.11h，无线覆盖半径、室内（Indoor）和室外（Outdoor）信道（5GHz 频段）的调整。

802.11i，安全和鉴权（Security and Authentication）方面的补充。

802.11n，导入多重输入输出（MIMO）技术，基本上是 802.11a 的延伸版。

除了上面的 IEEE 标准，另外有一个被称为 IEEE802.11b + 的技术，通过 PBCC 技术（Packet Binary Convolutional Code）在 IEEE802.11b（2.4GHz 频段）基础上提供 22Mbit/s 的数据传输速率。但这事实上并不是一个 IEEE 的公开标准，而是一项产权私有的技术（产权属于美国德州仪器，Texas Instruments）。也有一些被称为 802.11g + 的技术，在 IEEE802.11g 的基础上提供 108Mbit/s 的传输速率，跟 802.11b + 一样，是非标准技术，由无线网络芯片生产商 Atheros 所提倡的则为 SuperG。

图 3-10 所示为 WiFi 网络的协议栈，图 3-11 所示为 WiFi 网络的结构。

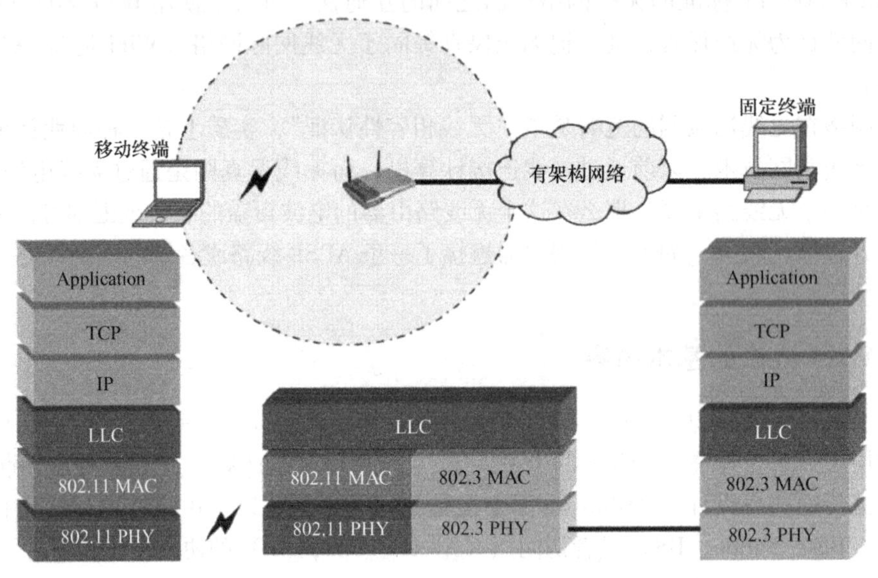

图 3-10　协议栈

3.2.3　WiFi 网络的组成元件

下面用一张图来展示构成 WiFi 网络的各组成元件之间的关系（见图 3-12）。

（1）站点 STA（Station）　所谓的站点，是指具有 WiFi 通信功能的，并且连接到无线网络中的终端设备，如手机、平板电脑、笔记本计算机等。

（2）接入点 AP（Access Point）　接入点 AP 也可称为基站，就是我们平常所说的 WiFi 热点，更通俗一点，就是我们家里的无线路由器。那么它的作用是什么呢？当我们需要从互联网上获取数据到手机上显示时，那么接入点就相当于一个转发器，将互联网上其他服务器上的数据转发给我们的手机上，当然这只是一个粗略的说法。同时，接入点也属于站点的一种。

（3）基本服务集 BSS（Basic Service Set）　基本服务集的组成情况有两种：①由一个接入点和若干个站点组成；②由若干个站点组成，最少两个。为什么这样分呢？主要和

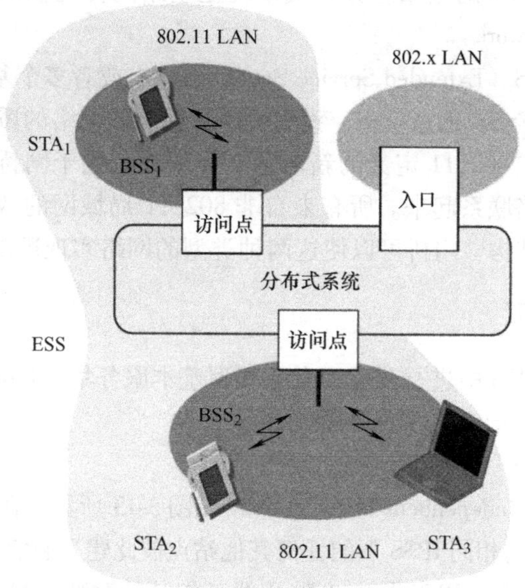

图 3-11　WiFi 网络结构

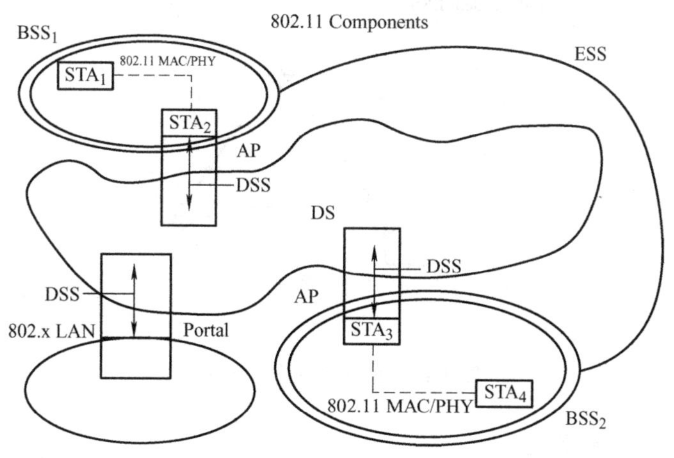

图 3-12　WiFi 网络的组成元件

802.11 网络类型有关。有接入点的，称为基础结构型基本服务集（Infrastructure BSS）；无接入点的，称为独立型基本服务集（Independent BSS，IBSS），IBSS 也有其他的叫法，称为 Ad Hoc Network。

（4）服务集识别码 SSID（Service Set Identifier）　当我们到一个新地方的时候，开口第一句就是："请问 WiFi 账号和密码是多少？" 这里的 WiFi 账号就是 SSID。SSID 通过接入点广播出来。同时，我们在设置无线路由器时，可修改 SSID 的名称。

（5）分布式系统 DS（Distribution System）　它也称为传输系统，通过基站将多个基本服务集连接起来。而 DS 属于 802.11 的逻辑元件，当帧（Frame）传送至分布式系统时，随即会被送至正确的基站，而后由基站转送至目的站点 STA。分布式系统必须负责追踪站点 STA 实际的位置以及帧的传送。若要传送帧给某部移动式站点 STA，分布式系统必须负责将之传递给服务该移动式站点 STA 的基站。分布式系统是基站间传送帧的骨干网络，通常被称为骨干网络（Backbone Network）。

（6）扩展服务集 ESS（Extended Service Set） 由一个或者多个基本服务集通过分布式系统串联在一起就构成了 ESS。通过 ESS，我们可以扩展无线网络的覆盖范围。

（7）门桥（Portal） 802.11 定义的新名词，作用就相当于网桥。用于将无线局域网和有线局域网或者其他网络联系起来。所有来自非 802.11 局域网的数据都要通过门桥才能进入 IEEE 802.11 的网络结构。门桥可以使这两种类型的网络实现逻辑上的综合。

3.2.4 WiFi 网络类型

网络类型主要是在 BSS 中进行分类，有独立型基本服务集（Independent BSS）和基础结构型基本服务集（Infrastructure BSS）两种。

1. 独立型基本服务集

独立型基本服务集（Independent BSS，IBSS）如图 3-13 所示。在 IBSS 中，每个站点不需要通过接入点 AP 就可以与相同 IBSS 下的任何其他站点彼此建立通信。两者间的距离必须在可以直接通信的范围内。通常，IBSS 是由少数几部工作站针对特定目的而组成的临时性网络，最低限度的 IBSS 是由两个站点组成的。IBSS 有时被称为特设网络（Ad Hoc Network）。

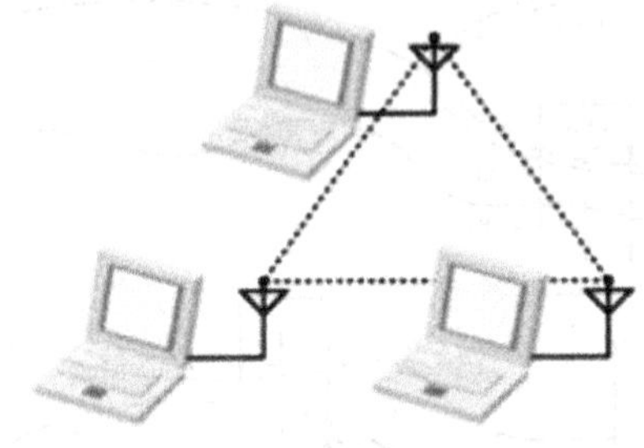

图 3-13 独立型基本服务集

2. 基础结构型基本服务集

基础结构型基本服务集（Infrastructure BSS）如图 3-14 所示。判断是否为基础结构型网络，只要检查是否有基站参与其中。基站负责基础结构型网络所有的传输，包括同一服务区域中所有行动节点之间的通信。

位于基础结构型基本服务集的移动式站点，如有必要跟其他移动式站点通信，必须经过两个步骤。首先，由开始对话的站点将帧传递给基站。其次，由基站将此帧传送至目的站点。既然所有通信都必须通过基站，基础结构型网络所对应的基本服务区域就相当于基站的传送范围。虽然这种做法比直接传送耗费较多的资源，不过它有两个主要的优点：

1）基础结构型基本服务集被界定在基站的传输范围。所有移动式站点都必须位于基站的传输范围之内，不过移动式站点之间的距离则无限制。允许移动式站点彼此直接通信虽然可以省下一些频宽，不过代价是相对提高了物理层的复杂度，因为每个站点都必须维护与服务区域中其他站点的邻接关系。

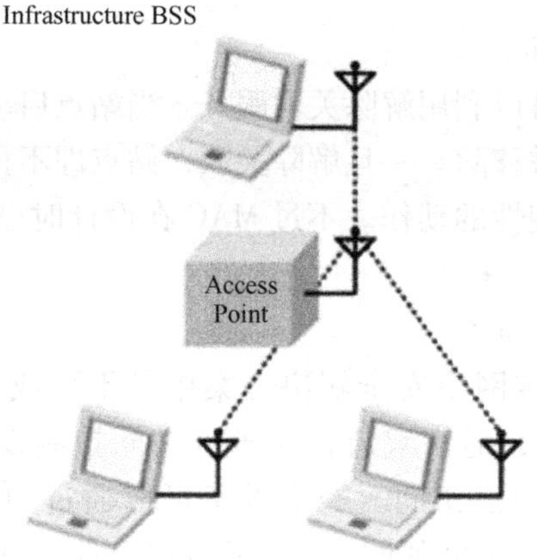

图 3-14　基础结构型基本服务集

2）基站在基础结构型网络里的作用是协助站点节省电力。基站可以记住有哪些站点处于省电状态，并且为之暂存帧，以电池供电的工作站可以关闭无线收发器，只有在传输或接收来自基站的暂存帧时才会加以开启。

3.2.5　WiFi 网络的数据传输与管理

由于 WiFi 网络具有移动性，同时 WiFi 以无线电波作为传输媒介，这种媒介本质上是开放的，且容易被拦截，任何人都可以通过抓包工具截取无线网络的数据包。因此，在设计 WiFi 协议（其实就是 802.11 协议）时，需要提供一些传输数据和管理的服务。

1. 分布式（Distribution）

只要基础结构型网络里的移动式站点传送任何数据，就会使用这项服务。一旦基站接收到帧，就会使用分布式服务将帧送至目的地。任何行经基站的通信都会通过分布式服务，包括连接至同一部基站的两部移动式站点彼此通信时。

2. 整合（Integration）

整合服务由分布式系统提供。它让分布式系统得以连接至非 IEEE 802.11 网络。整合功能将因所使用的分布式系统而异，因此除了必须提供的服务，802.11 并未加以规范。

3. 关联（Association）

之所以能够将帧传递给移动式站点，是因为移动式站点会向基站登记，或与基站产生关联。关联之后，分布式系统即可根据这些登录信息判定哪个移动式站点该使用哪个基站。如果使用强健安全网络协议（Robust Security Network Protocol），连接之后才能进行身份认证。在身份认证完成之前，基站会丢弃来自站点的所有数据。

4. 重新关联（Reassociation）

当移动式站点在同一个扩展服务区域里的基本服务区域之间移动时，它必须随时评估信号的强度，并在必要时切换所连接的接入点。重新关联是由移动式站点所发起，当信号强度显示最好切换关联对象时便会如此做。接入点不可能直接开启重新关联服务。

一旦完成重新关联，分布式系统会更新站点的位置纪录，以反映出可通过哪个基站联络上站点。和连接服务一样，在强健安全网络中，除非已经成功完成身份认证，否则来自站点的数据均会被弃置。

5. 解除关联（Disassociation）

要结束现有关联，站点可以利用解除关联服务。当站点启动解除关联服务时，储存于分布式系统的关联数据会随即被移除。一旦解除关联，站点即不再附接在网络上。在站点的关机过程中，解除关联是个礼貌性的动作。不过 MAC 在设计时已经考虑到站点未正式解除关联的情况。

6. 身份认证（Authentication）

实体安全防护在有线局域网络安全解决方案中是不可或缺的一部分。网络和连接点（Attachment Point）受到限制，通常只有位于外围访问控制设备（Perimeter Access Control Device）之后的办公区才能加以访问。网络设备可以通过加锁的配线柜（Locked Wiring Closet）加以保护，而办公室与隔间的网络插座只在必要时才连接至网络。无线网络无法提供相同层次的实体保护，因此必须依赖额外的身份认证程序，以保证访问网络的用户已获得授权。身份认证是关联的必要前提，唯有经过身份认证的用户才允许使用网络。

站点与无线网络连接的过程中，可能必须经过多次身份认证。关联之前，站点会先以本身的 MAC 地址来跟基站进行基本的身份认证。此时的身份认证，通常称为 802.11 身份认证，有别于后续所进行、牢靠而经过加密的用户身份认证。

7. 解除认证（Deauthentication）

解除认证用来终结一段认证关系。因为获准使用网络之前必须经过身份认证，解除认证的副作用就是终止目前的关联。在强健安全网络中，解除认证也会清除密钥信息。

8. 机密性（Confidentiality）

在有线局域网络中，坚固的实体控制可以防止对于数据的绝大部分攻击。攻击者必须能够实际访问网络媒介，才有可能窥视往来的内容。在有线网络中，网线与其他计算资源一样，也要受到实体保护。在设计上，实际访问无线网络，相对而言较为容易，只要使用正确的天线与调制方式就办得到。

802.11 初次改版时，机密性（Confidentiality）服务原本称为私密性（Privacy）服务，而且是由目前已经无可信度的有线等效加密（Wired Equivalent Privacy，WEP）协议所提供。除了新的加密机制，802.11i 另外提供了两种 WEP 无法解决的关键服务来加强机密性服务，即基于用户的身份认证（User-based Authentication）以及密钥管理服务。

9. MSDU 传递

一个网络如果无法传递数据给接收端，大概也没有什么用。工作站所提供的 MSDU（全名为 MAC Service Data Unit）传递服务，负责将数据传送给实际的接收端。

10. 传输功率控制（Transmit Power Control，TPC）

TPC 是在 802.11h 中定义的新服务。欧洲标准要求操作于 5GHz 频段的站点必须能够控制电波的传输功率，避免干扰其他同样使用 5GHz 频段的用户。传输功率控制也有助于避免干扰其他无线局域网络。传输距离是传输功率的函数：站点的传输功率越高，传输距离就越远，也就越容易干扰邻近的网络。如果可以将传输功率调到“刚刚好”（Just Right），就可以避免干扰到邻近的站点。

11. 动态频率选择（Dynamic Frequency Selection，DFS）

某些雷达系统的作业范围位于 5GHz 频段，因此有些管制当局强制要求无线局域网络必须能够检测雷达系统，以及选择未被雷达系统所使用的频率。有些管制当局甚至要求无线局域网络必须能够均衡使用（Uniform Use）5GHz 频段，因此网络必须具备重新配置频道（Re-Map Channels）的能力。

3.3 ZigBee 技术与网络

3.3.1 概述

蜜蜂在发现花丛后通过一种特殊的肢体语言告诉同伴新发现的食物源位置等信息，这种肢体语言就是 ZigZag 形状舞蹈，是蜜蜂之间一种简单传达信息的方式，ZigBee 也因此得名。

ZigBee 技术是一种便宜、低功耗、高可靠性的近距离无线组网通信技术，是一个由可多达 65000 个无线数传模块组成的网络平台。在整个网络范围内，每个 ZigBee 网络节点不仅本身可以作为监控对象，例如网络中所连接的传感器可直接进行数据采集和控制，还可以自动中转别的网络节点传过来的数据资料。除此之外，每一个 ZigBee 网络节点还可在自己的信号覆盖范围内，和多个不承担网络信息中转任务的孤立的子节点进行无线连接。

ZigBee 是一种开放式的基于 IEEE802.15.4 协议的无线个人局域网（Wireless Personal Area Networks）标准。IEEE802.15.4 定义了物理层和媒体接入控制层，而 ZigBee 则定义了更高层，如网络层、应用层等。

ZigBee 是一种新兴的短距离、低数据速率、低成本、低复杂度的双向无线网络通信技术。早期也被称为 HomeRF Lite、RF-EasyLink 或 FireFly 无线电技术，目前统称为 ZigBee 技术。

ZigBee 可使用的无线频段有 3 个，分别是 2.4GHz 的 ISM 频段、欧洲的 868MHz 频段以及美国的 915MHz 频段，而不同频段可使用的信道分别是 16 个、1 个、10 个，在中国采用 2.4GHz 频段，是免申请和免使用费的频率。

ZigBee 和 IEEE802.15.4 标准都适合于低速率数据传输，最大速率为 250kbit/s，与其他无线技术比较，适合传输距离相对较近。

ZigBee 采取了 IEEE802.15.4 强有力的无线物理层所规定的全部优点：省电、简单、成本低。ZigBee 增加了逻辑网络、网络安全和应用层。

ZigBee 作为一种无线通信技术，具有如下特点：

1）低功耗：由于 ZigBee 的传输速率低，发射功率仅为 1mW，而且采用了休眠模式，因此，ZigBee 设备非常省。据估算，ZigBee 设备仅靠两节 5 号电池就可以维持长达 6 个月到 2 年左右的使用时间，这是其他无线设备望尘莫及的。

2）成本低：ZigBee 模块的初始成本在 6 美元左右，估计很快就能降到 1.5 ~ 2.5 美元，并且 ZigBee 协议是免专利费的。低成本对于 ZigBee 也是一个关键的因素。

3）时延短：通信时延和从休眠状态到激活的时延都非常短，典型的搜索设备时延为 30ms，休眠激活的时延为 15ms，活动设备信道接入的时延为 15ms。因此，ZigBee 技术适合用于对时延要求苛刻的无线控制（如工业控制场合等）应用场合。

4）网络容量大：一个星形结构的 ZigBee 网络最多可以容纳 254 个从设备和 1 个主设

备，一个区域内可以同时存在最多100个ZigBee网络，而且组网灵活。

5）可靠性高：采取了碰撞避免策略，同时为需要固定带宽的通信业务预留了专用时隙，避开了发送数据的竞争和冲突。MAC层采用了完全确认的数据传输模式，每个发送的数据包都必须等待接收方的确认信息。如果传输过程中出现问题，则进行重发。

6）安全：ZigBee提供了基于循环冗余校验（CRC）的数据包完整性检查功能，支持鉴权和认证，采用了AES-128的加密算法，各个应用可以灵活确定其安全属性。

物联网的目的是要将各种信息传感设备与互联网结合起来形成一个巨大的网络，就系统的投资、建设、维护等方面而言，无线传输系统显然具有更大的优势。在射频识别（RFID）读/写器中嵌入ZigBee模块，从而使多台RFID读写器无线连接组网或者与其他仪器、设备及不同协议读/写器之间联网，实现数据的多点无线采集和传输的目的，最终形成一个基于ZigBee技术的多点自动识别、智能无线组网的RFID识别系统。

该RFID系统在工作时，先由读写器通过天线发送一定频率的射频信号，当RFID标签进入读写器的工作场时，其天线产生感应电流，从而使RFID标签获得能量被激活并向读写器发送自身的编码等EPC信息，读写器接收到来自电子标签的载波信息，对其进行解调和解码后，会将信息送至计算机中间件系统进行处理。另外，在整个系统中，监控中心如果想要知道某个货物目前的位置，就通过ZigBee网络发出查询信息，各子模块接收到查询信息后，通过RFID读或写读写器自身的RFID信息，并与中心传递的编码相比较，确认是否是询问自己，如果是，则从GPS中读取地理信息并通过ZigBee网络将位置传送到监控中心，监控中心可以判断该物流运行方向是否正确，或掌握该货物目前的运行状况，以做出相应的处理决定。

目前市面上设计ZigBee的应用方案，主要有两种方式：

1）使用现成的无线ZigBee模块，这种方式很好地解决了用ZigBee芯片进行方案设计的难题，设计者只需将ZigBee模块当成一个网卡使用，可以将模块直接连接或焊接到各种相关设备上实现无线通信，从而省去了设计者花在无线网络设计调试方面的精力和时间，只需把工作重点放在解决方案的设计上，使得ZigBee的应用易如反掌。

2）直接用厂家的ZigBee芯片来完成自己所需的ZigBee应用设计。该方式从设计之初就需要对软件和ZigBee协议栈进行消化和分析，还需要高频设计方面的知识和经验，开发周期为半年甚至更长时间。

凭借ZigBee技术的种种优点，可将ZigBee技术引入RFID中，使得基于ZigBee技术的无线射频识别系统有了明显改善。

采用ZigBee的无线传输系统应用领域主要包括：

1）家庭和楼宇网络：空调系统的温度控制、照明的自动控制、窗帘的自动控制、煤气计量控制和家用电器的远程控制等；

2）工业控制：各种设备、生产线的自动化控制；

3）商业：智慧型标签等；

4）公共场所：烟雾探测器等；

5）农业控制：收集各种土壤信息和气候信息；

6）医疗：老人与行动不便者的紧急呼叫器和医疗传感器等。

通过以上分析可知，未来的物联网系统是把RFID技术、ZigBee技术、GPS技术、3G/

4G宽带技术和行业应用融合起来的一个集成产品。由于以上应用范围广且大都涉及个人家庭，因此低成本、低功耗和高可靠性是市场对物联网中无线通信技术最强烈的需求，而ZigBee产品的优势正好非常符合这种市场需求。

3.3.2　ZigBee技术原理

利用ZigBee技术组建的是一种低数据传输速率的无线个域网，网络的基本成员称为“设备”（Device）。网络中的设备按照各自作用可以分为路由节点、终端节点和协调器节点。路由节点起到转发数据的作用，协调器节点是网络的中心控制节点，一个网络只有一个，而终端节点和路由节点数目较多，负责数据信息采集。另外网络中的设备按照具备功能的不同分为两类，具备完整功能的全功能设备（Full Function Device，FFD）和只具备部分功能的精简功能设备（Reduced Function Device，RFD）。其中RFD功能非常简单，可以用较低端的微控制器实现，而FFD可以作为全域网的协调器、路由器，功能较全，当然也可以作为终端设备使用。一般在一个网络里至少需要一个主协调器。

3.3.3　ZigBee网络体系

按照OSI模型，ZigBee网络分为4层，从下向上分别为物理层（PHI Layer）、媒体访问层（MAC Layer）、网络层或安全层（NWK Layer）、应用层（APL Layer）（见图3-15）。

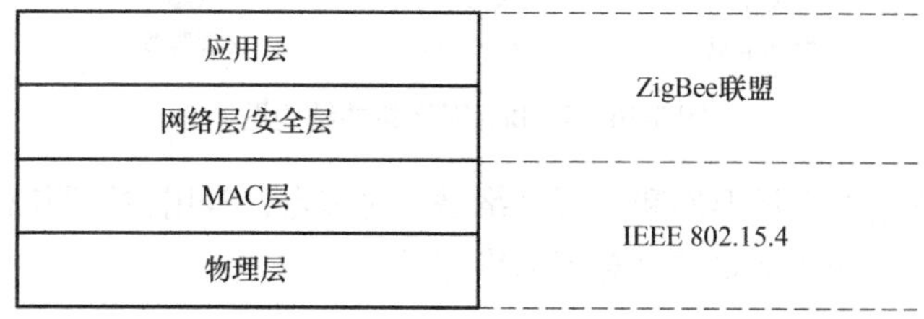

图3-15　ZigBee网络分层

ZigBee的最低两层即物理层和MAC层，使用IEEE 802.15.4协议标准，而网络层和应用层由ZigBee联盟制定。每一层向它的上一层提供数据或管理服务。ZigBee的应用层由应用支持子层（APS）、ZigBee设备对象（ZDO）和制造商定义的应用对象组成。

3.3.4　ZigBee网络拓扑

ZigBee支持包含有主从设备的星形、树形和对等拓扑结构。虽然每一个ZigBee设备都有一个唯一的64位IEEE地址，并可以用这个地址在PAN（个域网）中进行通信，但在从设备和网络协调器建立连接后会为它分配一个16位的短地址，此后可以用这个短地址在PAN内进行通信。64位的IEEE地址是唯一的绝对地址，相当于计算机的MAC地址，而16位的短地址是相对地址，相当于IP地址。ZigBee几种网络拓扑结构如图3-16所示。

星形网络中各节点彼此并不通信，所有信息都要通过协调器节点进行转发。树形网络中包括协调器节点、路由节点和终端节点。路由节点完成数据的路由功能，终端节点的信息一般要通过路由节点转发才能到达协调器节点，同样，协调器负责网络的管理。对等网络中节点间彼此互联互通，数据转发一般以多跳方式进行，每个节点都有转发功能，这是一种最复

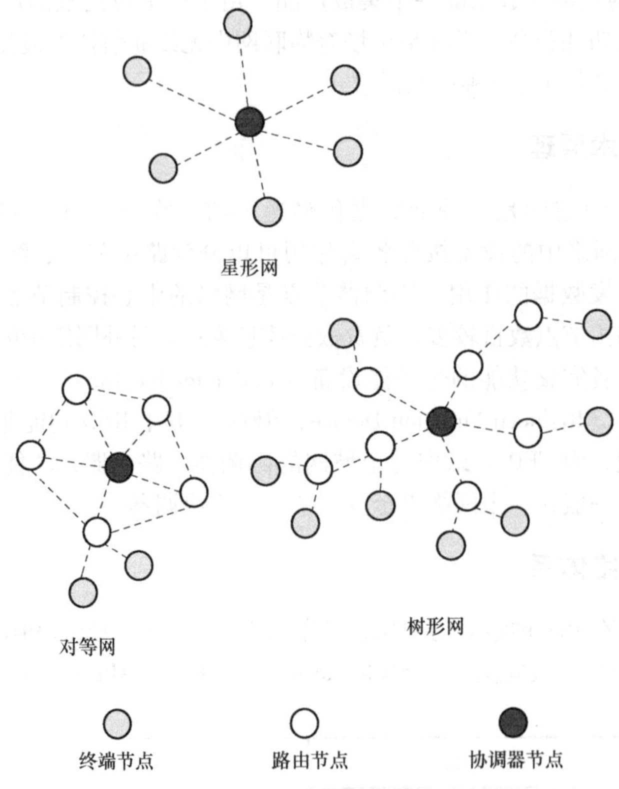

图 3-16　ZigBee 网络拓扑结构图

杂的网络结构。通常情况下星形网和树形网络是一对多点，常用在短距离信息采集和监测等领域，而对于大面积监测通常要通过对等网络完成。

3. 3. 5　几种常用的 ZigBee 射频芯片介绍

由于 ZigBee 广阔的应用前景，世界各大半导体生产厂商纷纷推出了支持 IEEE 802. 15. 4 标准的无线收发芯片，比较典型的如飞思卡尔公司的 MC13191/13192/13193 与 MC13211/13222/13223/13224、Chipcon 公司（现已被 TI 公司收购）的 CC2420/2430/2431、Atmel 公司的 AT86RF210/230 等。这些芯片集成了 ZigBee 物理层功能，并且所需外围元件少，使用起来非常方便，大大降低了射频电路设计、制作的难度，即使没有昂贵的射频仪器也能完成射频电路的设计制作。

1. MC13192 射频芯片

MC13192 是飞思卡尔公司推出的一种短距离、低功耗，工作于 2. 4GHz 的 ISM 波段，包含 ZigBee 物理层（IEEE 802. 15. 4）协议的收发芯片。它支持点对点、星形和网形结构的网络。

MC13192 可以很容易地与任何一种 MCU 接口，它和某一种性能适当的 MCU 结合在一起组成无线节点，即可形成低成本、低功耗、短距离、低数据速率的无线数据链路或网络。飞思卡尔公司提供了基于 MC13192 和 8 位 MCU 的 IEEE 802. 15. 4 协议软件及相应的 ZigBee 协议软件，软件可配置为从最简单的点对点系统到完整的 ZigBee 系统，以适应不同的需要。

该芯片内部包含了低噪声的放大器、1.0mW 高频输出放大器、VCO（压控振荡器）、片内稳压电源和扩频编码。芯片按照 IEEE 802.15.4 物理层规范，在 2MHz 带宽的信道上实现了 250kbit/s 的速率，采用 O-QPSK 实现调制/解调。MC13192 使用 2.4GHz 频段中的 16 个信道，信道之间的间隔为 5MHz，可以通过编程使 MC13192 工作在某一信道。为了减少对 MCU 资源的需要，MC13192 内部设置有定时器，用于实现通信和协议过程中需要的定时。此外，MC13192 还有 7 个通用 I/O 引脚。

2. CC2430/CC2431 片上系统

CC2430 是挪威 Chipcon 公司（2006 年被德州仪器（TI）公司收购）推出的用来实现嵌入式 ZigBee 应用的片上系统。它支持 2.4GHz IEEE 802.15.4/ZigBee 协议。CC2430 芯片以强大的集成开发环境作为支持，内部线路的交互式调试以遵从 IDE 的 IAR 工业标准为支持，得到嵌入式机构很高的认可。它结合 Chipcon 公司全球先进的 ZigBee 协议栈、工具包和参考设计，展示了领先的 ZigBee 解决方案。其产品广泛应用于汽车、工控系统和无线传感器网络等领域，同时也适用于 ZigBee 之外的 2.4GHz 频率的其他设备。

Chipcon 公司生产的另一种与 CC2430 基本相同的 ZigBee 芯片是 CC2431，不同之处在于 CC2431 芯片内部集成了定位引擎。

3.3.6 ZigBee 模块生产厂家介绍

上述芯片的使用需要具备硬件和软件开发能力，即使硬件外包加工生产，软件开发也不轻松，需要掌握 IAR 等软件开发集成环境的使用、ZigBee 协议栈的调用等一系列复杂问题。其实，我们可以选用现成的 ZigBee 模块来实现 ZigBee 网络的开发应用，以避开 ZigBee 网络的软硬件开发问题，加快应用开发速度，提高应用开发的生产率。

下面介绍几家 ZigBee 模块的生产企业，供读者参考选用。

1. 厦门四信通信科技有限公司 ZigBee 模块

F8913 D ZigBee 模块：一种物联网无线数据终端，利用 ZigBee 网为用户提供无线数据传输功能。该产品采用高性能的工业级 ZigBee 方案，实现数据透明传输功能；采用低电流设计，最低电流小于 1μA；提供 5 路 I/O，可实现数字量输入输出，其中有 3 路 I/O 可实现模拟量采集，有 2 路 I/O 可实现脉冲计数等功能。产品采用微型双排 2.0mm 插针封装。

F8914 ZigBee 终端：一种物联网无线数据终端，利用 ZigBee 网络为用户提供无线数据传输功能。该产品采用高性能的工业级 ZigBee 方案，以嵌入式实时操作系统为支撑平台，同时提供 RS232 和 RS485（或 RS422）接口，可直接连串口设备，实现数据透明传输功能；采用低电流设计，最低电流 2.2mA；提供 5 路 I/O，可实现数字量输入输出、模拟量输入、脉冲计数等功能。产品采用工业端子接口，也可定制 TTL 电平串口。

产品共同特点是：

- 支持 ZigBee 无线短距离数据传输功能。
- 具备中继路由和终端设备功能。
- 支持点对点、点对多点、对等和 MESH 网络。
- 网络容量大：有 65000 个节点。
- 节点类型灵活：中心节点、路由节点、终端节点可任意设置。
- 发送模式灵活：广播发送或目标地址发送模式可选。

● 通信距离大。

● 提供5路I/O，可实现5路数字量输入输出，3路可实现模拟量输入，2路可实现脉冲计数功能。

● 使用方便、灵活，可多种工作模式选择。

● 具有方便的系统配置和维护接口。

● 支持串口软件升级。

● 为智能型数据终端，上电即可进入数据传输状态。

上述产品已广泛应用于物联网产业链中的M2M行业，如智能电网、智能交通、智能家居、金融、移动POS终端、供应链自动化、工业自动化、智能建筑、消防、公共安全、环境保护、气象、数字化医疗、军事、空间探索、农业、林业、水务、煤矿、石化等领域。

2. 深圳市中鼎泰克电子有限公司ZigBee模块

该公司DRF系列ZigBee模块目前包括DRF1605、DRF1605H、DRF2617A、DRF2618-ZUSB、DRF2619A及相关配套底板，它是基于TI公司CC2530F256芯片、运行ZigBee2007/PRO协议的ZigBee模块，它具有ZigBee协议的全部特点。

产品主要特点：

1）DRF系列ZigBee模块可以形象地理解为“无线的串口连接”，所以使用这个模块就像使用串口电缆一样简单。

2）简单易用：不用考虑ZigBee协议，串口数据透明传输。

3）自动组网：所有的模块上电即自动组网，Coordinator（协调器）自动给所有的节点分配地址，不需要用户手动分配地址。

4）实现简单数据传输：

① 串口数据透传：Coordinator从串口接收到的数据会自动发送给所有的节点，某个节点从串口接收到的数据，会自动发送给Coordinator。

② 通过串口即可在任意节点间进行数据传输，数据传输的格式为：0xFD（数据传输命令）+0x0A（数据长度）+0x73 0x79（目标地址）+0x01 0x02 0x03 0x04 0x05 0x06 0x07 0x08 0x09 0x10（数据，共0x0AB）。

5）有唯一IEEE地址：DRF系列模块采用的TI CC2530F256芯片，出厂时已经自带IEEE地址，用户无需另行购买IEEE地址，IEEE地址（MAC地址）可作为ZigBee模块的标识。

6）用户可更改节点类型：用户可通过串口指令更改模块的节点类型（Coordinator或Router）。

7）用户可更改无线电频道：用户可通过串口指令更改模块使用的无线电频道。

8）用户可自定义Router地址：在Coordinator与Router之间传输数据，可根据自定义地址寻址，用户可自定义地址功能，可方便地实现RS232设备联网功能。

3. 上海顺舟智能科技股份有限公司ZigBee模块

上海顺舟智能科技股份有限公司（以下简称“顺舟科技”）是一家提供基于ZigBee的无线物联网解决方案的高科技企业，位于上海张江高科技园区，是国际ZigBee联盟成员。

公司致力于ZigBee、GPRS/GSM、WiFi、1GHz以下频段（433MHz/470MHz）的研发和应用，以专业的技术和良好的服务能力为用户提供个性化的网络通信解决方案，是无线通信领域 ZigBee/IEEE 802.15.4 的引领厂商之一。

顺舟科技的 ZigBee 无线模块已经广泛地应用在工业无线测控通信、传感器数据采集、智能家居、物联网、智能照明、食品安全追溯、智能建筑节能、智能电网、智能抄表系统、智能交通、智能测绘仪表数据采集等领域。

顺舟科技为客户提供完善的 ZigBee 无线网络数据通信产品，现有无线数传模块、无线串口设备、无线数据采集模块、无线抄表模块、无线测控通信设备、远程 GPRS 测控通信模块等产品，公司的发展目标是致力于无线网络系统的研发，为客户提供最佳的无线物联网解决方案。

顺舟科技目前主流的 ZigBee 产品主要包含以下系列：

■ SZ02 无线数据传输设备

■ SZ05 嵌入式无线数据传输模块

■ SZ05-L 嵌入式标签型无线数据传输模块

■ SZ06 无线数据采集设备

■ SZ08 无线 I/O 输入输出控制设备

■ SZ09 智能家居系列终端产品

顺舟科技基于 ZigBee 技术的应用很多，大致有以下方向：

■ 物联网 WSN

■ 智能家居

■ 智能照明

■ 智能电网

■ 无线抄表（水电气）

■ 食品安全追溯

■ 建筑节能

■ 智慧农业

■ 智能交通

顺舟科技 ZigBee 产品性能特点有：

■ 通信距离远：最大传输距离为 2000m；

■ 抗干扰能力强：采用 2.4GHz DSSS 扩频技术；

■ 串口应用灵活：透明传输，最高波特率为 115 200bit/s；

■ 发送模式灵活：广播发送或目标地址发送模式可选；

■ 节点类型灵活：中心节点、路由节点、终端节点可任意设置；

■ 组网能力强：可组成星形网、树形网、链形网、网状网；

■ 网络容量大：可选 16 个物理信道，65535 个网络 ID 任意设置；

■ 最大数据包：可达 256 个字节；

■ 工业级应用设备：适用在各种工况中的自动化设备。

典型的产品介绍如下：

顺舟科技 SZ02 系列 ZigBee 无线 RS232/RS485 串口通信设备（见图 3-17），采用了加强型的 ZigBee 无线技术，为符合工业标准应用的无线数据通信设备，它具有通信距离远、抗干扰能力强、组网灵活等优点和特性；可实现多设备间的数据透明传输；可组 MESH 网状

a) 无线RS232通信设备　　b) 无线RS485通信设备

图 3-17　顺舟科技 SZ02 无线 RS232/RS485 通信设备

网络结构。

SZ05 系列无线嵌入式无线数据通信模块（见图 3-18），采用了标准 ZigBee 无线技术，为符合工业标准应用的无线数据通信模块。它具有安装尺寸小、通信距离远、抗干扰能力强、组网灵活等优点和特性；可实现多设备间的数据透明传输；可组 MESH 网状网络结构，采用嵌入式的安装模式，能使用户的产品迅速集成最新的 ZigBee 无线技术。

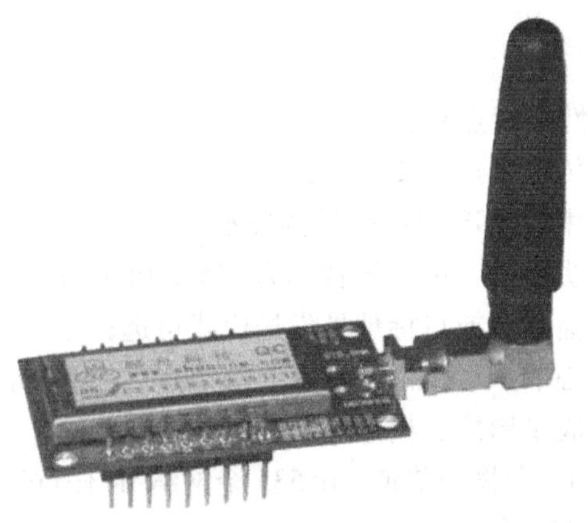

图 3-18　顺舟科技 SZ05 系列无线嵌入式模块

3.3.7　ZigBee 无线组网策略分析

ZigBee 无线组网到底应采用 ZigBee 芯片，还是用采用现成的 ZigBee 模块，是每个开发者首先需要决定的问题。采用 ZigBee 芯片，价格比较便宜，但需要较高的硬件设计、软件设计能力，还要掌握ZigBee网络原理、协议栈调用、IAR软件集成开发环境应用等一系列技术，开发周期很长，一般需要一个团队来做。

若采用ZigBee模块组网（见图3-19），问题就简单多了，只要学习一下模块的使用方法，掌握模块参数的设置方法，就像配置PC网卡那样简单就把无线网络组建完成了。这样就能把主要精力放在应用开发上，把组网工作交给专业公司去做，缩短了开发周期，提高了工作效率，也提高了网络的可靠性。

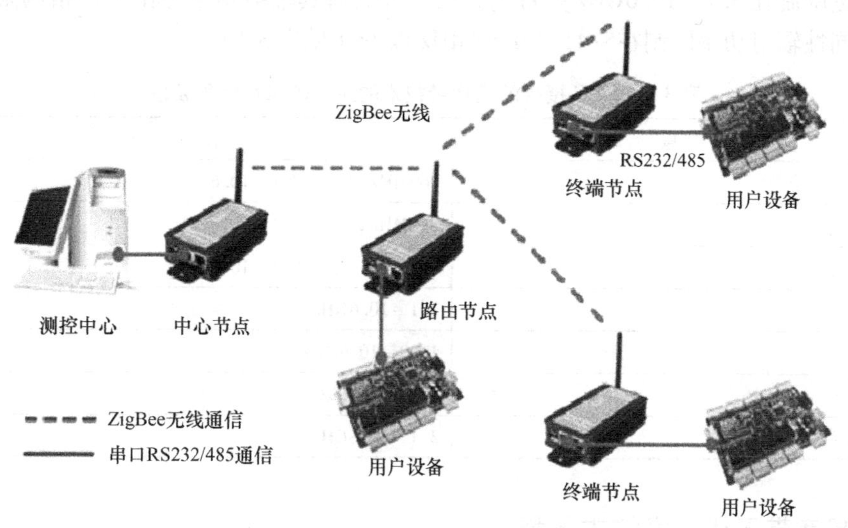

图3-19 顺舟科技ZigBee网络典型应用

综上所述，大多数工程技术人员应采用ZigBee模块解决ZigBee无线组网问题，就像PC联网买一块网卡实现联网一样，很少有人自己去做一块网卡，这样既费时，又不可靠。网卡应由专业公司来生产提供，大批量生产，价廉物美，这也是社会分工的必然趋势。

3.4 超宽带技术与网络

3.4.1 概述

超宽带技术（Ultra Wide Band，UWB）技术是一种新型的无线通信技术。它通过对具有很陡上升和下降时间的冲击脉冲进行直接调制，使信号具有GHz吉赫兹量级的带宽。超宽带技术解决了困扰传统无线技术多年的有关传播方面的重大难题，它具有对信道衰落不敏感、发射信号功率谱密度低、截获能力低、系统复杂度低、能提供数厘米的定位精度等优点。

它与传统的无线技术有着本质的不同，尤其适用于室内等密集多径场所的高速无线接入，即

$$相对带宽：(f_h - f_l)/f_c > 20\%$$

绝对带宽：大于500MHz

式中，f_h、f_l 分别为发射天线输出 -10dB 辐射点处所对应的高端频率和低端频率；f_c 为载波频率或中心频率（$f_c=(f_h+f_l)/2$）。

由上述定义可以看出，现在的超宽带技术包括了任何可以使用超宽带频谱的通信形式。由于其信号在频域上覆盖了很宽的频带，包括现在大多数无线通信系统的工作频段，因此在超宽带技术的发展过程中，美国联邦通信委员会（FCC）等有关组织对超宽带系统的频谱提出了十分严格的要求，以避免对现有重要通信系统产生可能的干扰。FCC 一方面将超宽带系统的带宽限制在 3.1 ~ 10.6GHz 频带内，另一方面对其辐射功率做出了严格的限制，将其等效各向同性辐射功率限制在 -41.3dBm/MHz 以下（见表 3-1）。

表 3-1　FCC 授权的超宽带技术的应用领域和使用频段

应用领域	使用频段
透地雷达成像系统	960MHz 以下或 3.1 ~ 10.6GHz
墙内成像系统	960MHz 以下或 3.1 ~ 10.6GHz
穿墙成像系统	960MHz 以下或 3.1 ~ 10.6GHz
医疗系统	3.1 ~ 10.6GHz
监视系统	1.99 ~ 10.6GHz
汽车雷达系统	24.075GHz 以上
通信与测量系统	3.1 ~ 10.6GHz

3.4.2　超宽带无线技术的主要特点

超宽带无线技术的主要特点如下：

（1）结构简单　UWB 通过发送纳秒级脉冲来传输数据信号，不需要传统收发器所需的上、下边频，也不需要本地振荡器、功率放大器和混频器等，系统结构实现比较简单，设备集成更为简化。

（2）隐蔽性好，保密性强　UWB 通信系统发射的信号是占空比很小的窄脉冲，所需的平均功率很小，可以隐蔽在噪声或其他信号当中传输。另外，采用编码对脉冲参数进行伪随机化后，其他系统对这种脉冲信号的检测将更加困难。

（3）功耗低　UWB 系统使用间歇的脉冲来发送数据，脉冲持续时间很短，一般 UWB 的发射功率小于 0.56mW，所以其系统功耗低。

（4）共享频谱资源　UWB 系统分配的带宽为 3.1 ~ 10.6GHz，而功率谱密度仅为 -41.3dBm/MHz，仅和 FCC 规定的一台个人计算机允许的辐射相当。工作在如此低的功率谱密度下可以有效避免对其他系统的干扰，从而达到频谱资源共享的目的。

（5）数据传输率高　UWB 以非常宽的频率范围来换取高速的数据传输，近距离传输速率可达 500Mbit/s，是实现个人通信领域中无线局域网组网的理想调制技术。

（6）抗干扰能力强　UWB 采用跳时扩频信号，系统具有较宽阔的频带，根据香农公式，传送的最大信息速率 $C=B\mathrm{lb}(1+S/N)$　$\mathrm{SNR}=10\lg(S/N)$

式中，B 是码元速率的极限值；S 是信号功率（W）；N 是噪声功率（W）；SNR 是信噪比（dB）。

从该式中可以得出以下结论：高带宽可以降低信噪比，因此具有很强的抗干扰性。

（7）穿透力强，定位精确　它具有很强的穿透障碍物的能力，还可以在室内和地下室进行精确定位，定位精度可达厘米级。

（8）空间容量大　空间容量是实际应用中的重要衡量指标。

当今流行的近距离无线通信技术主要有超宽带技术（UWB）、蓝牙（Bluetooth）、ZigBee（IEEE802.15.4）RFID 等。下面将这几种近距离无线通信技术分别和超宽带技术进行比较（见表 3-2），其中 HomeRF 未在本章节中进行介绍，现简述如下：

HomeRF 是专门针对家庭住宅环境而开发出来的无线网络技术，借用了 802.11 规范中支持的 TCP/IP 协议，而其语言传输性能则来自无绳电话标准。HomeRF 工作于 2.4GHz 的频段，传输距离约为 50m，传输速率为 1～2Mbit/s。与 UWB 技术相比，HomeRF 具有传输距离较远的优势，但传输速率远小于 UWB。

表 3-2　几种近距离无线通信技术的比较

	UWB	IEEE802.11a	HomeRF	蓝牙	ZigBee
频率范围/GHz	3.1～10.6	5	2.4	2.4～2.4835	0.868、0.915、2.4
传输速率	1Gbit/s	54Mbit/s	1～2Mbit/s	1Mbit/s	20bit/s、40bit/s、250bit/s
通信距离/m	<10	10～100	50	0.1～10	30～70
发射功率/mW	<1	>1000	>1000	1～100	1
应用范围	近距离多媒体	无线局域网	家庭语音和数据流	家庭和办公室互联	数据量较小的工业控制

从表 3-2 中可以看出，UWB 的优势较为明显，通信距离在 10m 以内，具有每秒几百兆比特的高传输速率，其不足之处在于较小的发射功率限制了传输距离。由于各种技术有着各自的特点，因此相互间存在着竞争，但也可以互相结合、互相弥补、共同发展。

3.4.3　超宽带系统的脉冲成形技术

UWB 系统的基本模型如图 3-20 所示，主要有发射部分、无线信道和接收机部分构成。

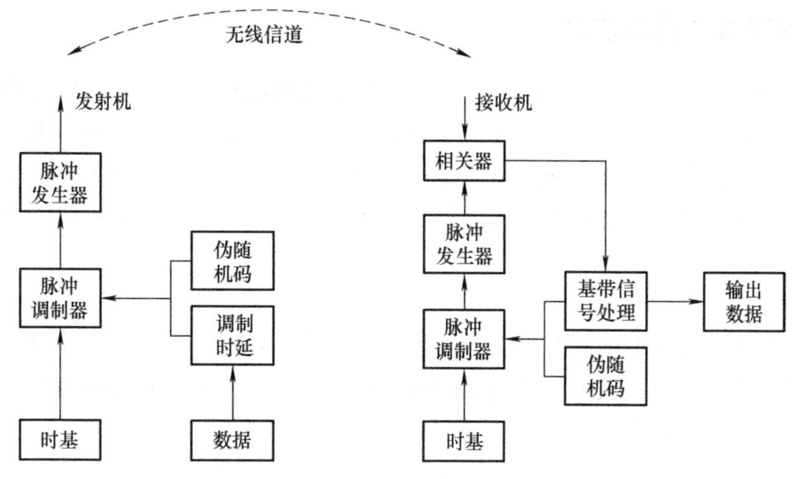

图 3-20　UWB 系统的基本模型

任何数字通信系统都要利用与信道匹配良好的信号携带信息，对于线性调制系统，已调信号可以统一表示为

$$s(t) = \sum I_n g(t - T)$$

式中，I_n 为承载信息的离散数据符号序列；T 为数据符号持续时间；$g(t)$ 为时域波形，通信系统的工作频段、信号宽度、辐射谱密度、带外辐射、传输性能、实现复杂度等诸多因素都取决于 $g(t)$ 的设计。

对于 UWB 通信系统，信号 $g(t)$ 的带宽必须大于 500MHz，且信号能量集中于 3.1 ~ 10.6GHz 频段。当今 UWB 系统脉冲的设计方法多种多样，层出不穷。脉冲波形是超宽带通信中的一项重要性能，直接影响它的传输速率以及与其他无线通信系统的共存性。脉冲成形技术中最具代表性的无载波脉冲是高斯单周期脉冲，其带宽已经大于 2GHz，高斯单周期脉冲是高斯脉冲的各阶导数，各阶脉冲波形可由高斯一阶导数通过逐次求导得到。

脉冲产生器最容易产生的脉冲波形是一个钟形函数，类似于高斯函数，因此超宽带系统的发射波经常被建模为一个高斯函数，如下式所示：

$$p(t) = \frac{1}{\sqrt{2\pi\sigma^2}} e^{-\frac{t^2}{2\sigma^2}} = \frac{\sqrt{2}}{\alpha} e^{-\frac{2\pi t^2}{\alpha^2}}$$

式中，$\alpha^2 = 4\pi\sigma^2$，σ^2 为方差，α 影响脉冲的带宽和幅度，成为脉冲波形的形成因子。α 增大，脉冲幅度减小，脉冲宽度变宽。

下面讨论基本高斯脉冲的微分特性，即高斯单周期脉冲的特性。对高斯脉冲 $p(t)$ 求 k 阶（$k=1, 2, 3, \cdots, n$）的导数，其中一阶导数为

$$p'(t) = -\frac{4\sqrt{2}}{\alpha^3} \pi t e^{-\frac{2\pi t^2}{\alpha^2}} \tag{3-1}$$

图 3-21 是形成因子 $\alpha = 0.5\text{ns}$ 时基本高斯脉冲及其 $k(k=1, 2, 3, 4, 5)$ 阶导数的时域波形。由此可以看出，高斯脉冲求导次数与其对应波形过零点数目相等。当形成因子一定时，随着高斯脉冲求导次数 k 的增加，高斯函数的导函数的脉冲幅度在增大，脉冲宽度也在增大。

3.4.4 超宽带脉冲调制技术

由于超宽带脉冲本身并不携带信息，所以必须通过调制技术将数字信息加载到脉冲上才能实现数据的传输。与传统正弦体制通信系统相比，由于超宽带通信系统占用很大的带宽，采用纳秒或亚纳秒级的脉冲以很低的占空比进行数据的传送，因此其调制方式也会有所不同。超宽带无线通信的调制方式有两种：传统的基于脉冲无线电方式和非传统的基于频域的处理方式。

1. 脉冲位置调制（PPM）

脉冲位置调制是最典型的超宽带无线通信调制方式。它是一种利用脉冲位置承载数据信息的调制方式，即采用改变发射脉冲的时间间隔或发射脉冲相对于基准时间的位置来传递信息，脉冲的极性和幅度都不改变。按照采用的离散数据符号状态数，PPM 可以分为二进制 TH-PPM（二进制跳时位置调制）和多进制 TH-PPM（多进制跳时位置调制）。在这种调制方式中，一个脉冲重复周期内脉冲可能出现的位置有 2 个或者 M 个，脉冲位置与符号状态一一对应。

PPM 的优点在于：它仅需要根据数据符号控制脉冲位置，不需要进行脉冲幅度和极性

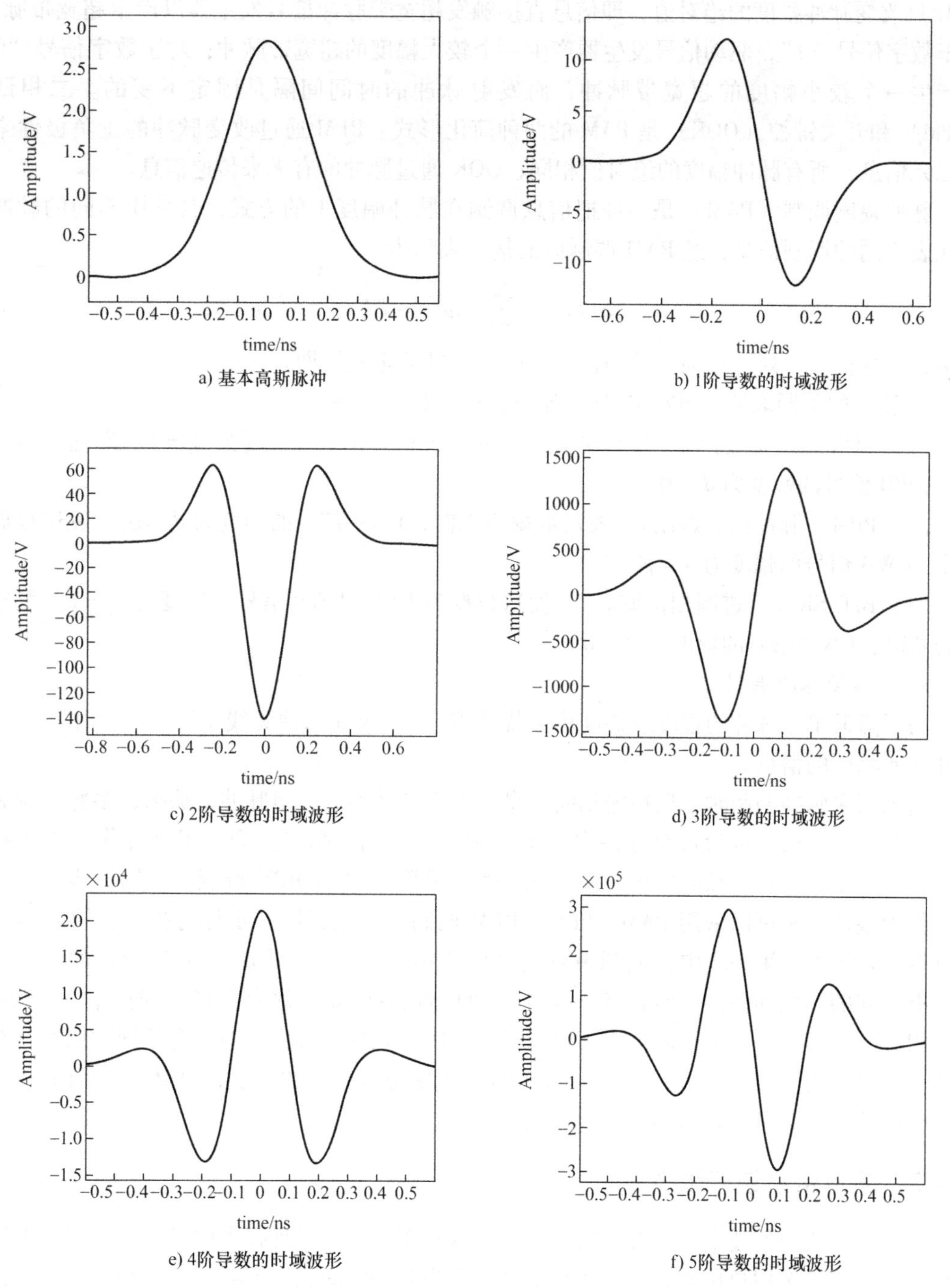

a) 基本高斯脉冲　b) 1阶导数的时域波形

c) 2阶导数的时域波形　d) 3阶导数的时域波形

e) 4阶导数的时域波形　f) 5阶导数的时域波形

图 3-21　形成因子 $\alpha = 0.5\text{ns}$ 时基本高斯脉冲及其 k 阶导数的时域波形

的控制，便于以较低的复杂度实现调制/解调，因此，PPM 是早期 UWB 系统广泛采用的调制方式。但是，由于 PPM 信号为单极性，其辐射谱中往往存在幅度较高的离散谱线。

2. 脉冲幅度调制（PAM）

另一种典型的超宽带无线通信调制方式为脉冲幅度调制，它利用信息符号控制脉冲幅度，PAM 既可以改变脉冲幅度和极性，也可以仅改变脉冲幅度的绝对值大小。通常所讲的

PAM 只改变脉冲幅度的绝对值，即信息直接触发超宽带脉冲信号发生器以产生超宽带脉冲。对于数字信号“1”，驱动信号发生器产生一个较大幅度的超宽带脉冲；对于数字信号“0”，则产生一个较小幅度的超宽带脉冲，而发射脉冲的时间间隔是固定不变的。二相调制（BPM）和开关键控（OOK）是 PAM 的两种简化形式。BPM 通过改变脉冲的正负极性来调制二元信息，所有脉冲幅度的绝对值相同；OOK 通过脉冲的有无来传递信息。

脉冲幅度调制（PAM）是一种把信息调制在脉冲幅度上的方式，其采用不同的脉冲幅度代表不同的调制信息，经 PAM 调制后的信号表示为

$$u(t) = \sum_{j=-\infty}^{\infty} d_j \omega(t - jT_f) \tag{3-2}$$

式中，d_j 是信息序列；T_f 为每帧的持续时间，即脉冲重复周期。

根据 d_j 的不同取值，可将 PAM 调制方式分为以下几种：

（1）OOK（开关键控） 发送数据为 1 时，UWB 信号的幅度为 $d_j = 1$。发送数据为 0 时，UWB 信号的幅度为 $d_j = 0$。

（2）PPM（脉冲位置调制） 发送数据为 1 时，UWB 信号的幅度为 $d_j = \beta_1$。发送数据为 0 时，UWB 信号的幅度为 $d_j = \beta_2$。

（3）BIT/SK（二进制相位调制） 发送数据为 1 时，UWB 信号的幅度为 $d_j = 1$。发送数据为 0 时，UWB 信号的幅度为 $d_j = 0$。

3. 多频带脉冲调制

为了降低单个脉冲的幅度或提高抗干扰性能，在 UWB 脉冲无线系统中，往往采用多个脉冲传递相同的信息。

当采用多脉冲调制时，把传输相同信息的多个脉冲称为一组脉冲，那么，多脉冲调制过程可以分两步：第一步为每组脉冲内部单个脉冲的调制，第二步为每组脉冲作为整体被调制。在第一步中，每组脉冲内部的单个脉冲通常采用 PPM 或 BPM 调制；在第二步中，每组脉冲作为整体通常可以采用 PAM、PPM、BPM 调制。一般把第一步称为扩谱，第二步称为信息调制。因而在第一步中，把 PPM 称为跳时扩谱（TH-SS），即每组脉冲内部的每一个脉冲具有相同的幅度和极性，但具有不同的时间位置；把 BPM 称为直接序列扩谱（DS-SS），即每组脉冲内部的每一个脉冲具有固定的时间间隔和相同的幅度，但具有不同的极性。在第二步中，根据需要传输的信息比特，PAM 同时改变每组脉冲的幅度，PPM 同时调节每组脉冲的时间位置，BPM 同时改变每组脉冲的极性。

3.4.5 超宽带系统多址技术

超宽带无线通信技术的发展，很大程度上依赖于高效的多址技术的发展。多用户无线通信系统一般采用多用户接入方式，系统中多个用户共用空间频谱资源，并且相互之间存在的干扰大小会受到特别的控制。当通信系统允许不同的用户使用相同的物理媒体来发送和接收数据流时，就认为该系统提供了多址功能。一种好的多址技术能有效减少通信系统中多用户间的相互干扰，也有效解决了多个用户共享信道的问题，有助于提高 UWB 通信的性能和用户容量。

多址接入技术是超宽带通信系统中的一项关键技术。与传统无线通信系统相比，超宽带多址接入系统有网络覆盖面较小、用户数较少、多个网络覆盖区域重叠（即 SOP 系统）等特点。

1. TH-PPM 多址方式

TH-PPM（跳时脉冲位置调制）是用 N 个单周期脉冲传送一个二进制信息符号，脉冲的发送时刻由跳时序列与待传送的数据信息共同控制。

TH-PPM 接收机的结构如图 3-22 所示。

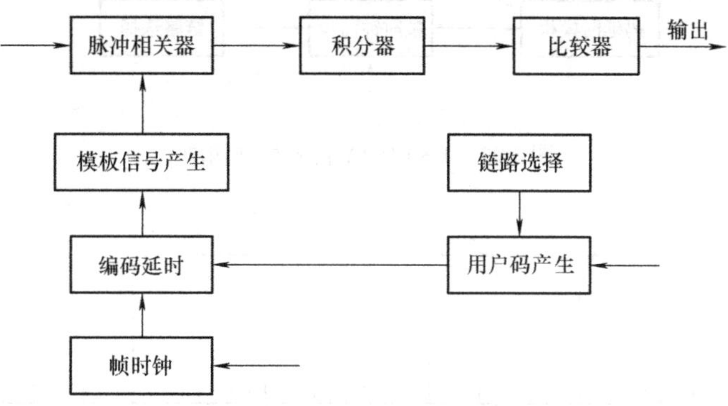

图 3-22 TH-PPM 接收机结构图

2. DS-CDMA 多址方式

直接序列码分多址（DS-CDMA）是通过将携带信息的窄带信号与高速地址码信号相乘而获得的宽带扩频信号。不同用户使用不同的 PN 序列，这些 PN 序列需相互正交，利用 PN 序列来区分不同的用户。

通过 DS 扩频，将信号功率谱在一个很宽的频谱上进行了平均，或者说是在背景噪声不变的情况下，信噪比 S/N 变得很低，好像是将信号在噪声中隐藏了起来。因此，DS-CDMA 系统具有抗窄带干扰、抗多径衰落和保密性好的优点。

在单载波 DS-CDMA 方案中，经过 DS-CDMA 扩频之后的信号再对载波进行调制，单载波 DS-CDMA 方案中通过频谱搬移解决无载波 UWB 存在较多低频分量的问题。

第 k 个用户 DS-CDMA 扩频码传输波形为

$$C_{\mathrm{tf}}^{k}(t) = \sum_{n=0}^{N-1} P_{n}^{(k)} W_{\mathrm{tf}}(t - nT_{\mathrm{c}}) \tag{3-3}$$

式中，W_{tf}表示传输的单周期脉冲；$\{P_{n}^{(k)}\}$ 表示伪随机序列；T_{c} 表示码片周期。

DS-CDMA UWB 的多址接收机结构与 TH-PPM UWB 接收机类似，也是基于假设检验理论的相干数据检测，采用相关器进行接收。为了方便分析，假设接收机与发信机传输的信号建立同步，DS-CDMA 接收机结构如图 3-23 所示。

3. PCTH 超宽带多址技术

伪混沌跳时方式 PCTH 调制的数据，产生非周期的混沌编码，用它替代 TH-PPM 中的伪随机序列和调制数据，控制短脉冲的发送时刻，使信号的频谱发生变化，PCTH 不仅能减少对现有的无线通信系统的影响，而且不易被检测到。

在 PCTH 系统中，在每个帧周期 T_{f} 内，指定一个特定的脉冲位置。在每个 T_{f} 间隔内，只传输一个脉冲，每个脉冲的位置可以是 $N=2^{m}$ 个离散时隙中的任一个，m 表示移位寄存器的长度，时隙长度用 T_{t} 表示。如果脉冲发生在一帧的前半部分，则表示“0”被传输，反之表示“1”被传输。帧周期以及对应 PPM 调制的时隙示意如图 3-24 所示。

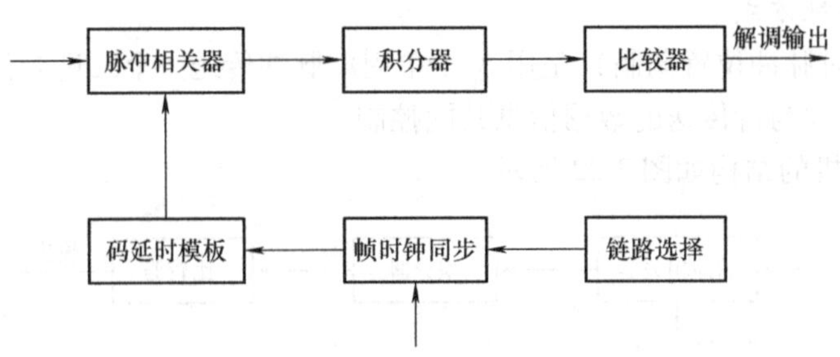

图 3-23 DS-CDMA 接收机结构图

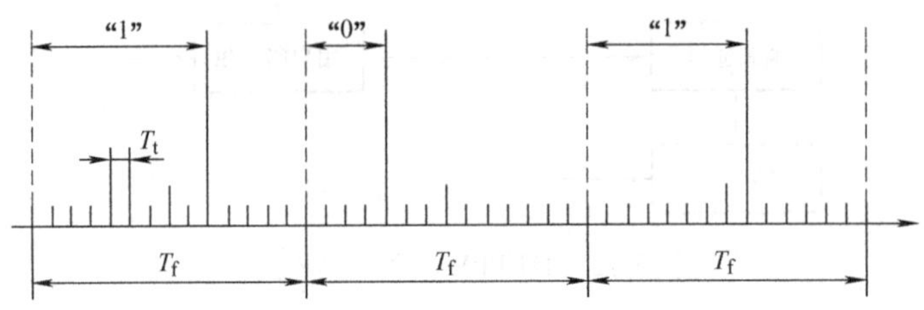

图 3-24 帧周期以及对应 PPM 调制的时隙示意图

4. 几种多址技术的比较

在超宽带通信系统中，最常见的多址接入方式有 TH-PPM 多址技术和 DS-CDMA 多址技术等。TH 方式通过给不同的用户分配不同的跳时码，在时间上避免用户脉冲发生碰撞的可能。DS 方式通过 DS 码之间的正交性控制脉冲的极性实现多址。相对而言，TH 对于远近效应的敏感程度没有 DS 高。在 DS 体制的系统中，接收端的抗干扰能力取决于多址码元之间互相关性的好坏，当远近效应的影响较大时，即不同用户信号到达接收端时幅度相差较大时，DS 码元之间的互相关性就会变得很差，同时，DS 多址方式采用多个脉冲代表一帧信息，因而在传输相同信息时，发送冲突的概率更大。而采用 TH 体制的系统时，由于它的帧结构中只有跳时位置处具有发送冲突的可能，因而不同用户信号间发送冲突的概率更小，从而在误码性能上更好。

3.5 无线传感器网络（WSN）

3.5.1 概述

无线传感器网络（Wireless Sensor Networks，WSN）是一种分布式传感网络，它的末梢是可以感知和检查外部世界的传感器。WSN 中的传感器通过无线方式通信，因此网络设置灵活，设备位置可以随时更改，还可以跟互联网进行有线或无线方式的连接。WSN 是通过无线通信方式形成的一个多跳自组织网络。

3.5.2 无线传感器网络节点结构

在不同应用中，传感器节点的结构不尽相同，但一般都由传感器模块、处理器模块、无线通信模块和能量供应模块四部分组成，如图 3-25 所示。传感器模块负责监测区域内信息的采集和数据转换，传感器的类型是由被监测物理信号的形式决定的，如用于温度监测的铂电阻传感器、用于压力传感的电容式传感器等；处理器模块负责控制整个传感器节点的操作，存储和处理本身采集的数据以及其他节点发送来的数据；无线通信模块负责与其他传感器节点进行无线通信，交换控制信息和收发采集数据；能量供应模块为传感器节点提供运行所需的能量，通常采用微型电池，不过已有公司探索从周围环境取得能量并将其转换成微瓦电能的方法。

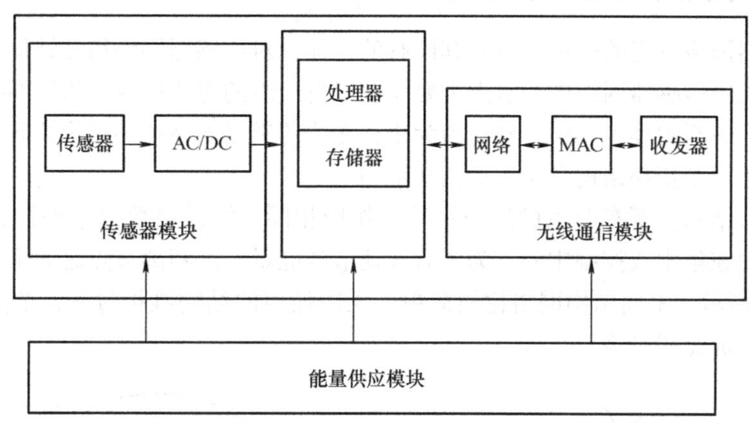

图 3-25　传感器节点结构

无线传感器网络协议栈包括物理层、数据链路层、网络层、传输层和应用层，与互联网协议栈的五层协议相对应，如图 3-26 所示。另外，协议栈还包括能量管理平台、移动管理平台和任务管理平台。这些管理平台使得传感器节点能够按照能源高效的方式协同工作，在节点移动的传感器网络中转发数据，并支持多任务和资源共享。

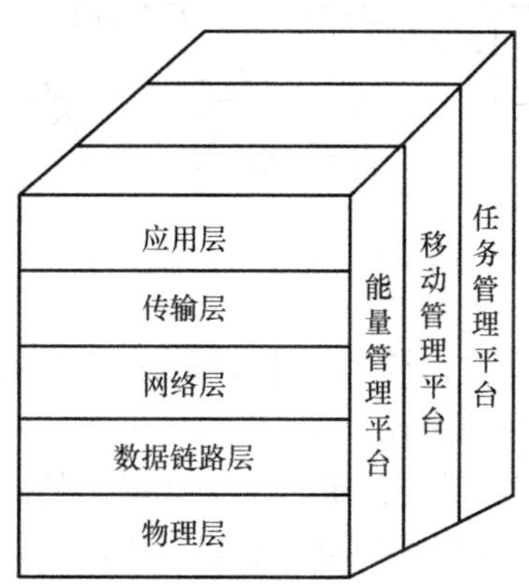

图 3-26　无线传感器网络协议栈

各层协议和平台的功能如下：

1）物理层提供简单但可靠的信号调制和无线收发技术。

2）数据链路层负责数据成帧、帧检测、媒体访问和差错控制。

3）网络层主要负责路由生成与路由选择。

4）传输层负责数据流的传输控制，是保证通信服务质量的重要部分。

5）应用层包括一系列基于监测任务的应用层软件。

6）能量管理平台管理传感器节点如何使用能源，在各个协议层都需要考虑节省能量。

7）移动管理平台检测并注册传感器节点的移动，维护到汇聚节点的路由，使得传感器节点能够动态跟踪其邻居的位置。

8）任务管理平台在一个给定的区域内平衡和调度检测任务。

3.5.3 无线传感器网络的拓扑结构

无线传感器网络特定的应用环境及其固有的特征，对传感器网络拓扑结构的设计提出了新的要求。在无线传感器网络中，节点需要完全以自组织的形式构成自治型网络，并且能够工作在无人值守的恶劣环境当中。到目前为止，无线传感器网络拓扑结构的研究主要集中在两个方向，即平面型拓扑结构和层次型拓扑结构。

平面型拓扑结构，所有节点的地位平等、作用相同，既采集数据又进行数据通信的中转，网络中不存在集中式控制中心。为了有效地节省能量，远距离节点之间采用多跳通信方式，如图3-27所示。平面结构网络比较简单，无需任何的结构维护过程，节点根据预定的路由协议自组织成无线网络。

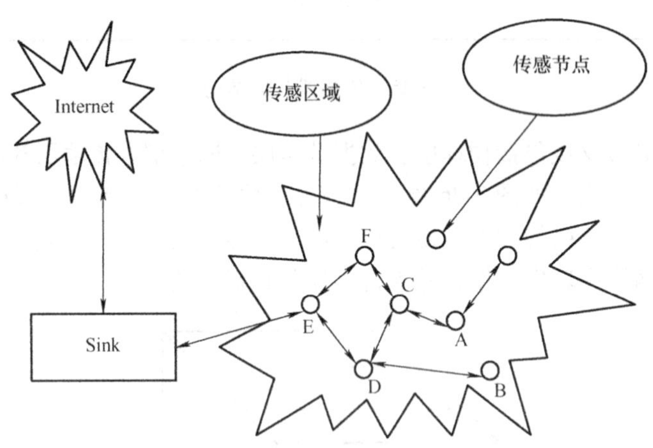

图3-27　平面型拓扑结构

由于随机分布、高密度等特性，源节点和目的节点之间可能存在多条传输路径，如图3-27中节点A和E之间存在两条路径：A→C→D→E和A→C→F→E，既可以使用多条路径实现负载分担，也可以为不同的数据传输需求选择适当的路径。平面结构网络中所有的传感器节点理论上是对等的，不存在瓶颈和单点故障，所以比较健壮，但是网络规模受限，动态扩展性差，难以维护。在平面结构中，源节点为了获得目的节点信息通常需要传输大量的查询消息，而且由于网络的动态性，如节点失效、增加等，维护这些动态变化的路由信息需要发送大量的控制消息。网络规模越大路由维护的开销就越大，当网络的规模增加到某个程度时，网络的所有带宽可能被路由协议消耗掉，所以平面结构的网络扩展性较差。

层次型拓扑结构中，网络根据具体应用需求，如地理区域、能源、应用类型等，划分为簇，每个簇由一个簇头节点和多个簇成员构成，多个簇头节点抽象成高一级的网络，在高一级网络中可以继续分簇，形成更高一级网络，最终形成多层次组织结构的传感器网络，如图3-28所示。

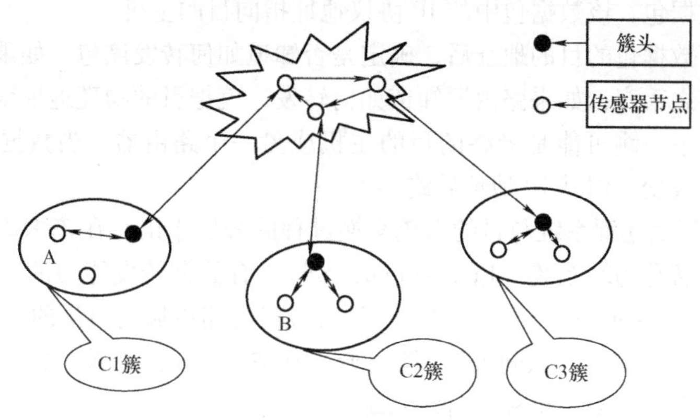

图3-28 层次型拓扑结构

层次型拓扑结构中，不同层次以自己的局部概念进行交互，聚集起来实现期望的全局任务。分层组织结构中，簇内成员节点负责感知任务，以多跳方式将采集的信息发送到簇头节点。簇头节点作为簇类的中心节点，担负着与远程终端通信、发布簇类管理信息、执行更高层次的数据融合和数据分析等使命。为了有效利用能源和延长网络的生命周期，簇头节点通常依据能量概率分布由网络节点轮流充当。这样可以使簇头节点的高能量消耗平均到网络节点上，同时也避免了固定簇头引起的网络的脆弱性和不稳定性，而且可以通过簇拆分来增加簇的个数或者簇聚合形成更高一级网络来提高整个网络的容量。但缺点是，为了维护层次化结构需要仔细设计簇头选择算法。而且簇间节点为了完成数据通信需要经过簇头转发，因此不一定能使用最佳路由，如图3-28中的A、B节点，物理距离很接近，在平面结构中可以直接通信，但分簇后需要通过两个簇的簇头中继进行通信。

3.5.4 无线传感器网络的路由协议

在图3-26所示的参考模型中，网络层是通信子网的最高层。在一般的联机系统和线路交换系统中，网络层的功能意义不大。但是，当终端增多时，它们之间就需要有中继设备相连，此时会出现一台终端要求与多台终端通信的情况，这就产生了把任意两台数据终端设备的数据链接起来的问题，即网络路由问题。

路由是把信息从源穿过网络传递到目的的行为。路由技术其实是由两项最基本的活动组成，即决定最优路径和传输数据包。路径选择是实现高效通信的基础。

1. 路由的基本概念

路由包含两个基本动作：确定最佳路径和通过网络传输信息。在路由的过程中，后者也称为（数据）交换。交换相对来说比较简单，而选择路径很复杂。

（1）路径选择　为了帮助选路，路由算法先初始化并形成包含路径信息在内的路由表。路由算法根据目的地址和下一跳地址等诸多信息填充路由表。路由器彼此通信，通过交换路由信息维护其路由表，路由更新信息涉及部分路由表，通过分析来自其他路由器的路由更新信息，每个路由器都可以建立一个网络拓扑图。路由器间还发送链接状态广播信息来通知其他路由器发送者的链接状态。链接信息用于建立完整的拓扑图，使路由器可以确定最佳路径。

（2）交换　交换算法相对而言较简单，对大多数路由协议而言是相同的。多数情况下，源主机向目的主机发送数据时，通过某些方法获得路由器的地址后，源主机发送指向该路由器的物理地址的数据包，该数据包中的IP协议地址指向目的主机。

路由器查看了数据包的目的地址后，确定是否知道如何转发该包。如果路由器不知道如何转发，通常就将之丢弃；如果路由器知道如何转发，就把目的物理地址变成下一跳的物理地址并向之发送。下一跳可能是最终的目的主机或另一个路由器。当数据包在网络中流动时，其物理地址在改变，但其IP地址始终不变。

ISO定义了用于描述源系统与目的系统交换过程的分层术语，在该术语中，没有转发数据包能力的网络设备称为端系统（End System，ES），有数据转发能力的网络设备称为中介系统（Intermediate System，IS）。IS又进一步被分成可在路由域内通信的“域内IS”和可在路由域内又可在域间通信的“域间IS”。路由域通常被认为是通过统一的路由策略或路由协议互相交换路由信息的网络，也称为自治系统。

2. 路由算法及协议

路由算法在路由协议中起着至关重要的作用，采用何种算法往往决定了最终的路径结果。通常需要综合考虑以下几个设计指标：

（1）能量高效　传感器网络路由协议不仅要选择能量消耗小的消息传输路径，而且要从整个网络的角度考虑，选择使整个网络能量均衡消耗的路由。传感器节点的资源有限，传感器网络的路由机制要能够简单而且高效地实现信息传输。

（2）可扩展性　在无线传感器网络中，检测区域方位或节点密度不同，造成网络规模大小不同；节点失败、新节点加入以及节点移动等，都会使得网络拓扑结构动态发生变化。这就要求路由机制具有可扩展性，能够适应网络结构的变化。

（3）鲁棒性　路由算法处于非正常或不可预料的环境时，如硬件故障、负载过高或操作失误时，都能正确运行。由于路由器分布在网络连接点上，所以在它们出故障时会产生严重后果。最好的路由器算法通常能经受时间的考验，并在各种网络环境可靠工作。

（4）快速收敛性　收敛是在最佳路径判断上所有路由器达到一致的过程。当某个网络事件引起路由可用或不可用时，路由器就发出更新信息。路由更新信息遍及整个网络，引发重新计算最佳路径，最终达到所有路由器一致公认的最佳路径。收敛慢的路由算法会造成路径循环或网络中断。

（5）灵活性　路由算法可以快速、准确地适应各种网络环境。例如，某个网段发生故障，路由算法要能很快发现故障，并为使用该网络段的所有路由选择另一条最佳路径。

路由协议负责将数据分组从源节点通过网络转发到目的节点，它主要包括两个方面的功能：寻找源节点和目的节点间的优化路径，将数据分组沿着优化路径正确转发。无线局域网等传统无线网络的首要目标是提供高服务质量和公平高效地利用网络带宽，这些网络路由协议的主要任务是寻找源节点到目的节点间通信延迟小的路径，同时提高整个网络的利用率，避免产生通信拥塞并均衡网络流量等，而能量消耗问题不是这类网络考虑的重点。在无线传感器网络中，节点能量有限且一般没有能量补充，因此路由协议需要高效利用能量，同时传感器网络节点数目往往很大，节点只能获取局部拓扑结构信息，路由协议要能在局部网络协议的基础上选择合适的路径。传感器网络具有很强的应用相关性，不同应用中的路由协议可能差别很大，没有一个通用的路由协议。此外，传感器网络的路由机制还经常与数据融合技术联系在一起，通过减少通信量而节省能量。因此，传统无线网络的路由协议不适用于无线传感器网络。

3. 路由协议需要解决的问题

在无线传感器网络中，由于网络内节点资源有限，数据包的传送需要通过多跳通信方式到达目的端，因此路由选择算法是网络层设计的一个主要任务。

传统无线网络的路由协议设计以避免网络拥塞、保持网络的连通性和提供高质量网络服务为主要目标。在路由实现过程中，首先利用网络层定义的逻辑上的网络地址（即IP地址）来区别不同节点以便实现数据交换，然后通过路由选择算法决定到达目的地的最佳路径。与传统无线网络相比，虽然WSN具有与无线自组网络极为相似的特征，但在网络特点、通信模型和数据传输需求方面却与传统无线网络有着很大的不同。具体体现在以下几个方面：

（1）能量受限的无线移动终端　WSN的一个重要特征就是能量受限。网络内每个传感器节点通常使用容量有限、不可更换的电源，节点的计算、通信、存储能力也非常有限。

（2）以数据为中心的通信方式　无线传感器网络是以数据为中心的网络，类似于分布式的网络数据库，要查询的数据分布在全部或部分节点中。在WSN中，与以地址为中心的传统通信方式不同，由于网内节点数量大和节点布设的随机性等特点，每个传感器节点不需要使用全局唯一的标识或地址。举例来说，在某个与温度相关的无线传感器网络应用中，用户并不关心第27号传感器的温度，而是关心诸如“当前温度超过30℃的区域位置”等某区域内多个传感器采集的综合数据信息。

（3）邻居节点数据的相似性　无线传感器网络相邻节点监测的可能是同一个事件，如火灾，从不同监测点得到的数据具有较高的相似性。因此相邻节点的数据存在信息冗余性，采用一定的数据融合方法可以有效地节省网络资源。

（4）面向特定的应用　传统网络发展的趋势是电信网、计算机网以及电视网的逐步融合，形成通用信息平台以满足各种应用需求。而在无线传感器网络中，传感器节点和物理环境交互密切，WSN的通信构架及其所提供的服务都是针对每个特定的应用而设计的。WSN数据在传输过程中，中间传感器节点需要针对特定应用，对来自其他节点的转发数据以及自身采集的数据进行融合、缓存和转发。

（5）频繁变化的拓扑结构　在WSN中，由于能量限制、环境干扰和人为破坏等因素的影响，传感器节点会经常损坏。由于节点的移动或损坏，加上无线发射装置发送功率的变化和信号之间的互相干扰等因素，网络拓扑结构将频繁变化。

WSN的网络特点和通信需求要求路由协议在设计过程中必须以节约能源为首要目标，并采用折中机制，使用户可以在延长网络存活时间、提高网络吞吐量和降低通信延迟三者之间做出选择。而传统网络路由协议设计的首要目标是提供高的服务质量和高效利用网络带宽，其次才考虑能量的节约。因此传统路由协议不适合在WSN环境中运行，需要对其进行改进，提出适合应用于WSN网络的路由协议。

通过对WSN路由协议设计特点和设计目标的分析，不难看出，一个好的WSN网络层路由协议设计应该满足以下条件：

1）为了高效地利用有限的网络资源，尽可能压缩不必要的开销以最大限度地延长网络生存时间，路由协议的设计必须具备简单性和节能性。

2）为了尽可能减少无线传感器网络内冗余信息的发送、节约有限的工作能源，路由协议的设计需要以数据为中心，具备数据融合能力。

3）为了适应拓扑动态变化的网络结构，提高系统的鲁棒性，路由协议应该采用分布式运行方式。

4）为了适应 WSN 节点数量多、网络规模大和网络易受损的特点，保证传感器节点的随时加入和退出不会影响到全局任务的正常执行，路由协议的设计必须具备鲁棒性和可扩展性。

5）在可能的条件下，使设计的路由协议具有安全性，降低遭受攻击的可能性。

4. 已有无线传感器网络路由协议的分类

无线传感器网络路由协议可以从网络拓朴结构和协议工作特性两方面划分（见图 3-29）。

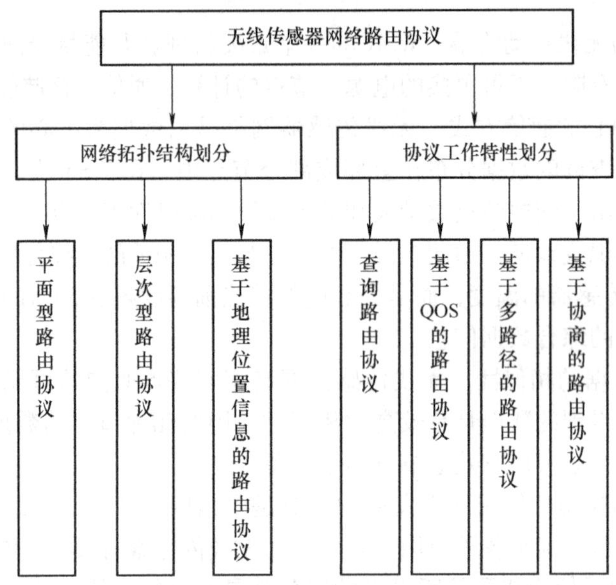

图 3-29　传感器网络路由协议分类

（1）平面型路由协议　在平面型路由协议中，每个传感器节点有着相同的地位和作用，所有传感器节点共同执行收集信息的任务。由于节点数量的庞大，不可能为每个节点赋予一个全局的标号。该种路由协议适用于数据中心路由协议，由基站（Base Station）发送查询到特定区域，之后等待该区域的节点收集信息。由于数据是通过查询的方式获得的，因此该种方式需要基于属性的命名方法。该种协议比较典型的有洪泛（Flooding）路由协议、基于协商的路由协议 SPIN（Sensor Protocols for Information via Negotiation）和定向扩散协议（Directed Diffusion）。这三种协议提出的许多设计思想对以后协议的设计具有重要的影响。

洪泛（Flooding）路由协议是最早的一种无线传输协议，它不需要维护网络拓扑结构和计算路由，接收到消息的节点以广播的形式转发数据包给所有的邻居节点。洪泛路由协议实现简单，是目前采用最广的一种路由协议。但是，由于其转发数据的盲目性，带来了“内爆”和“重叠”现象。

如图 3-30 所示，A 节点向 B 和 C 节点发送 DATA 数据，B 和 C 节点又向其邻居节点 D 发送该 DATA 数据，因此，D 节点在短时间内收到两个 DATA 数据。在有众多节点的传感器网络中，由于各节点中转数据，因而造成传输数据成指数级增长。

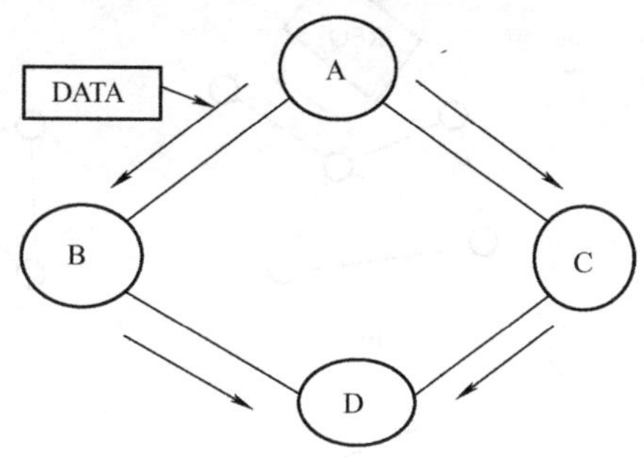

图 3-30　洪泛中的“内爆”现象

在图 3-31 中，节点 A 感知区域为 Q 和 R，节点 B 感知区域为 R 和 S。节点 A 和 B 向节点 C 发送自身感知数据时，监测区域 R 被发送了两次，因此造成了数据冗余现象的产生。

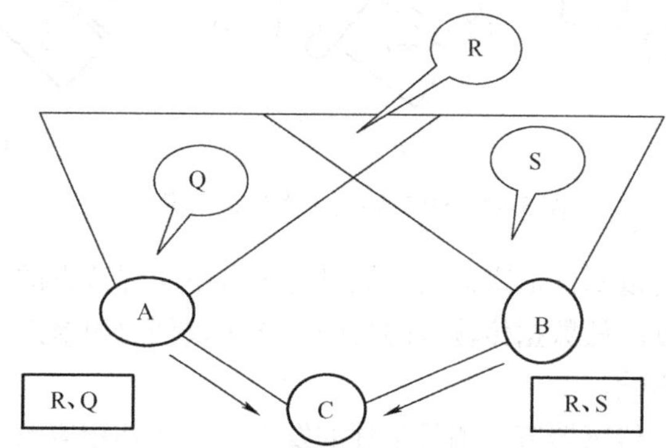

图 3-31　洪泛中的“重叠”现象

SPIN 是一类基于协商机制的自适应传感器网络路由协议。该类协议基于以下两个基本思想设计：

1）各节点通过元数据进行协商，通过传输包含信息类型的元数据来减少数据传输量；

2）改进了 Flooding 协议的监测区域“重叠”问题和“内爆”问题。

SPIN 类协议认为网络中的每个节点都可以充当基站（Base Station）的角色。这使得用户能够查询任意节点的内容，快速获得自身需要的信息。该协议利用网络中相邻节点具有相似数据的特性。SPIN-1 有三种类型的消息帧（见图 3-32）：ADV、REQ 和 DATA。ADV 用于新数据广播。当一个节点有数据可共享时，它可用 ADV 数据包对外广播。REQ 用于请求发送数据。当一个节点希望接收 DATA 数据包时，发送 REQ 数据包。DATA 包含元数据和采集数据。SPIN-2 协议和 SPIN-1 协议类似，不同的是增加了能量约束，如果节点的能量低于某个临界值，则其不参加广播等活动。

SPIN 类协议的优点在于由于该类协议只需要局部信息，而不需要全局拓扑信息，因此能够适用于拓扑结构变化的网络。另外，该协议与 Flooding 协议相比，由于使用了协商机制，减少了冗余数据的发送量，因此节省了能量。

定向扩散（Directed Diffusion）是一种新的以数据为中心的通信模型。其突出特点是引入了梯度来描述网络中间节点对某一方向继续搜索获得匹配数据的可能性。该协议要求传感

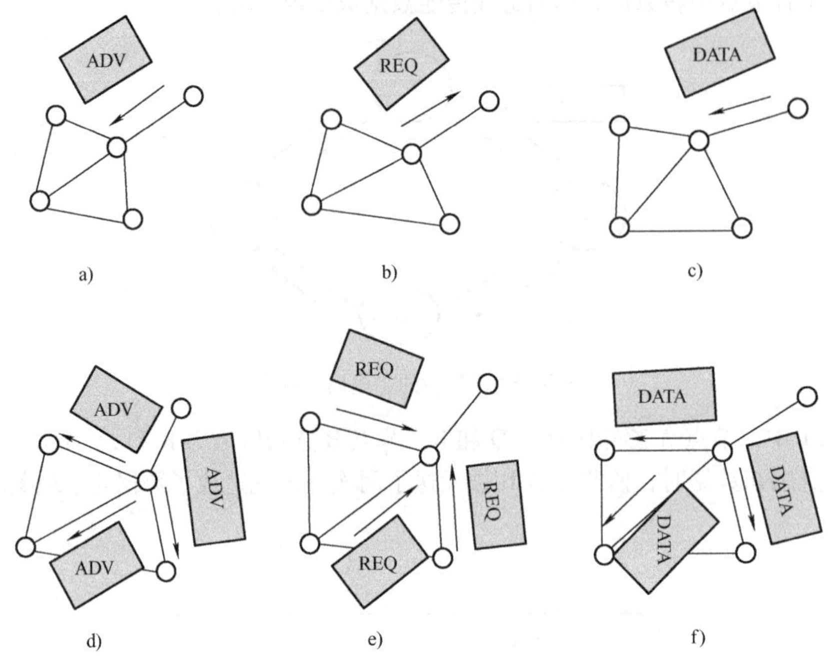

图 3-32　SPIN 协议工作过程示意图

器节点产生的所有数据均以属性值来命名。通过将来自不同源节点的数据聚集再重新路由来达到消除冗余和最大程度降低数据传输量的目的。该协议创建源节点到单一目的节点的多条路径，增加了数据的可靠性。

在定向扩散协议中，传感器节点测量事件的发生，并在其相应的邻居节点之间建立梯度（Gradients）信息。基站通过广播兴趣（Interest）消息来获得需要的数据。兴趣消息描述传感器网络所要完成的工作，该消息通过网络节点单跳扩散（Hop-by-hop）传播。与此同时，梯度被建立指向发送该消息（Interest）的节点。如当基站通过发送兴趣消息来查询特定数据，接收到该兴趣的传感器节点转发该兴趣消息。最终，每一个接收到该兴趣消息的传感器节点都建立了一条指向发送兴趣消息节点方向的梯度。该过程一直进行，直到从源节点到目的节点建立了一条完整的梯度路径。工作过程如图 3-33 所示。

与前面提到的 SPIN 类协议相比，定向扩散协议有两点不同。第一，定向扩散协议着重于需求数据的查询，这通过以 Flooding 的形式传播查询来实现；而在 SPIN 类协议中，传感器节点广播自身允许其他节点查询的数据信息。第二，在定向扩散中，相邻节点在进行数据传送时能够进行数据缓冲与数据融合；而在 SPIN 类协议中，不需要维持定向扩散协议中的全局网络拓扑信息。另外，由于定向扩散协议是基于查询驱动的协议，因此不能用于要求传送持续性数据的应用。

（2）层次型路由协议　层次型路由协议又称为分级路由协议，其基本思想是选一定数量的节点作为簇头（Cluster Head，CH）节点，簇头节点通常具有较高的能量，负责其所在区域内的信息的处理和转发：其他节点为非簇头节点（Non Cluster Head，NCH），用于对监控对象周围的数据信息采集工作。因此，在该层次化结构中，各个节点之间不是平等的关系。另外，该类协议通常在 CH 节点进行数据的汇集和融合，减少网络中需要传送的数据

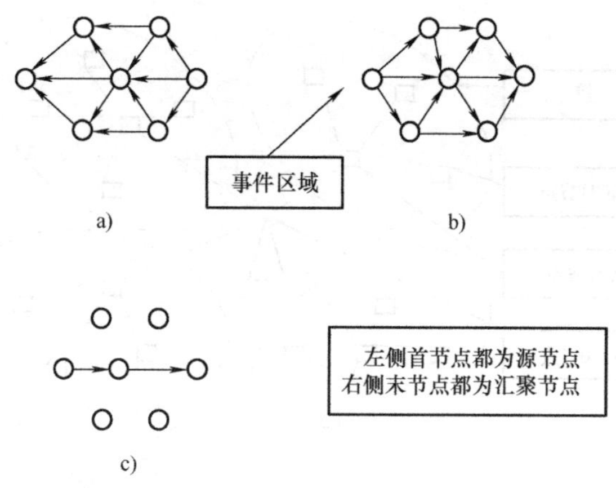

图3-33 定向扩散协议的工作过程

量，以节省能量。层次型路由协议通常有两个主要工作过程：一是创建簇过程，即通过某种具体策略选择CH节点，该CH节点和其管理的NCH节点共同构成簇结构；二是数据汇集、融合和转发过程，即NCH节点收集特定区域内的事件信息，并将该信息发送给CH节点，CH节点在对收集的NCH节点的数据进行融合后，转发给其他CH节点或直接发送给基站（BS）。

层次型路由协议首先解决了传感器网络节点数目庞大的问题。随着节点密度的增加，单层网络结构会引起网关（Gateway）节点的能量消耗过大，而通过分簇的方法，可以有效地解决该问题。另外，单层网络由于传输路径经过节点个数较多（即跳数较多），使网络传输延时较大，对于一些实时性网络，不能及时探测、追踪重要事件的发生。

层次型路由协议主要有低能量自适应聚类（Low Energy Adaptive Clustering Hierarchy，LEACH）路由协议、敏感阈值能量有效路由（Threshold-sensitive Energy Efficient Network，TEEN）协议、周期性自适应敏感阈值能量有效路由（Adaptive Periodic Threshold-sensitive Energy Efficient Network，APTEEN）协议、能量有效性数据收集路由协议（Power Efficient Gathering-in Sensor Information Systems，PEGSIS）等。

LEACH是基于聚类的分布式路由协议（见图3-34），该协议随机选择一些传感器节点作为簇头（Cluster Head，CH）节点，并采用轮换CH节点的方式平均能量消耗。在LEACH协议中，CH节点对其他节点收集的数据进行压缩以减少需要传送的数据，然后发送给基站BS（Base Station）。经过一段固定的时间间隔后，又会随机选择一定的节点作为新的CH节点。由于该协议采用分布式的数据收集方式，并且NCH节点间隔性地工作，因此适用于对某个地区进行长时间的监控。

LEACH协议的工作过程分为两个阶段：建立阶段和稳定阶段。在建立阶段，建立簇结构，选择簇头；在稳定阶段，将数据传送到基站。为了节省能量，稳定阶段应该比建立阶段持续更长的时间。

建立簇过程中，预先确定一个P值，该值表示簇头节点的百分比。传感器节点随机产生一个在0和1之间的r值。如果r小于阈值$T(n)$，则节点变为当前轮的簇头节点。阈值是根据期望簇头的百分比计算出来的，即

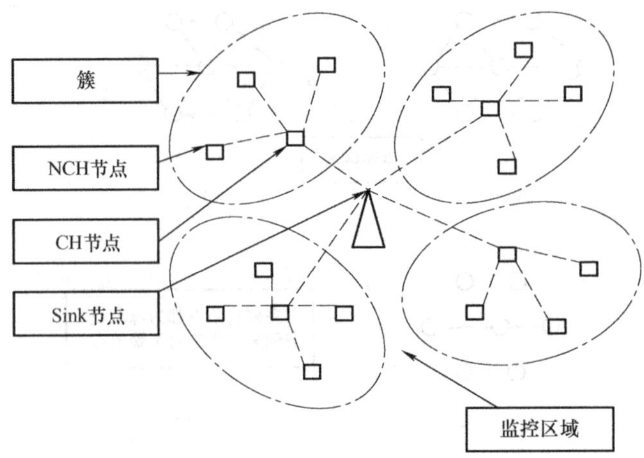

图 3-34　LEACH 协议分簇示意图

$$T(n)=\begin{cases}P/(1-P[r\bmod(1/P)]) & \text{如果 } n\in G\\ 0 & \text{其他情况}\end{cases} \tag{3-4}$$

式中，$T(n)$ 为第 n 个节点在当前轮成为 CH 的概率；P 为 CH 节点占总节点数的百分比；G 为在前 $1/P$ 轮中未充当 CH 节点的集合。

该协议使用 TDMA/CDMA 的 MAC 层协议来减少簇内和簇间的通信碰撞。在稳定阶段，NCH 节点在 MAC 层以时分多路（Time Division Multiple Access，TDMA）的形式向 CH 节点发送数据。CH 节点对这些数据进行处理，在每帧结束时以载波监听多路访问（Carrier Sense Multiple Access，CSMA）的方式将其转发给基站 BS（Base Station）。

LEACH 协议的特点：

1）LEACH 采用的 MAC 协议减少了 NCH 节点的能量消耗。其采用的 TDMA 机制使 NCH 节点在属于自己的时间片内向 CH 节点发送数据，而在其他时间内处于休眠状态。

2）LEACH 是一种自组织协议。由于 CH 节点消耗的能量较大，因此采用随机选取 CH 节点的方式平均能量消耗。

3）LEACH 中所有节点的结构和能量相同，更容易在实际中应用。

4）LEACH 协议中的稳定阶段要比建立簇阶段长得多。

LEACH 虽然有以上优点，但也存在如下缺点：

1）由于按照一定的概率选择簇头，因此实际的簇头数量并不是一个确定的值。

2）由于簇在形成过程中是自适应分布式的，因此簇头并不是网络中最优的节点。

针对以上问题，Heinzelman 等人提出了 LEACH-C 协议。LEACH 协议是分布式的路由协议，而 LEACH-C 协议是集中式的路由协议。LEACH-C 协议采用模拟退火（Simulated Annealing Approach）的方法，按照与节点剩余能量有关的概率公式，选取 k 个最优的 CH 节点来构建聚类。该协议与 LEACH 相比有效提高了基站接收到的数据量，延长了网络的生命周期。但由于采用集中式控制方式，各节点都要与基站进行通信，因此不能应用于大规模的传感器网络。

典型的能量有效性数据收集协议是 PEGSIS。该协议采用链式传输数据的方式（见图 3-35），每个传感器节点从邻居节点传送和接收数据，在该条数据链中仅有一个节点与

Sink 节点进行通信。节点收集的数据沿着数据链路逐条传输。在传输过程中，接收该数据的节点将数据进行融合后，发送给该链路的下一个节点，直到数据最后传送给 Sink 节点。该协议主要有两点提高：一是由于采用链式传输路径，节点只需与最近的邻居节点进行通信；二是节点通信过程广泛采用了数据融合技术。

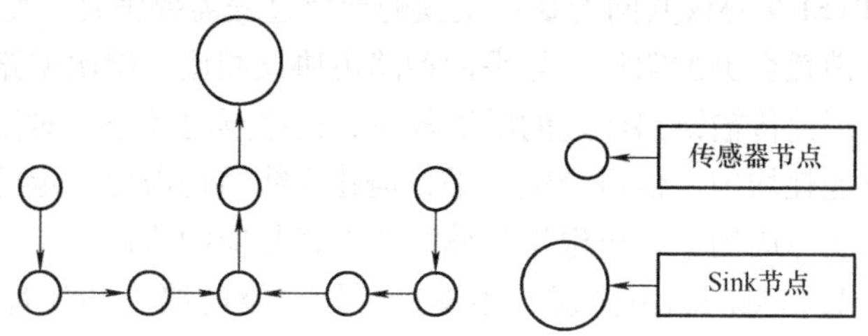

图 3-35　PEGASIS 协议中的链式传输

虽然与 LEACH 协议相比，该协议有效地延长了网络的生命周期，但是由于其采用链式传输路由，导致传输延迟很大。另外，由于采用单个链路的结构，如果该路径中有一个节点由于某种原因而发生故障，则该节点就会变成网络传输的瓶颈，这种影响直到新一轮开始重新构成链路时才能够消除。

Hierarchical-PEGSIS 协议扩展了 PEGSIS 协议，并有效地解决了以上问题。Hierarchical-PEGSIS 协议形成数据传输的树形结构，下层节点向上层节点传输数据，最后到达根节点——基站 BS。由于该协议采用了多层链式传输的结构，因此有效地解决了由于跳数过多造成的数据传输的延迟过大的问题。

敏感阀值能量有效路由（Threshold-sensitive Energy Efficient Network Protocol，TEEN）协议（见图 3-36）是一种应用于实时系统的协议。在 TEEN 协议中，传感器节点持续地感知数据，但数据是间歇性地传送。该协议最重要的特点是有两个参数：硬实时值（Hard Threshold）和软实时值（Soft Threshold）。硬实时值表示传感数据的属性值；软实时值表示传感数据的改变值。当传感到的数据在硬实时值的范围内或传感到的数据发生变化的范围超过软实时值时才进行传输，这样就减少了传输的数据量。

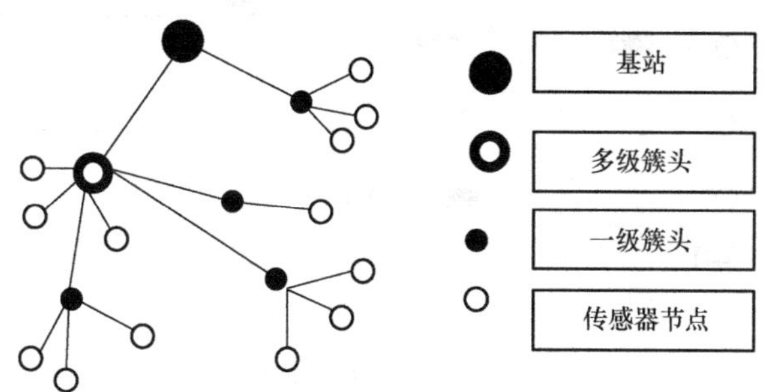

图 3-36　TEEN 协议的层次聚类

在簇建立后，簇头节点广播这两个值。在簇传输数据过程中，如果想调节接收到的数据量，可以动态地更改这两个值，将其发送给非簇头节点。

周期性自适应敏感阈值能量有效路由（Adaptive Periodic Threshold-sensitive Energy Efficient Network，APTEEN）协议是对 TEEN 协议的扩展，该协议的目的是为了能够感知间隔性的数据。在簇头形成以后，广播两种实时值，并传送调度信息到非簇头节点。该协议支持三种不同类型的查询方式：历史信息查询，分析已接收到的数据；一次查询，对整个网络进行一次快速的状态查询；阶段查询，对某一事件进行一段时间的探测。APTEEN 协议是主动式与被动式网络的结合，其性能介于 LEACH 和 TEEN 协议之间。

TEEN 协议和 APTEEN 协议共同的缺点是簇的形成过程需要消耗一定的能量，并且随着簇层次的增加，这种消耗会更加明显。与平面型路由协议相比，层次型路由协议由于采用簇头转发数据的方法，因此传输链路经过的跳数较少，网络延时较小。对于大规模的传感器网络，层次型路由协议能耗均匀，信道分配公平，但建立簇结构需要一定的能量开销，部分协议的实现较为复杂。实际应用中，应根据具体需要选择相应的协议。

（3）基于地理位置信息的路由协议　很多传感器网络的路由协议都需要节点的位置信息。位置信息被用来计算两个特定节点之间的距离，以此来确定两点之间传送一定数据所消耗的能量。各个相邻节点可以通过交换彼此信息来获得彼此的位置。节点的位置信息可以通过安装 GPS 来获得，对于静态的传感器网络中的节点，GPS 只在该网络开始工作前确认自身位置信息，在工作中并不需要花费能量更新其位置信息。该类协议较著名的是 GEAR 协议。

能量位置意识路由即 GEAR（Geographic Energy Aware Routing），其应用节点地理位置信息，使用启发式方法选择邻居节点，发送数据到目标区域。将整个网络划分成很多局部的区域，通过在各个局部区域之间传输数据而限制了在整个网络中的数据的传输。

GEAR 协议的工作过程如图 3-37 所示。具体过程分为两个阶段：目标域数据传送和域内数据传送。在目标域数据传送阶段，节点将邻接点与目标区域的距离和它自己与目标区域的距离相比较，若存在最小距离，选择该最小距离的邻接点作为下一跳节点；若不存在更小距离，则存在空洞（Hole），即邻接点比节点自身距离更远，节点根据邻居节点的最小花销来选择下一跳节点。在域内数据传送阶段，数据包到达指定区域后直接洪泛寻找目标传送数据。

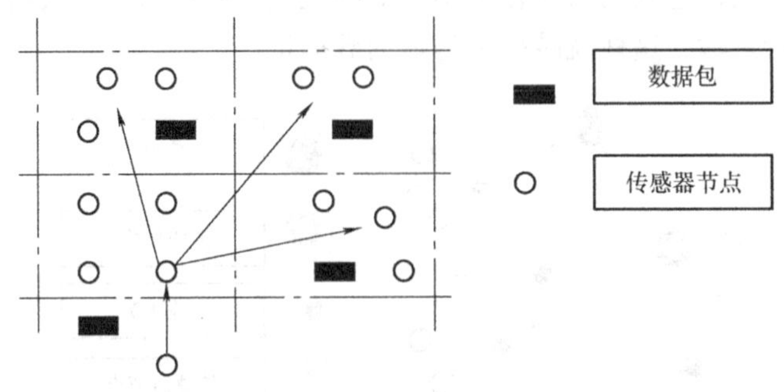

图 3-37　GEAR 协议数据传输示意图

GEAR 协议减少了中间节点的数量，降低了路由建立和数据传送的开销，有效地提高了网络的性能，但其工作必须依赖 GPS 系统。

（4）基于多路径的路由协议　在传感器网络中，如果频繁使用同一条路径传输数据，会造成该条路径上的节点由于能量消耗过快而过早失效，使网络中传输的数据不能成功地传输到目的节点。而如果在源节点和目标节点之间建立多跳路径，根据路径上节点的通信能力和剩余能量情况，为每条路径给定一定的概率值，这样使得数据传输能够均匀消耗网络的能量值，这就是多路径路由协议的基本思想。典型的多路径协议有MDR和HREEMR两种。

多路径分为两种：一种是路径之间无交点的Disjoint Multipath（见图3-38）；另一种是路径之间有交点的Braided Multipath（见图3-39）。可以根据网络实际所处的环境来决定使用哪种多路径方法。对于出错概率较大的网络，可以选择Disjoint Multipath；对于出错概率相对较小的网络，选择Braided Multipath。具体过程分为路径建立、数据传输和路由维护三个阶段。路径建立阶段是该类协议的重点。在路径建立阶段，每个节点都要知道下一跳节点，并计算选择下一跳节点的概率。概率的计算由通信代价公式来计算。不同的协议通信代价公式不同。

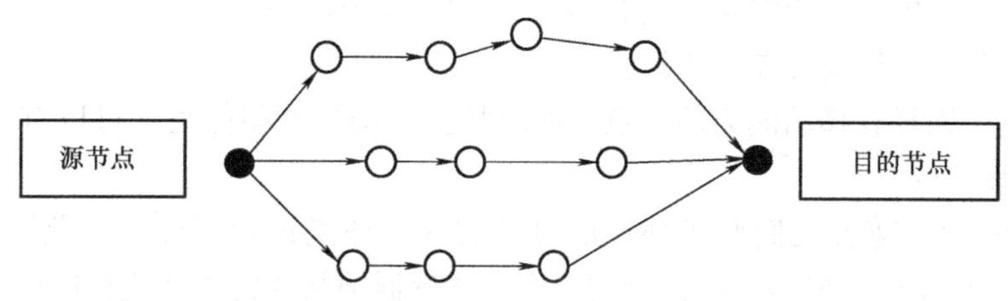

图3-38　Disjoint Multipath示意图

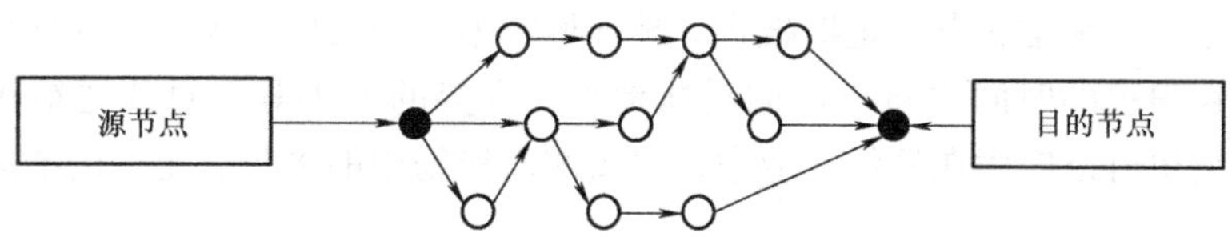

图3-39　Braided Multipath示意图

也可以根据转发路径的数量将待转发的数据分为 P 份，即为每条路径只发送全部数据的一部分，每份的大小与路径跳数和节点能量有关，在目标节点再将收到的 P 份数据进行组合，这样就可以得到与原数据相同的新数据。如果某一条路径形成断路，不需要重发全部数据，只需发送有问题的部分数据，这样就节省了能量。

多路径传输虽然会提高数据发送的成功率，但建立多路径需要一定的时间，会造成数据传输的延时。

3.5.5　无线传感器网络的应用

1. 应用范围

无线传感器网络具有广阔的应用前景，被认为是将对本世纪产生巨大影响力的技术之一。已有和潜在的传感器网络应用领域包括：军事侦察、环境监测、医疗监护、空间探索、城市交通管理、仓储管理等。随着传感器技术、无线通信技术的不断发展和完善，无线传感器网络将逐渐深入到人类生活的各个领域。

（1）军事应用　在军事领域，传感器网络将会成C4ISRT系统不可或缺的一部分，包括指挥（Command）、控制（Control）、通信（Commanications）、计算（Computing）、情报

(Intelligence)、监视(Surveillance)、侦察(Reconnaissance)、目标任务(Targeting)。C4ISRT系统的目标是利用先进的高科技技术，为未来的现代化战争设计战场指挥系统，受到了军事发达国家的普遍重视。因为传感器网络是由密集型、低成本、随机分布的节点组成的，自组织性和容错能力使其不会因为某些节点在恶意攻击中的损坏而导致整个系统的崩溃，这一点是传统的传感器技术所无法比拟的。在军事应用中，与独立的卫星和地面雷达系统相比，传感器网络的潜在优势表现在以下几个方面：

1）分布节点中多角度和多方位信息的综合有效地提高了信噪比，这一直是卫星和雷达这类独立系统难以克服的技术问题之一。

2）传感器网络低成本、高冗余的设计原则为整个系统提供了较强的容错能力。

3）传感器节点与探测目标的近距离接触大大消除了环境噪声对系统性能的影响。

4）节点中多种传感器的混合应用有利于提高探测的性能指标。

5）多节点联合，形成覆盖面积较大的实时探测区域。

6）借助于个别具有移动能力的节点对网络拓扑结构的调整能力，可以有效地消除探测区域内的阴影和盲点。

（2）环境科学　随着人们对于环境的日益关注，环境科学所涉及的范围越来越广泛。通过传统方式采集原始数据是一件困难的工作。传感器网络为野外随机性的研究数据获取提供了方便，比如，跟踪候鸟和昆虫的迁移，研究环境变化对农作物的影响，监测海洋、大气和土壤的成分等。类似地，传感器网络可实现对森林环境监测和火灾报告，传感器节点被随机密布在森林之中，平常状态下定期报告森林环境数据，当发生火灾时，这些传感器节点通过协同合作会在很短的时间内将火源的具体地点、火势的大小等信息传送给相关部门。此外，传感器网络也可以应用在精细农业中，以监测农作物中的害虫、土壤的酸碱度和施肥状况等。

（3）医疗健康　传感器网络在医疗系统和健康护理方面的应用包括监测人体的各种生理数据，跟踪和监控医院内医生和患者的行动，医院的药物管理。如果在住院病人身上安装特殊用途的传感器节点，如心率和血压监测设备，利用传感器网络，医生就可以随时了解被监护病人的病情，进行及时处理。利用无线通信将各传感器联网可高效传递必要的信息从而方便接受护理，而且这还可以减轻护理人员的负担。英特尔主管预防性健康保险研究的董事Eric Dishman称：“在开发家庭用护理技术方面，无线传感器网络是非常有前途的领域。”还可以利用传感器网络长时间地收集人的生理数据，这些数据在研制新药品的过程中是非常有用的，而安装在被监测对象身上的微型传感器也不会给人的正常生活带来太多的不便。此外，在药物管理等诸多方面，它也有新颖而独特的应用。总之，传感器网络为未来的远程医疗提供了更加方便、快捷的技术实现手段。

（4）空间探索　探索外部星球一直是人类梦寐以求的理想，借助于航天器布撒的传感器网络节点实现对星球表面长时间的监测，应该是一种经济可行的方案。NASA的JPL实验室研制的Sensor Webs就是为将来的火星探测进行技术准备的。

（5）智能家居　在家电和家具中嵌入传感器节点，通过无线网络与互联网连接在一起，将会为人们提供更加舒适、方便和更具人性化的智能家居环境。利用远程监控系统，可完成对家电的远程遥控，也可以通过图像传感设备随时监控家庭安全情况。

（6）其他商业应用　自组织、微型化和对外部世界的感知能力是传感器网络的三大特点，这些特点决定了传感器网络在商业领域应该也会有不少的机会。比如城市车辆监测和跟踪系统中成功地应用了传感器网络；德国某研究机构正在利用传感器网络技术为足球裁判研制一套辅助系统，以减小足球比赛中越位和进球的误判率。此外，在灾难拯救、仓库管理、交互式博物馆、交互式玩具、工厂自动化生产线等众多领域，无线传感器网络都将会孕育出全新的设计和应用模式。

2. 传感器网络应用于环境监测的实例

加州大学伯克利分校计算机系 Intel 实验室和大西洋学院联合开展了一个名为"in-situ"的利用传感器网络监控海岛生态环境的项目。在大鸭岛开展的对海燕栖息地的研究是一个典型的研究实例。

生物种群对于外来的因素非常敏感，人类直接进行的生态环境监控可能破坏环境的完整性，反复的人类活动可能导致整个海燕栖息地的严重破坏。传感器网络用在这有很大的优势。利用传感器一次部署，有效期长，大量布散，不需要人员进入监测环境里，从而大大减少了外来因素对生态环境的影响。

在大鸭岛项目中（见图3-40），因为系统既需要有 Internet 连接和数据系统，又需要与传感器节点连接，一个有层次性的异构网络结构是必需的。所以 Intel 实验室采用的是层次型路由协议。最简单高效的路由协议是节点在固定的分配的时隙直接向基站进行广播，但这要求节点都处于距离基站一跳的范围内，限制了传感器的网络的规模。在更大的规模中应该使用多跳的路由机制。层次型路由协议中一般节点使用电池供电，每秒钟采样一次，同时通信模块工作在一个很低的占空比下；路由节点使用太阳能供电持续供电，总是处于工作状态以转发传感器节点发送来的数据。如果一般节点也能获得能量补充，则可以大幅提高占空比，从而提高传感器网络的工作效率。往往会在设计中使用周期性自适应敏感阈值能量有效性路由协议（APTEEN 协议），因为此协议在分簇中会产生多级簇头和一级簇头，把这些簇头作为路由节点，虽然产生这些路由簇头节点需要消耗一定能量，但是它们使用太阳能供电可持续供电，所以不怕消耗。而优点是传输链路经过的跳数较少，网络延时较小。对于大规模的传感器网络，层次型路由协议能耗均匀，信道分配公平，而且能更好地配合此传感器网络的层次化结构，减少传输时间，加快工作效率。

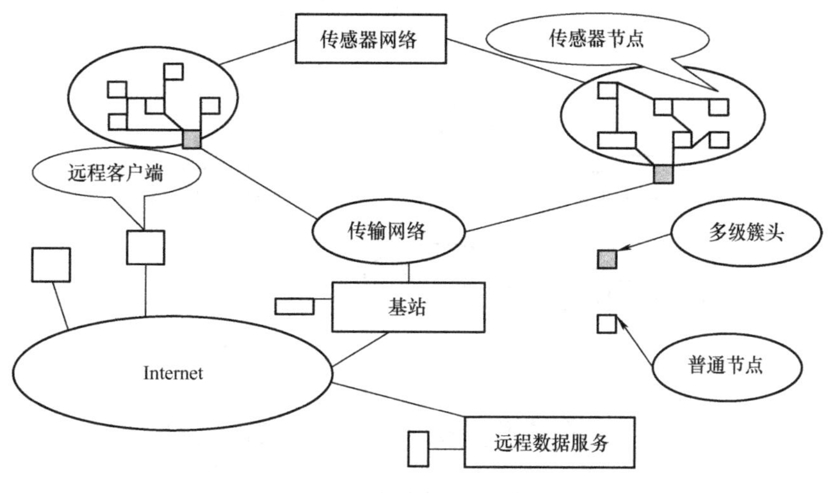

图3-40　大鸭岛网络结构图

3. 传感器网络用于数字化家庭

根据目前对各种数字家庭的内容研究结合无线传感器网络技术，数字家庭定义：利用先进的计算机技术、无线通信技术、网络技术、无线传感器技术将与家居生活有关的各种子系统有机地结合在一起，通过统一管理，让家庭生活更加舒适、安全、有效率。与普通家庭生活相比，数字家庭不仅具有传统的居家功能，提供舒适安全、高品位且宜人的家庭生活空间；还由原来的被动静止设备转变为具有能动智慧的工具，提供全方位的信息交互功能，帮助家庭与外部保持信息交流畅通，优化人们的生活方式，帮助人们有效安排时间，增强家居生活的安全性，甚至为各种能源费用节约资金。

在数字化家庭应用中，首先会使用传感器来进行智能控制，如在预先设定的环境条件下开关门窗，开关百叶窗，调整冷暖空调及除湿，对户外草地进行自动洒水，自动喂食宠物，自动控制室内照明，侦测屋内烟雾并发出警告等。还会应用到传感器网络中的网络协议，通过传感器网络的通信协议把家居中的各种传感器、智能家电、家用计算机连接起来，通过Internet与外部相连以达到远程控制的目的。智能家居拓扑结构图与家庭网络拓朴图分别如图3-41、图3-42所示。在家庭内部的家庭网络中采用星形拓扑的方式进行连接。

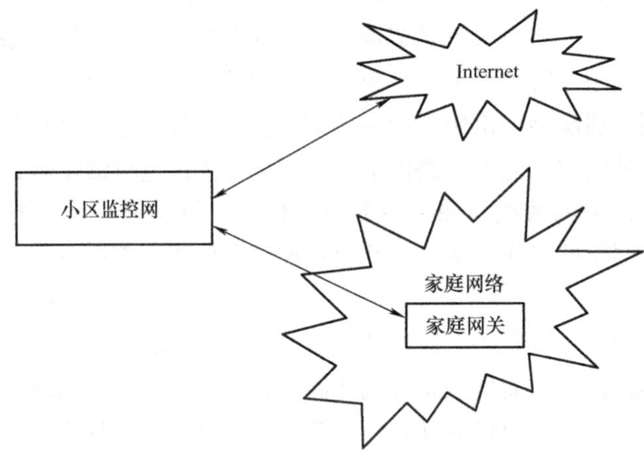

图3-41　智能家居拓扑结构图

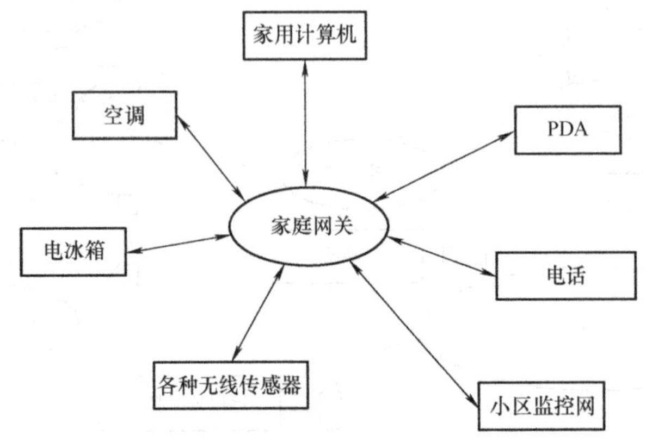

图3-42　家庭网络拓扑图

具体到路由协议，因为数字家庭网络或局域网多传送多媒体信息，对于带宽占用大，需要很好的QoS保证。例如：在家庭网络或局域网内部，集成KLAN模块的便携机可能同时有PLC的接入模块，LAN模块的设备可能同时有GPRS的模块。因此，在网络内部，一个设备可能有两个IP地址，而每种宽带接入手段对应的网络传送能力、网络传输效率、安全等级、耗电量等具体的技术指标不同，存在每种接入手段上的现存的网络流量也不同，仅仅通过传统的路由算法是无法最佳地满足业务可靠传送的。通过比较笔者推荐在智能家居中使用SPEED协议。图3-43为SPEED协议框架图。

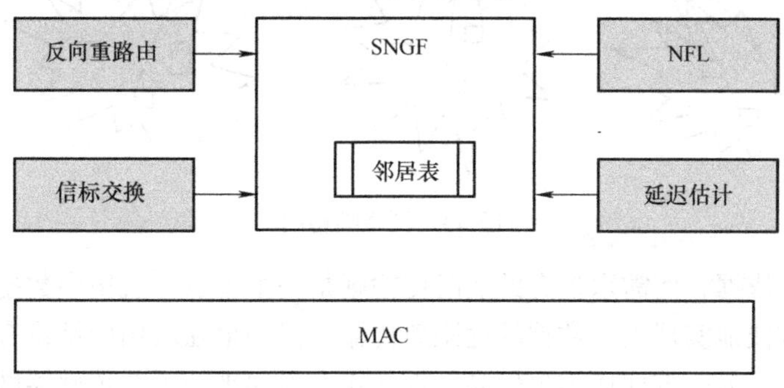

图3-43　SPEED协议框架图

SPEED协议是一个实时路由、多跳可靠的协议，在一定程度上实现了端到端的传输速率保证、网络拥塞控制以及负载平衡机制。

此协议工作过程为：

1）采用延迟估计机制，用来得到网络的负载情况，判断网络是否发生拥塞；

2）采用SNGF算法，用来选择满足传输速率的要求的下一跳节点；

3）根据邻居反馈策略，如果是当SNGF路由算法中找不到满足速率的下一跳节点时采取补偿机制；

4）采用反向压力路由变更机制，用来避免拥塞和路由空洞。

4. 传感器网络应用于建筑结构健康监测

任何建筑物都有一定的使用周期，建筑物的安全性会随着使用时间的增加逐渐恶化。周期性的监测能提供建筑物的健康程度信息，对险情及时报警，从而减少一些不必要的人员、财产损失。

斯坦福大学的研究人员提出了一个基于分簇结构的两层无线传感器网络监控系统。为了节省数据传输过程中所耗费的能量，网络可以根据节点距离的远近来划分成簇，每个簇由相互靠近的传感器节点组成。簇首作为本地站点控制者没有能量限制，它负责协调和收集簇内节点的监测数据。监测系统的通信网络由两层子系统组成：底层子系统由低数据率、低传输范围和能量受限的传感器节点组成；上层子系统是由高数据率、大范围和没有能量限制的簇头节点组成。在监测过程中，底层传感器网络节点将收集到的数据送给上层相应的簇头，簇头对数据进行简单的融合后可以直接传送给监测中心进行处理，也可传送给其他簇头进行再次融合后传送给检测中心。两层分层架构如图3-44所示。

5. 无线传感器网络在农田信息采集中的应用

农作物的生长受到自然条件的影响，如光照、温度和湿度等，特别是农作物的需水信息

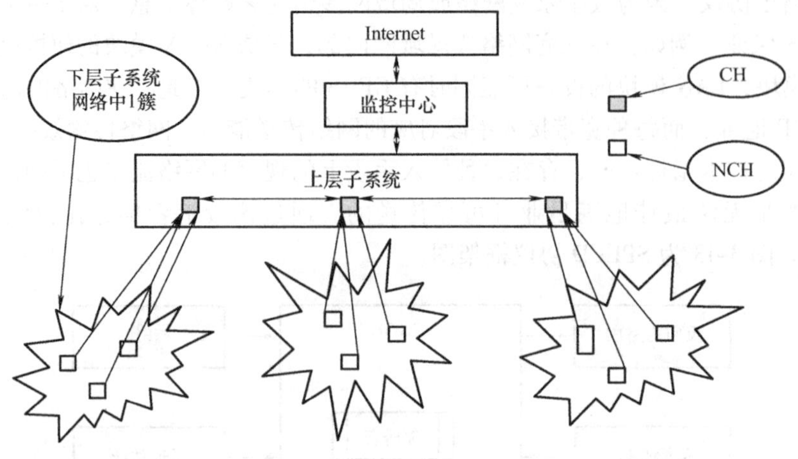

图 3-44　网络结构图

是实时适量灌溉的依据，而需水信息的实时传输则是一个难点。农田中数据采集量很大，利用网络可以比较方便地实现大量数据的远距离传输。但如果在农田中铺设有线网络，一方面不便于农田的耕作，另一方面成本也较高。近几年发展起来的无线传感器网络由于应用成本低、网络结构灵活、数据传输距离远，应用在农作物监控中有很大的优势。将 WSN 节点随机地布散在监测的农田中，节点以自组织的形式构成网络，各节点通过 GPS 定位或节点自身定位算法得到位置。在数据链路层上采用 LEACH 算法的路由协议。

LEACH 协议是分层的簇协议。在农田中的节点根据位置划分而成多个簇。簇头负责将各节点的数据收集融合后发送给汇聚节点，汇聚节点再传送给处理中心（见图 3-45）。

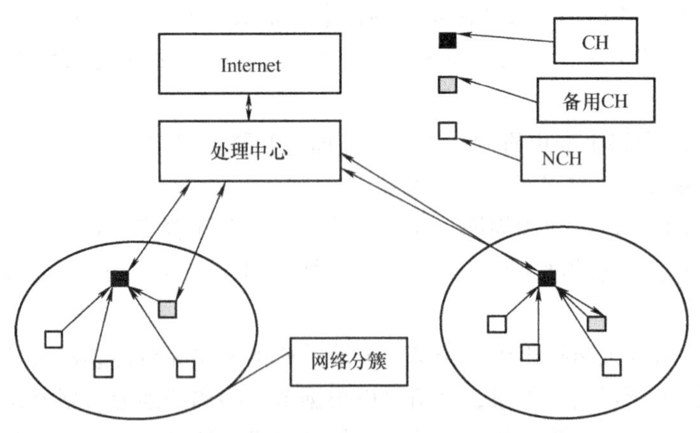

图 3-45　农田监控系统网络结构图

LEACH 协议把通信过程分成很多轮，每一轮都有簇建立和数据发送的过程，建立一个簇头。保证在每次过程中只有一个簇头产生。但是在农田中，节点受到人为和自然破坏的概率很大，不能保证选择的簇头是完好的节点，如果是坏的节点，数据传输就会出现问题。

有两种方法解决：

1）使每轮的时间变短。当簇头被破坏后，等待时间变短。其优点是不需要改变 LEACH 原协议，可以采用现有的硬件平台；其缺点是能量消耗变大了。

2）簇头被破坏后，选择备选簇头。当簇头被破坏后，备用簇头被唤醒，接收非簇头的数据包，发送数据到基站。其优点是能耗比 LEACH 还小，缺点是需要改变协议。

改进的 LEACH 协议中每个节点都有一个身份信息，簇头节点确定以后，选择 ID 小的节点作为备选节点，利用非持续的 CSMA/MAC 协议广播一个广告信息（ADV）告知网络中其他的节点。广播信息是一个很小的数据包，含有簇头节点的身份信息以及一个包头文件，用于识别该发布信息。非簇头节点根据所收到的各个簇头节点发送信号的强弱决定加入哪个簇，并发送一个关于加入的应答信息给它选择的簇头节点。簇头与备选簇头每隔一段时间发送数据包来维持联系。备选簇头在规定时间后收不到数据包，则唤醒自身，身份信息加 1，代替簇头，接收非簇头的数据包，数据融合，发送数据到基站。通过采用 LEACH 和改进后的 LEACH 协议有效地把各节点连接起来，为数据传输提供了稳定的路由保障。

3.6　移动通信网络

3.6.1　概述

移动通信是指通信双方或至少一方处于移动中或临时停留在某一非预定位置上，进行信息传递和交换的通信方式。移动通信不受时间和空间的限制，交流信息机动灵活、迅速可靠。其包括移动体与固定点、移动体之间的信息传递。

很多人一提到移动通信，往往首先想到的是手机，其实移动这个概念不仅仅在于手机，它其实包括蜂窝移动、集群调度、无绳电话、寻呼系统和卫星系统。

由于移动通信是至少有一方处于移动状态下的通信，我们不可能再用一条电话线和它们相连了，所以必须使用无线信道——靠无线电波传送信息。但它和无线通信是两个不同的概念，前者强调移动性，后者强调无线电波的传播。

3.6.2　移动通信的发展历程与特点

1. 移动通信的发展历程

（1）第一代移动通信系统（1G）　第一代移动通信系统是以模拟蜂窝为主要特征的模拟蜂窝移动通信系统。主要技术是模拟调频（FM）和频分多址（FDMA），使用的频段为 800/900MHz（早期曾使用 450MHz）。

主要缺点是频谱利用率低，系统容量有限，抗干扰能力差，业务质量比有线电话差，而且当时国际标准化落后，有多种系统标准，跨国漫游很难，不能发送数字信息，不能与综合业务数字网（ISDN）兼容等。目前 1G 已逐步被各国淘汰。

（2）第二代移动通信系统（2G）　第二代移动通信系统是以数字化为特征的数字蜂窝移动通信系统。以数字传输（低比特率语音编码，采用 GMSK/QPSK 数字调制技术以及自适应均衡技术）、时分多址和码分多址为主体技术，主要业务包括电话和数据等窄带综合数字业务，可与窄带综合业务数字网（N-ISDN）相兼容。

时分多址（TDMA）体制主要有三种：欧洲的全球移动通信系统（GSM）、美国的数模兼容系统（D-AMPS，又称 ADC）和日本的 PDC（或称 JDC）。

2G系统的主要缺点是系统带宽有限，限制了数据业务的发展，也无法实现移动多媒体业务，而且由于各国的标准不统一，无法实现各种体制之间的全球漫游。

（3）第三代移动通信系统（3G） 世界各地在开发第三代移动通信的进程中形成了北美、欧洲和日本三大区域性集团，它们分别推出了WCDMA、UTRA-TDD和宽带CDMAOne的技术方案。3G系统于本世纪初投入商业运营。

我国于1998年6月向国际电信联盟（ITU）提出了中国的RTT方案，即TD-SCDMA方案，被国际电信联盟吸纳，成为目前国际上的三个RTT方案之一。2007年10月，ITU批准WiMAX无线宽带接入技术以OFDMA WMAN TDD的名义成为继WCDMA、CDMA2000、TD-SCDMA后的第4个3G标准。

3G系统带宽对宽带多媒体业务的传输而言仍然不够宽，不适应互联网发展的要求，因此世界各国已经开始了后3G（4G）的研究计划。

（4）4G移动通信 第4代移动电话行动通信标准，指的是第四代移动通信技术，外文缩写：4G。该技术包括TD-LTE和FDD-LTE两种制式（严格意义上来讲，LTE只是3.9G，尽管被宣传为4G无线标准，但它其实并未被3GPP认可为国际电信联盟所描述的下一代无线通信标准IMT-Advanced，因此在严格意义上其还未达到4G的标准。只有升级版的LTE Advanced才满足国际电信联盟对4G的要求）。

4G集3G与WLAN于一体，并能够快速传输数据和高质量的音频、视频和图像等。4G能够以100Mbit/s以上的速度下载，是目前家用宽带ADSL（4Mbit/s）的25倍，并能够满足几乎所有用户对于无线服务的要求。此外，4G可以在DSL和有线电视调制解调器没有覆盖的地方部署，然后再扩展到整个地区。很明显，4G有着不可比拟的优越性。

2. 移动通信的特点

（1）无线电波传播复杂 移动通信系统多建于大中城市的市区，城市中高楼林立、高低不平、疏密不同、形状各异，这些都使移动通信传播路径进一步复杂化，并导致其传输特性变化十分剧烈。接收信号多为直射波、多径反射波、绕射波和散射波的合成波，叠加的场强起伏不定，最大可相差20~30dB。

（2）多普勒频移会产生附加调制 移动通信网像其他通信网一样，受到各种噪声（如大气噪声（次要）、城市噪声（主要））的影响。然而它又是一个多频道、多电台同时工作的系统，因此，它将受到同频干扰（蜂窝通信系统特有）、邻道干扰（通俗一点讲，比如两个车道，你在左边，我在右边，大家的路宽是一样的，可是你的车太大，就影响了我的车道）、互调干扰（主要是系统设备中的非线性引起的，如混频选择不好，使非有用信号混入，而造成干扰。）。

（3）对移动台的要求高 由于政策、技术、使用的无线电设备等原因，ITU只划定了9kHz~400GHz的范围，目前使用较高频段只在几十吉赫兹，受到无线传播特性的限制，蜂窝移动通信一般工作在3GHz以下。

移动通信的频段仅限于VHF（甚高频）、UHF（超高频），所以可用的信道容量是极其有限的。为满足用户需求量的增加，需要开拓新频段和在有限的已有频段中采取有效利用频率的措施，如窄带化（就是每个用户占用的频率带宽较小）、缩小频带间隔（就是缩小用户频带之间的保护间隔）、频道重复利用、多波（信）道共用、多载波传输、MIMO技术等方法来解决。

(4) 建网技术复杂　为了满足移动中通信的要求，所使用的技术复杂：由于移动台在通信区域内随时运动，需要随机选用无线信道，进行频率和功率控制、地址登记、越区切换及漫游等跟踪技术。这就使其通信比固定网要复杂得多。在入网和计费方式上也有特殊的要求，所以移动通信系统是比较复杂的。

3.6.3　移动通信的工作方式

移动通信的工作方式由单项和双向。其中单向（广播式）传输主要应用于无线寻呼系统中，而双向通信又可分为三类：单工、双工和半双工。

1. 单工通信

所谓单工通信是指通信双方电台交替地进行收信和发信。根据收、发频率的异同，又可分为同频单工和异频单工。单工通信常用于点到点通信（见图 3-46）。

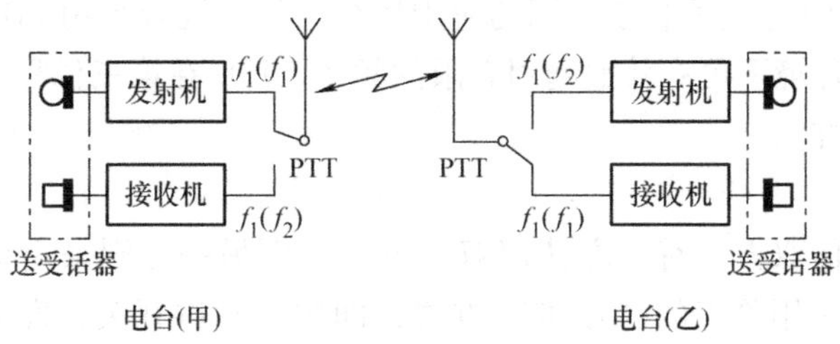

图 3-46　单工通信

单工通信的优点如下：①可直接通话，不用基站；②不用天线共用装置；③耗电少，设备简单，造价便宜。

单工通信的缺点如下：①由于收、发信机使用同一个频率，当附近有邻近频率的电台工作时，就会造成强干扰，要避开强干扰的信道频率，就要允许工作信道的频率间隔较宽；②当有两个移动台同时发射时，会出现同频干扰；③操作不方便。

2. 双工通信

所谓双工通信，有时也称全双工通信，是指通信双方可同时进行消息传输的工作方式，即任何一方讲话时，也可以听到对方的语音（见图 3-47）。

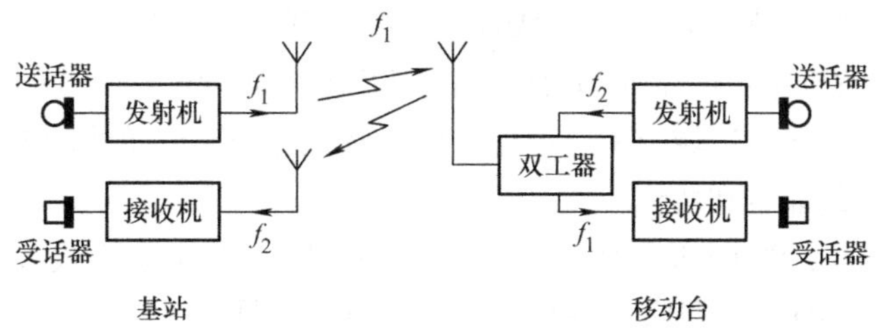

图 3-47　双工通信

(1) 频分双工（FDD）　频分双工是指上行链路（移动台到基站）和下行链路（基站到移动台）采用两个分开的频率（有一定频率间隔要求）工作，该模式工作在对称频带上。此时发射机和接收机能同时工作，能进行不需按键控制的双向对讲，移动台需要天线共用装置。

频分双工方式的优点是：①由于发送频带和接收频带有一定的间隔（10MHz 或 45MHz），因此可以大大提高抗干扰能力；②使用方便，不需控制收发的操作，特别适用于无线电话系统，便于与公众电话网接口；③适合于多频道同时工作的系统；④适合于宏小区、较大功率、高速移动覆盖。

频分双工方式的缺点是移动台不能互相直接通话，而要通过基站转接。另外，由于发射机处于连续发射状态，因此电源耗电量大。

（2）时分双工（TDD） 时分双工是一种上行链路和下行链路通过使用不同的时隙来区分的在相同频率上工作的双工方式，该模式是工作在非对称频带上的，物理信道上的时隙分为发射和接收两个部分，通信双方的信息是交替发送的。

TDD 模式工作于非对称时段；适合微小区、低功率、慢速移动覆盖；上、下行空间传输特性接近，较适合采用空分多址 SDMA（智能天线）技术。

可见，FDD 和 TDD 分别适合于不同的应用场合。如果混合采用 FDD 和 TDD 两种模式，就可以保证在不同的环境下更有效地利用有限的频率。ITU 在第三代移动通信标准中就采纳了不同工作方式的标准。

3. 半双工通信

半双工通信指通信双方，有一方使用双工方式，而另一方则采用单工方式，其组成与图 3-46相似，移动台采用单工的“按讲”方式，即按下对讲开关，发射机才工作，而接收机总是工作的。基站工作情况与双工方式完全相同。

优点是：①受邻近电台干扰少；②有利于解决紧急呼叫问题；③可使基站载频常发，移动台就经常处于杂音被抑制状态，不需要静噪调整。

半双工制的缺点是也存在按键操作不便的问题。一般专用移动通信系统（如调度、集群系统）采用此方式。

在双工通信中，基站（BS）向移动台（MS）传递信息叫前向信道（或下行链路），移动台（MS）向基站（BS）传递信息叫反向信道（或上行链路）。一般前向/下行信道的频率高于反向/上行信道。

3.6.4 移动通信系统的频率

移动通信系统的频率范围为 30 ~ 300MHz 的甚高频段（VHF）和 300 ~ 3000MHz 的特高频段（UHF），确定移动通信的工作频段应从以下几个方面考虑：电波的传播特性，天线尺寸；环境噪声及干扰；服务区域范围、地形和障碍物尺寸及对建筑物的渗透性能；设备小型化；与已开发的频段的兼容和协调。

150MHz、450MHz、900MHz、1800MHz 四个频段在使用时的收发频率间隔分别为 5.7MHz、10MHz、45MHz、95MHz。各频段的范围与用途见表 3-3。

表 3-3 各频段的范围与用途

频率范围	波 长	符 号	常用介质	用 途
3Hz ~ 30kHz	10^8 ~ 10^4m	VLF	长波	音频、数据终端、长距离导航等
30 ~ 300kHz	10^4 ~ 10^3m	LF	长波	导航、电力线通信等
300kHz ~ 3MHz	10^3 ~ 10^2m	MF	中波	调幅广播、业余无线电等

（续）

频率范围	波　长	符　号	常用介质	用　　途
3～30MHz	10^2～10m	HF	短波	短波广播、移动无线电话等
30～300MHz	10～1m	VHF	米波	集群电话、无线寻呼、调频广播
300MHz～3GHz	100～10cm	UHF	波导、分米波	移动通信、电视、雷达导航
3～30GHz	10～1cm	SHF	波导、厘米波	微波、卫星和空间通信、雷达
30～300GHz	10～1mm	EHF	波导、毫米波	雷达、微波接力、射电天文学
10^5～10^7GHz	3×10^{-4}～3×10^{-6}cm	紫外线、红外线	光纤、激光	光通信

3.6.5　移动通信的系统与技术

1. 移动通信系统的分类

移动通信系统有多种分类方法：

（1）模拟网与数字网　人们把模拟通信系统（包括模拟蜂窝网、模拟无绳电话与模拟集群调度系统等）称作第一代通信产品，而把数字通信系统（包括数字蜂窝网、数字无绳电话、移动数据系统以及移动卫星通信系统等）称作第二代通信产品。

（2）语音通信与数据通信　若干年来，移动通信基本上是围绕着两种主干网络在发展，这就是基于语音业务的通信网络和基于数据传输的通信网络。根据运行环境和市场需求的不同，前者又分为以蜂窝网为代表的高功率宽域网和以无绳电话网为代表的低功率局域网（LAN）；后者又可分为宽带局域网之类的高速局域网和移动数据网之类的低速宽域网。

2. 移动通信系统

图3-48所示为移动通信系统示意图。

移动通信系统主要有以下几种：

（1）蜂窝移动通信系统　它是陆地公众移动通信系统主要形式，具有越区切换、自动或人工漫游、计费及业务量统计等功能，适用于全自动拨号、全双工工作、大容量公用移动陆地网组网。

（2）集群移动通信系统（Trunked Mobile Radio System，TMRS）　它属于调度系统的专用通信网，一般由控制中心、总调度台、分调度台、基地台和移动台组成，适用于指挥调度。它一般工作在半双工方式下，并具有消息集群、传输集群、准传输集群等集群方式。

（3）无绳电话系统（Wireless Urban Telephone System）　无绳电话系统是PTSN的终端无绳接入方案，是PTSN的增强应用，主要形式是“小灵通”，适用于低速移动、较小范围内的移动通信。

代表产品为个人便携电话系统（Personal Handy Phone System，PHS）、个人接入系统（Personal Access System，PAS）、泛欧数字无绳电话（Digital European Cordless Telephone，DECT）、个人接入通信系统（Personal Access Communication System，PACS）

（4）无线寻呼系统　它通过无线传输方式实现信息广播、组播、点播，是一种单向通信系统，代表产品为CT-2。

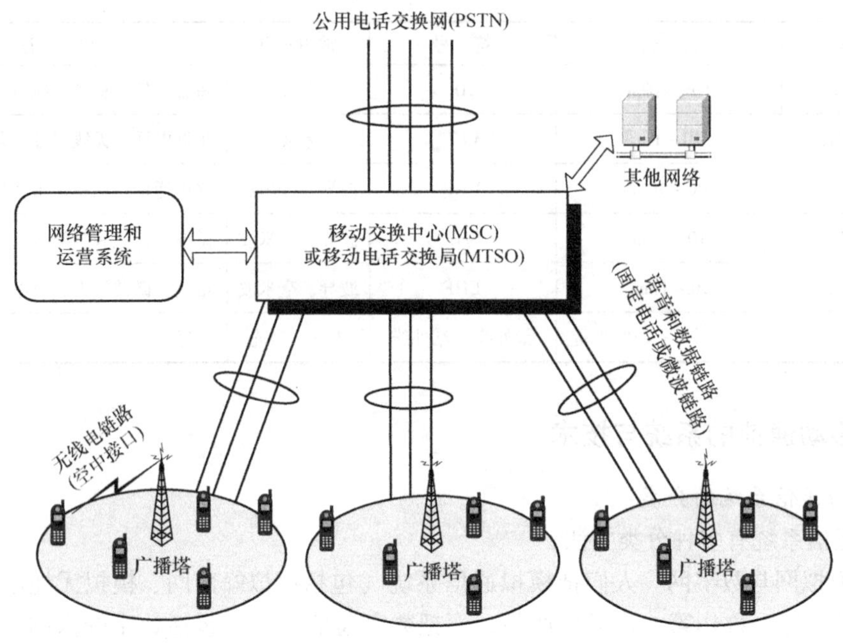

图 3-48　移动通信系统

（5）卫星移动通信系统（Satellite Mobile Communication System，SMCS）　它把卫星作为中心转发台。特点是不受陆海空位置条件限制，受气象条件影响很小，频率资源充足，通信容量大，覆盖范围广。代表产品为铱系统和全球星系统。

（6）无线因特网接入系统　代表产品有 WBAN（Wireless Body Area Network）、WPAN（Wireless Personal Area Network）、WLAN（Wireless Local Area Network）、WMAN（Wireless Metropolitan Area Network）、WWAN（Wireless Wide Area Network）、WRAN（Wireless Regional Area Network）等。

3. 信道编码

（1）信道编码的必要性　信道编码，指的是将模拟信源信号转换为二进制数字信号，在接收端再将收到的数字信号还原为模拟信号的方法。使用信道编码具有提高通话质量、提高频谱利用率、提高系统容量等意义。

采用数字传输时，所传信号的质量常常用接收比特中有多少是正确的来表示，并由此引出比特差错率（BER）概念。BER 表明总比特中有多少比特被检测出错误，差错比特数目或所占的比特率要尽可能小。然而，要把它减小到 0，那是不可能的，因为路径是在不断变化的，这就是说必须允许存在一定数量的差错。

为了有所补偿，可使用信道编码，在所传信息中加入一些冗余比特，这些比特可以有效地减少差错，但是为此付出的代价是必须传送比该信息所需要的更多的比特。

为了便于理解，举一简单例子加以说明。

假定要传输的信息是一个“0”或是一个“1”，为了提高保护能力，各添加 3 个比特：

信息	添加比特	发送比特
0	000	0000
1	111	1111

对于每一比特（0 或 1），只有一个有效的编码组（0000 或 1111）。如果收到的不是 0000 或 1111，就说明传输期间出现了差错。比例关系是 1∶4，必须发送必要比特 4 倍的比特。保护作用如何？

接收编码组可能为：0000　0010　0110　0111　1111

判决结果：　　　　　0　　0　　X　　1　　1

如果 4 个比特中有 1 个是错的，就可以校正它。例如发送的是 0000，而收到的却是 0010，则判决所发送的是 0。如果编码组中有两个比特是错的，则能检出它，如 0110 表明它是错的，但不能校正。最后如果其中有 3 个或 4 个比特是错的，则既不能校正它，也不能检出它来。所以说这一编码能校正 1 个差错和检出 2 个差错。

（2）码距　一组码元，常称为码字。两个码字之间相应的码位上有着不相同的码元的位数之和称为码距/汉明距。码距代表纠错能力。把某种编码中各个码字之间距离的最小值称为最小码距（d_0）。

（3）信道编码的分类　移动通信的传输信道属变参信道，它不仅会引起随机错误，而更主要的是造成突发错误。随机错误的特点是码元间的错误互相独立，即每个码元的错误概率与它前后码元的错误与否是无关的。突发错误则不然，一个码元的错误往往影响前后码元的错误概率。或者说，一个码元产生错误，则后面几个码元都可能发生错误。

这里介绍其中的一种编码技术——线性编码技术。线性编码技术按代数规律构造，又称代数编码。编码时以 k 比特为一组，输出 n 比特的码字，且码字集合中所有码字满足线性运算关系，可记为（n，k）码，其中 k 为信息长度，n 为码长，因而冗余位长 $r=n-k$。每个码字的 r 个检验元仅与本组的信息元有关而与别组无关。线性编码的构造如图 3-49 所示。

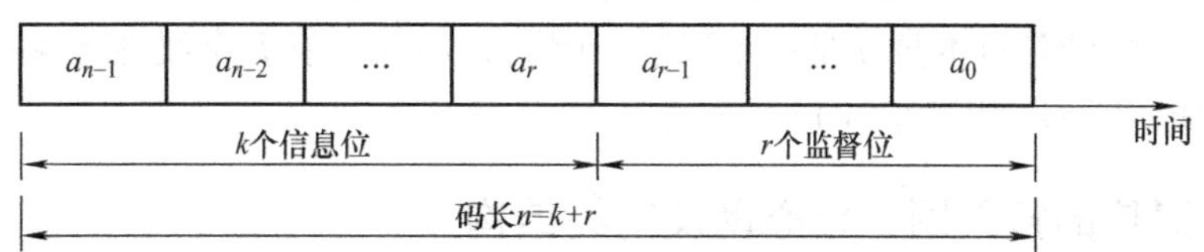

图 3-49　线性编码

$R=k/n$ 称为线性编码的效率，也称编码率或码率。典型线性编码有汉明码、循环码、BCH 码、RS 码。以汉明码为例，考察线性分组码的编码。

举一个（7，4）汉明码的例子。其中的监督位公式为

$$\begin{cases} a_2 = a_6 \oplus a_5 \oplus a_4 \\ a_1 = a_6 \oplus a_5 \oplus a_3 \\ a_0 = a_6 \oplus a_4 \oplus a_3 \end{cases}$$

可以改写成矩阵形式

$$\begin{pmatrix} a_2 \\ a_1 \\ a_0 \end{pmatrix} = \begin{pmatrix} 1\ 1\ 1\ 0 \\ 1\ 1\ 0\ 1 \\ 1\ 0\ 1\ 1 \end{pmatrix} \begin{pmatrix} a_6 \\ a_5 \\ a_4 \\ a_3 \end{pmatrix}$$

或者写成

$$(a_2\ a_1\ a_0) = (a_6\ a_5\ a_4\ a_3)\begin{pmatrix}1\,1\,1\\1\,1\,0\\1\,0\,1\\0\,1\,1\end{pmatrix} = (a_6 a_5 a_4 a_3)\boldsymbol{Q}$$

式中，$\boldsymbol{Q}$ 为一个 $k \times r$ 阶矩阵。

上式表示，在信息位给定后，用信息位的行矩阵乘矩阵 $\boldsymbol{Q}$ 就产生出监督位。我们将 $\boldsymbol{Q}$ 的左边加上 1 个 $k \times k$ 阶单位方阵，就构成 1 个矩阵 $\boldsymbol{G}$，即

$$\boldsymbol{G} = (\boldsymbol{I}_k\boldsymbol{Q}) = \begin{pmatrix}1\,0\,0\,0 & \vdots & 1\,1\,1\\0\,1\,0\,0 & \vdots & 1\,1\,0\\0\,0\,1\,0 & \vdots & 1\,0\,1\\0\,0\,0\,1 & \vdots & 0\,1\,1\end{pmatrix}$$

因为由它可以产生整个码字，即有（$a_6\ a_5\ a_4\ a_3\ a_2\ a_1\ a_0$）$= (a_6\ a_5\ a_4\ a_3)\boldsymbol{G}$，或者 $\boldsymbol{A} = (a_6\ a_5\ a_4\ a_3)\boldsymbol{G}$，因此 $\boldsymbol{G}$ 称为生成矩阵。如果找到了码的生成矩阵 $\boldsymbol{G}$，则编码的方法就完全确定了。

具有［$\boldsymbol{I}_k\ \boldsymbol{Q}$］形式的生成矩阵称为典型生成矩阵。由典型生成矩阵得出的码字 $\boldsymbol{A}$ 中，信息位的位置不变，监督位附加于其后，这种形式的码称为系统码。

$\boldsymbol{G}$ 矩阵的性质如下：

1）$\boldsymbol{G}$ 矩阵的各行是线性无关的。任一码字 $\boldsymbol{A}$ 都是 $\boldsymbol{G}$ 的各行的线性组合。$\boldsymbol{G}$ 共有 k 行，若它们线性无关，则可以组合出 2^k 种不同的码字 $\boldsymbol{A}$，它恰是有 k 位信息位的全部码字。若 $\boldsymbol{G}$ 的各行有线性相关的，则不可能由 $\boldsymbol{G}$ 生成 2^k 种不同的码字了。

2）实际上，$\boldsymbol{G}$ 的各行本身就是一个码字。因此，如果已有 k 个线性无关的码字，则可以用其作为生成矩阵 $\boldsymbol{G}$，并由它生成其余码字。

3.6.6 移动通信的接入网、核心网及网络结构

1. 移动通信网络的接入网

接入网是由业务节点接口（SNI）与用户网络接口（UNI）之间一系列传送实体组成的，为通信业务提供所需传送承载能力的设施系统（见图 3-50）。

业务节点接口：提供用户接入到业务节点的接口。

用户无线接口：终端设备与应用接入协议的网络终端之间的接口。

接入网的概念是国际电信联盟标准部根据近年来电信网的发展演变趋势提出的，其目的是综合考虑本地交换局、用户环路和终端设备，通过有限的标准接口，将各种用户接入到业务节点。

接入网的目的：主要为移动终端提供接入网络服务，包括所有空中接口相关功能，从而使核心网受无线接口影响很小。

接入网类型：蜂窝移动电话系统、无绳电话系统等。

2. 移动通信网络的核心网

核心网主要由交换网和业务网组成。交换网完成呼叫及承载控制等所有功能；业务网完成支撑业务所需功能，包括位置管理等。

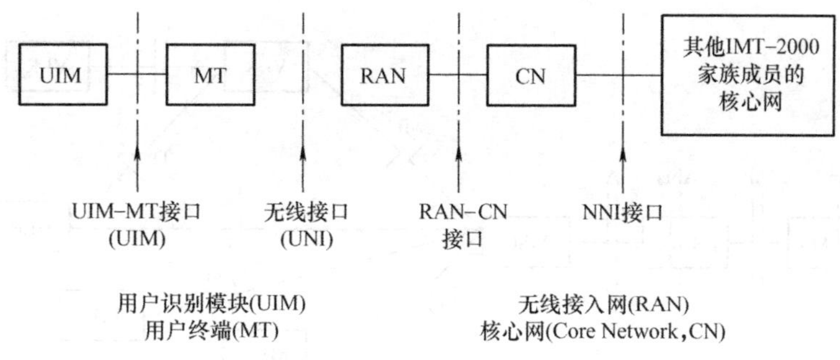

图 3-50　移动通信的接入网

3. 移动通信的网络结构

图 3-51 所示为移动通信的网络结构。通常每个基站要同时支持 50 路话音呼叫，每个交换机可以支持近 100 个基站，交换机到固定网络之间需要 5000 个话路的传输容量。

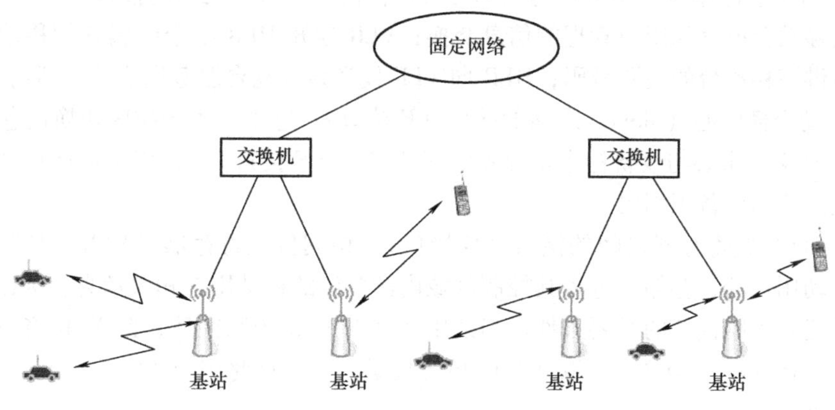

图 3-51　移动通信网络结构

在数字蜂窝移动通信网的网络结构中，认证中心（AUC）是认证移动用户的身份以及产生相应认证参数的功能实体。只有合法用户才能接入网中并得到服务。

图 3-52 所示为数字蜂窝移动通信网的网络结构，其各接口的主要功能是：

（1）用户与移动网之间的接口（Sm 接口）　它指人机接口。其中用户的移动设备包括键盘、液晶显示以及用户身份卡识别功能部件。

（2）移动台与基站之间的接口（Um 接口）　Um 是移动台与基站收发信机之间的无线接口，是移动通信网的主要接口。

（3）A 接口是网络中的主要接口　它连接着系统的两个重要组成部分：基站和移动交换中心。此接口所传递的信息主要有：基站管理、呼叫处理与移动性管理等。

（4）基站控制器（BSC）与基站收发信机（BTS）之间的接口（Abis 接口）　此接口支持所有向用户提供的服务，并支持对 BTS 无线设备的控制和对无线资源的分配。

（5）移动交换中心（MSC）与访问位置寄存器（VLR）之间的接口（B 接口）　每当 MSC 需要知道某个移动台的当前位置时，就查询 VLR。当移动台启动与某个 MSC 有关的位置更新程序时，MSC 就会通知存储着有关信息的 VLR。当用户使用特殊的附加业务或改变相关的业务信息时 MSC 也通知 VLR。

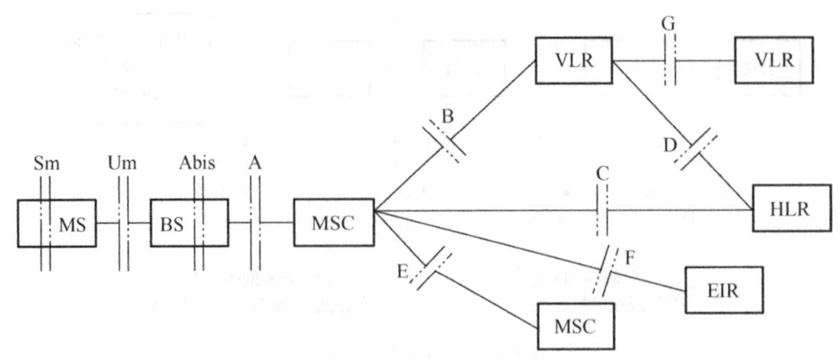

图 3-52 数字蜂窝移动通信网的网络结构

(6) 移动交换中心（MSC）与归属位置寄存器（HLR）之间接口（C 接口） C 接口用于传递管理与路由选择的信息。呼叫结束时，相应的 MSC 向 HLR 发送计费信息。

(7) 归属位置寄存器（HLR）与访问位置寄存器（VLR）之间的接口（D 接口） D 接口用于有关移动台位置和用户管理的信息交换；VLR 通知 HLR 某个归属它的移动台的当前位置，并提供该移动台的漫游号码；HLR 向 VLR 发送该移动台服务所需要的所有数据。

(8) 移动交换中心（MSC）之间的接口（E 接口） 它主要用于越区切换信息的交换。

(9) 移动交换中心与设备标志寄存器之间的接口（F 接口） 它用于传递移动设备管理信息，如国际移动设备识别码。

(10) 访问位置寄存器之间的接口（G 接口） 访问位置寄存器（VLR）是服务于其控制区域内移动用户的，存储着进入其控制区域内已登记的移动用户相关信息，为已登记的移动用户提供建立呼叫接续的必要条件。当某用户进入 VLR 控制区后，此 VLR 将由该移动用户的归属位置寄存器（HLR）获取并存储必要数据。而一旦此用户离开后，将取消 VLR 中此用户的数据。

3.6.7 通信网络系统的移动性管理

通信网络最基本的任务是建立始呼与被呼之间的连接，即识别被呼用户、定位用户所在位置、建立网络到用户的路由连接、通话过程中维持连接、通话结束和拆除连接。

1. 系统位置更新过程

移动台的位置登记步骤为：开机时，网络需要对新的移动用户的国际用户识别码的数据做“附着”标记，表明此用户是激活用户；关机时，发送一个“分离”消息，并在国际用户识别码上去掉“附着”标记，增加“分离”标记。

在一特定时间内，移动台与网络没有发生联系时，移动台自动地、周期地与网络取得联系，核对数据。

在实际系统中，位置登记区越大，位置更新的频率越低，但每次呼叫寻呼的基站数目就越多，用于寻呼的开销非常大；另一方面是：如果移动台每进入一个小区就发送一次位置更新信息，则这时用户位置更新的开销非常大，但寻呼的开销很小。

动态位置更新策略依照如下进行：

(1) 基于时间的位置更新策略 每个用户每隔 1s 周期性地更新其位置。其数据信息可由系统根据呼叫到达间隔的概率分布动态确定。

（2）基于运动的位置更新策略　当移动台跨越一定数量的小区边界（运动门限）以后，移动台就进行一次位置更新。

（3）基于距离的位置更新策略　当移动台离开上次位置更新时所在的小区的距离超过一定的值（距离门限）时，移动台进行一次位置更新。

2. 越区切换

在通话期间，当移动台从一个小区进入另一个小区时，网络能进行实时控制，把移动台从原小区所用的信道切换到新小区的某一信道，并保证通话不间断（用户无感觉），这便是越区切换。如果小区采用扇区定向天线，当移动台在小区内从一个扇区进入另一扇区时，也要进行类似的切换。

引起切换的原因主要有两点：信号的强度或质量下降到系统规定的一定参数以下，此时移动台被切换到信号强度较强的相邻小区；由于某小区业务信道容量全被占用或几乎全部被占用，这时移动台被切换到业务信道容量较空闲的相邻小区。

切换的控制策略分三种：

（1）移动台控制的越区切换　由移动台监测当前基站和候选基站的信号强度和质量，当满足条件后，由移动台选择最佳候选基站，并发送切换请求，应用于 DECT 和 PACS 系统。

（2）网络控制的越区切换　当基站监测到某移动台信号不好时，由网络安排周围基站监测该移动台的信号，并把结果汇报给网络，由网络决定最佳的服务基站，应用于第一代模拟蜂窝系统中。

（3）移动台辅助的越区切换（MAHO）　网络要求移动台测其周围基站的信号质量，并把结果报告给旧基站（同时，基站对移动台所占用的 TCH 也进行测量），基站将这些结果一起报告给 BSC，由 BSC 决定是否要切换，以及何时切换及切换到哪个基站。当切换涉及不同 BSC 时，MSC 也将参与进来。移动台辅助的越区切换应用于第二代数字蜂窝系统（GSM）及 IS-95 中。

在切换时，一般需要遵循具有滞后余量和门限规定的相对信号强度准则。图 3-53 所示的四个点：A、B、C、D，分别表示的是在不同的切换准则下的切换点。而根据相对信号强度准则，A 点作为切换点，它表示在当前基站的信号电平低于某个规定的门限，并且新基站的接收信号电平高于当前服务基站。如果根据门限规定的相对信号强度准则，B 点作为切换点，它表示在当前基站的信号电平低于某个规定的门限，并且新基站的接收信号电平高于当

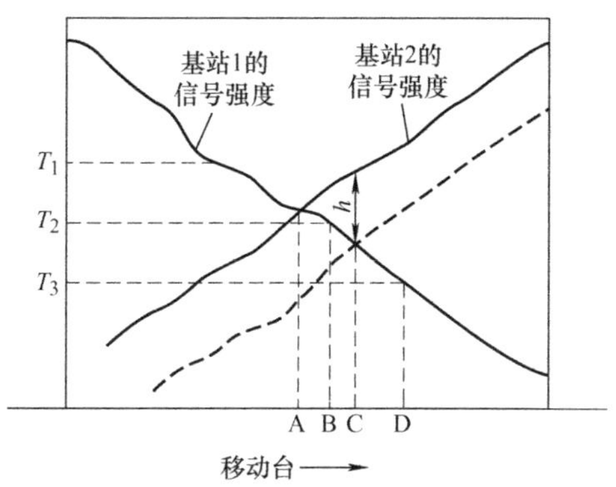

图 3-53　越区切换示意图

前服务基站，并且保持一段时间。根据具有滞后余量的相对信号强度准则，C点作为切换点，它表示在当前基站的信号电平低于某个规定的门限，新基站的接收信号电平高于当前服务基站和一个滞后余量（Hysteresis Margin）之和。根据门限规定和滞后余量的相对信号强度准则，D点作为切换点，它表示在当前基站的信号电平低于某个规定的门限，新基站的接收信号电平高于当前服务基站和一个滞后余量（Hysteresis Margin）之和，并且保持一段时间。

习 题

1. 蓝牙的应用模式有哪些？
2. WiFi应用于物联网的现实基础是什么？
3. ZigBee是怎么定义的？
4. 超宽带（UWB）系统的脉冲成形原理是什么？
5. 超宽带（UWB）系统与WiFi有何区别？
6. 无线传感器网络具有哪些鲜明的特点？
7. 请用图表法解释无线传感器网络的体系结构。
8. 移动通信网络的接入网由哪些部分构成？
9. 移动通信网络的基站越区切换是根据什么原则进行的？

第4章　物联网的数据处理

【导读】随着大量的感知节点接入到物联网中，数据的处理量与日俱增。为实现使用不同采集数据格式的不同设备相互通信，物联网中间件的概念就出来了。它首先要解决这些异构数据间的格式转化等问题，以便应用系统更高效更方便地处理这些数据。同时物联网中感知数据的采集将产生数以万计的海量信息，若直接将这些海量的原始数据直接发送给上层应用，势必导致上层应用系统计算处理量的急剧增加，甚至系统崩溃，且原始数据中包含的大量冗余信息也会极大地浪费通信带宽和能量资源等。因此，这要求物联网中间件需要借助云计算、大数据等先进技术来解决数据融合和智能处理等问题。

4.1　云计算

4.1.1　概述

图4-1所示就是目前非常流行的一种概念——云计算（Cloud Computing），它是一种基于互联网的计算方式，通过这种方式，共享的软硬件资源和信息可以按需提供给计算机和其他设备。

图4-1　云计算

典型的云计算提供商往往提供通用的网络业务应用，可以通过浏览器等软件或者其他Web服务来访问，而软件和数据都存储在服务器上。云计算服务通常提供通用的通过浏览器访问的在线商业应用，软件和数据可存储在数据中心。图4-2所示为典型的云计算平台结构。

云计算的交付和使用模式有两种定义，即狭义和广义云计算。

狭义云计算是指IT基础设施的交付和使用模式，通过网络以按需、易扩展的方式获得

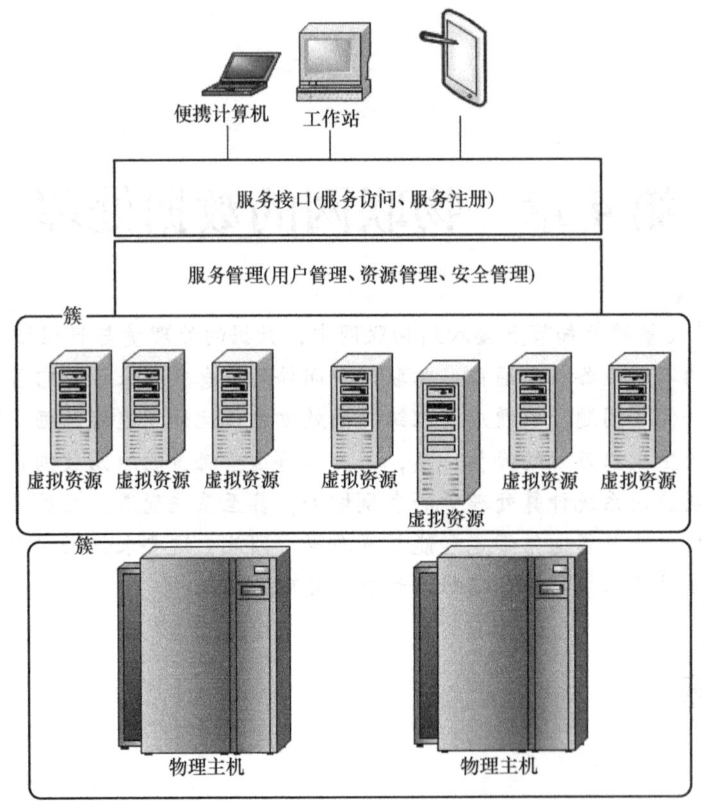

图 4-2　典型的云计算平台结构

所需的资源（硬件、平台、软件）。提供资源的网络被称为“云”，“云”中的资源在使用者看来是可以无限扩展的，并且可以随时获取、按需使用、随时扩展、按使用付费。

广义云计算是指服务的交付和使用模式，通过网络以按需、易扩展的方式获得所需的服务。这种服务可以是 IT 和软件、互联网相关的，也可以是任意其他的服务。

4.1.2　云计算的发展背景和演化

1. 云计算的发展背景

云计算是继 20 世纪 80 年代大型计算机到客户端-服务器大转变之后的又一种巨变。云计算的出现并非偶然，早在 20 世纪 60 年代，麦卡锡就提出了把计算能力作为一种像水和电一样的公用事业提供给用户的理念，这成为云计算思想的起源。

在 20 世纪 80 年代网格计算，20 世纪 90 年代公用计算，21 世纪初虚拟化技术、SOA、SaaS 应用的支撑下，云计算作为一种新兴的资源使用和交付模式逐渐为学界和产业界所认知。中国物联网校企联盟评价云计算为“信息时代商业模式上的创新”。

继个人计算机变革、互联网变革之后，云计算被看作第三次 IT 浪潮，是中国战略性新兴产业的重要组成部分。它将带来生活、生产方式和商业模式的根本性改变，云计算将成为当前全社会关注的热点。

2. 云计算的演化

云计算主要经历了四个阶段才发展到现在这样比较成熟的水平，这四个阶段依次是电厂模式、效用计算、网格计算和云计算。

1）电厂模式阶段：电厂模式就好比是利用电厂的规模效应，来降低电力的价格，并让用户使用起来更方便，且无需维护和购买任何发电设备。

2）效用计算阶段：在 1960 年左右，当时计算设备的价格是非常高昂的，远非普通企业、学校和机构所能承受，所以很多人产生了共享计算资源的想法。1961 年，人工智能之父麦肯锡在一次会议上提出了“效用计算”这个概念，其核心借鉴了电厂模式，具体目标是整合分散在各地的服务器、存储系统以及应用程序来共享给多个用户，让用户能够像把灯泡插入灯座一样来使用计算机资源，并且根据其所使用的量来付费。但由于当时整个 IT 产业还处于发展初期，很多强大的技术还未诞生，比如互联网等，所以虽然这个想法一直为人称道，但是总体而言“叫好不叫座”。

3）网格计算阶段：网格计算研究如何把一个需要非常巨大的计算能力才能解决的问题分成许多小的部分，然后把这些部分分配给许多低性能的计算机来处理，最后把这些计算结果综合起来攻克大问题。可惜的是，由于网格计算在商业模式、技术和安全性方面的不足，使得其并没有在工程界和商业界取得预期的成功。

4）云计算阶段：云计算的核心与网格计算非常类似，希望 IT 技术能把巨大的计算能力分配给许多低性能计算机来处理，其成本相对低廉。但与网格计算不同的是，在需求方面已经有了一定的规模，同时在技术方面也已经基本成熟了。

4.1.3　云计算常用服务形态解析

云计算可以认为包括以下几个层次的服务：基础设施级服务（IaaS，即设施云）、平台级服务（PaaS，即平台云）和软件级服务（SaaS，即应用云），具体如图 4-3 所示。

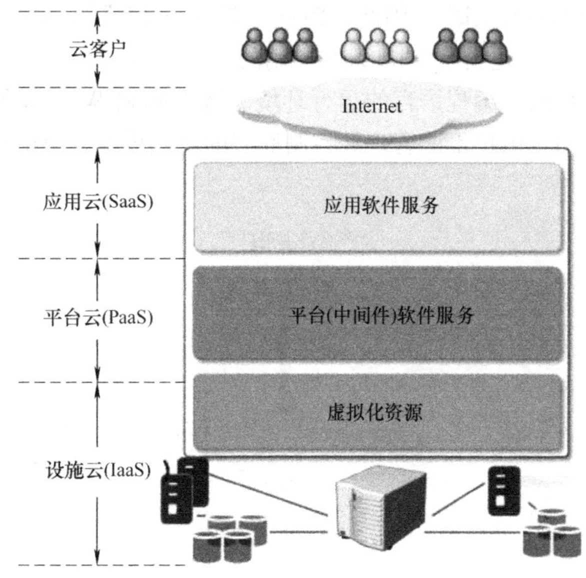

图 4-3　云计算的常见服务形态

1. IaaS

IaaS（Infrastructure-as-a-Service）即基础设施级服务，消费者通过 Internet 可以从完善的

计算机基础设施获得服务。

IaaS 通过网络向用户提供计算机（物理机和虚拟机）、存储空间、网络连接、负载均衡和防火墙等基本计算资源；用户在此基础上部署和运行各种软件，包括操作系统和应用程序（见图 4-4）。

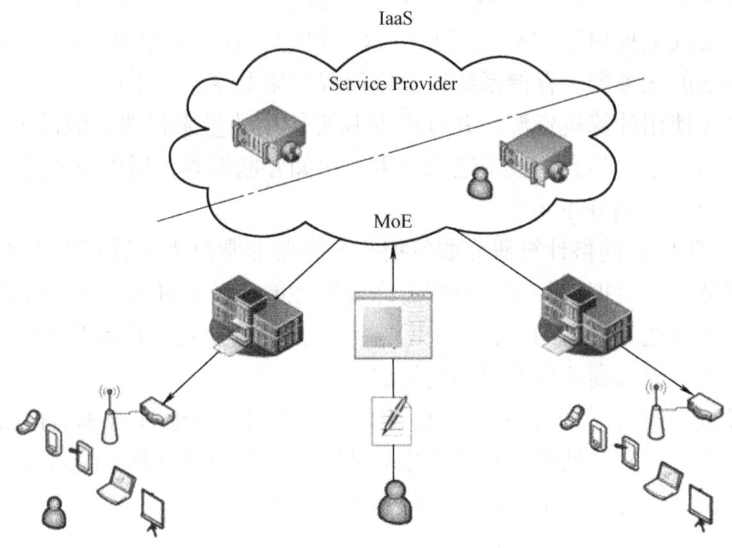

图 4-4　IaaS 示意

2. PaaS

PaaS（Platform-as-a-Service）即平台级服务。PaaS 实际上是指将软件研发的平台作为一种服务，以 SaaS 的模式提交给用户。因此，PaaS 也是 SaaS 模式的一种应用。但是，PaaS 的出现可以加快 SaaS 的发展，尤其是加快 SaaS 应用的开发速度。

平台通常包括操作系统、编程语言的运行环境、数据库和 Web 服务器，用户在此平台上部署和运行自己的应用。用户不能管理和控制底层的基础设施，只能控制自己部署的应用（见图 4-5）。

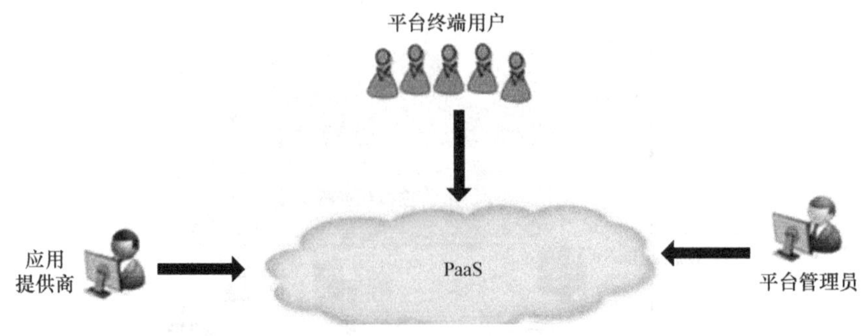

图 4-5　PaaS 示意

3. SaaS

SaaS（Software-as-a-Service）即软件级服务。它是一种通过 Internet 提供软件的模式，用户无需购买软件，而是向提供商租用基于 Web 的软件，来管理企业经营活动。

云提供商在云端安装和运行应用软件，云用户通过云客户端（通常是 Web 浏览器）使用软件。云用户不能管理应用软件运行的基础设施和平台，只能做有限的应用程序设置（见图4-6）。

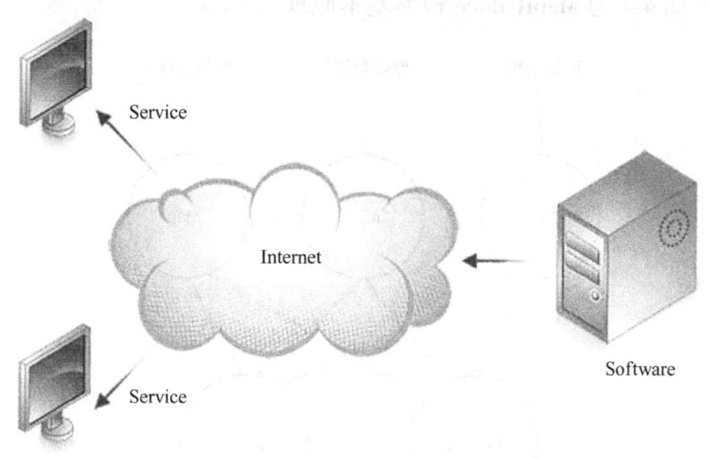

图4-6　SaaS示意

注：Service：服务；Internet：互联网；Software：软件

除了上述三种常用服务形态之外，还有一种 ACaaS（Access Control-as-a-Service），门禁级服务。它是基于云技术的门禁控制，当今市场有两种典型的门禁级服务：真正的云服务与机架服务器托管。真正的云服务是具备多租户、可扩展及冗余特点的服务，需要构建专用的数据中心，而提供多租户解决方案也是一项复杂工程，因此会导致高昂的成本，所以大部分的门禁级服务仍属于机架服务器托管，而非真正的云服务。想要在门禁级服务市场中寻找新机会的厂商首先需要确定提供哪一种主机解决方案、销售许可的方式以及收费模式。

4.1.4　云计算的 MapReduce 编程模型

1. MapReduce 产生的背景

在云计算火热兴起的大环境下，2003 年 Google 发表了第一篇关于其云计算核心技术 GFS 的论文，Apache 开源项目 Nutch 搜索引擎的开发者 Doug Cutting 等人面临着如何将其架构扩展到可以处理数10亿规模网页的难题上，因而在参考 GFS 技术的基础上，他们在2004年编写了一个开放源代码的类似系统——NDFS（Nutch Distributed File System，Nutch 分布式文件系统）。

同样在2004年，Google 公开发表了阐述其另一项核心技术 MapReduce 的论文，让业界第一次真切感受到了 MapReduce 编程模型在处理大型分布式并行计算问题上的实用性和巨大威力。随后，雅虎公司发现了这两项技术的巨大潜力，将 Nutch 的开发者之一 Doug Cutting 纳入公司，并且组织一支专门的团队为其提供开发协助。在如此条件之下，Nutch 的分布式项目被分离出来，成为了 Apache 的一个单独子项目 Hadoop。

MapReduce 采用了“分而治之”的思想，具体来说，其处理过程可以高度概括为两个函数：Map（）和 Reduce（）。Map 函数的任务是进行初始任务的分解，使之成为多个子任务，而 Reduce 函数主要负责的是把这些子任务分解处理后的结果给汇总起来。而在并行编程过程中遇到的其他复杂的问题，诸如负责均衡、工作调度、容错处理、分布式存储、网络通信等都由框架负责解决。值得一提的是，用 MapReduce 来处理的数据集（或任务）必须具备这样的特点：等待被处理的任务能够被分解为多个子任务，而且每个子任务都可以进行完全并行的处理。图 4-7 为 MapReduce 模型基本原理。

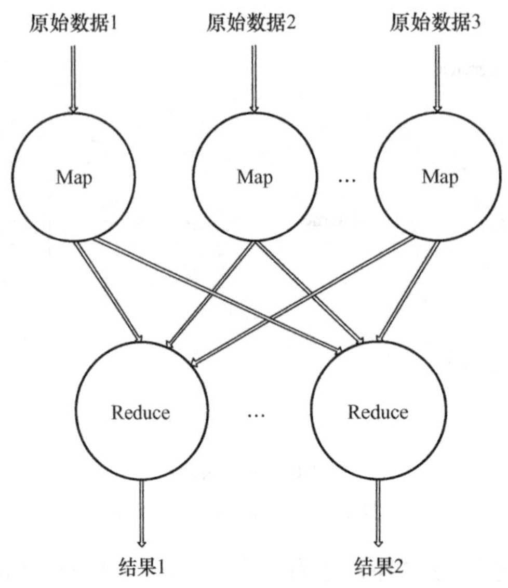

图 4-7　MapReduce 模型基本原理

MapReduce 框架模型的重点是 Map 和 Reduce 两个函数，它们可以由用户自己根据需求来定义，最终目标在于只要符合用户自主定义的规则把输入的键/值对转换成输出的键/值对。由此可以看出，MapReduce 的思想简单而又直接，Map 对输入的一个数据列表中的每个元素进行一个指定的操作，而 Reduce 将 Map 输出的新数据列表以某种方式进行合并操作，最终将操作的值输出。

2. Google 的 MapReduce 框架

Google 的 MapReduce 不仅是一个简单而强大的函数接口，而且还包含了一系列并行处理、容错处理、本地化运行和负载均衡等技术的软件实现，提供了一个完整的大尺度并行运算编程环境。图 4-8 为 Google 的 MapReduce 框架。

在 Google 框架的实现机制中，有两个工作节点比较特殊：一个是工作机（Worker），用于自行 Map（）或 Reduce（）任务，另一个是主控程序（Master），用于将 Map（）和 Reduce（）分配到的合适的工作机上。

图 4-8 清楚地呈现了主控程序、工作机制和用户程序完成整个 MapReduce 工作的流程：

1）用户程序（User Program）中，MapReduce 库将输入的数据分为 M 个，每个片段的大小为 16 ~ 64MB，然后在集群上启动多个程序副本。

2）其中一个程序副本被指定为主控程序（Master），其余的为工作机（Worker）。主控程序将 M 个空闲的工作机指定运行 Map（）任务，将 R 个空闲的工作机指定运行 Reduce（）任务。

3）被指定的 Map（）工作机从对应的输入文件片段中读取需要处理的数据集，并进行

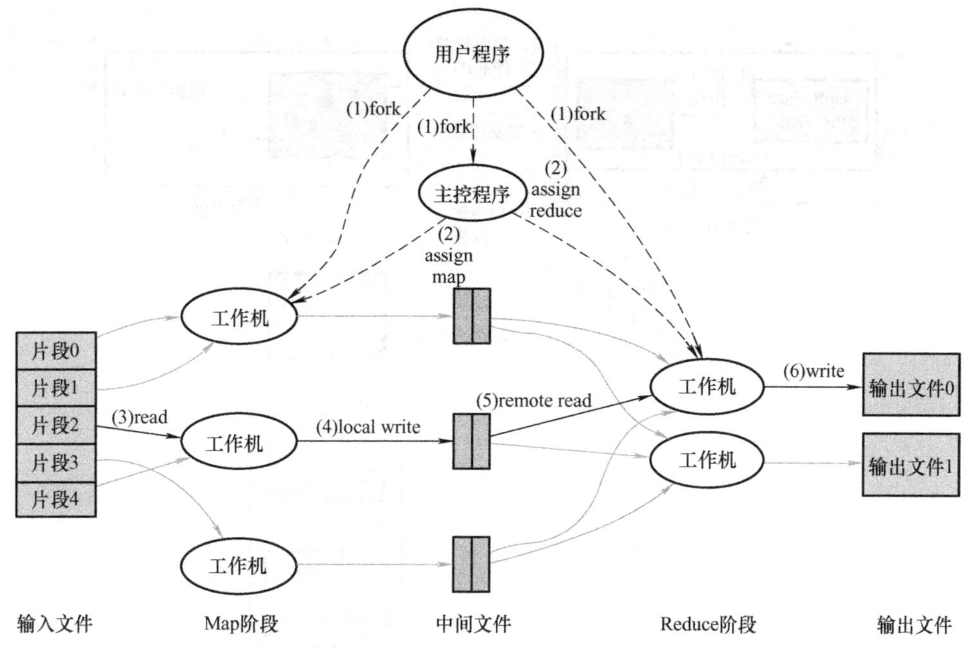

图 4-8　Google 的 MapReduce 框架

处理获得中间结果。

4）Map（）工作机产生的中间结果先被缓存在内存里，并定期写入每个 Map（）工作机本地硬盘。在本地硬盘中写入的中间结果在分区函数的运行下被分为 *R* 个分区，而后将中间结果在本地硬盘的位置信息发送到主控程序，此时由主控程序通知 Reduce（）工作机。

5）当主控程序将中间结果位置发送到 Reduce（）后，Reduce（）工作机通过远程处理请求将 Map（）工作机在本地硬盘中的数据读入，准备进行相应处理。

6）当 Reduce（）把所需要的中间结果全部读取完成后，会对数据进行排序，而后按照指定的 Reduce（）函数进行处理，进而将最终结果输出到一个最终文件夹中。

7）当 Map（）和 Reduce（）任务全部执行完成后，主控程序激活用户程序使其执行回到 MapReduce 请求的发生点。

3. Hadoop 上 MapReduce 的工作机制

相比较于 Google 的 MapReduce 框架，Hadoop 项目编写了大量的代码以实现计算任务的分发、调度、运行、容错等机制。图 4-9 所示为 Hadoop 上 MapReduce 的工作机制。

MapReduce 运行机制中主要包含了以下几个独立的大类组件。

（1）Client　此节点上运行了 MapReduce 程序和 JobClient，主要是将 MapReduce 作业进行提交并为用户显示处理结果。

（2）JobTracker　主要进行 MapReduce 作业执行的协调工作，是 MapReduce 运行机制中进行主控的节点。JobTracker 的功能包括完成 MapReduce 作业计划的制定、分配任务的 Map（）和 Reduce（）执行节点、监控任务的执行、重新分配失败的任务等。JobTracker 在 Hadoop 集群中是十分重要的节点，并且每个集群只能有一个 JobTracker。

（3）Map TaskTracker　负责执行由 JobTracker 分配的 Map 任务，系统中可以有多个 Map

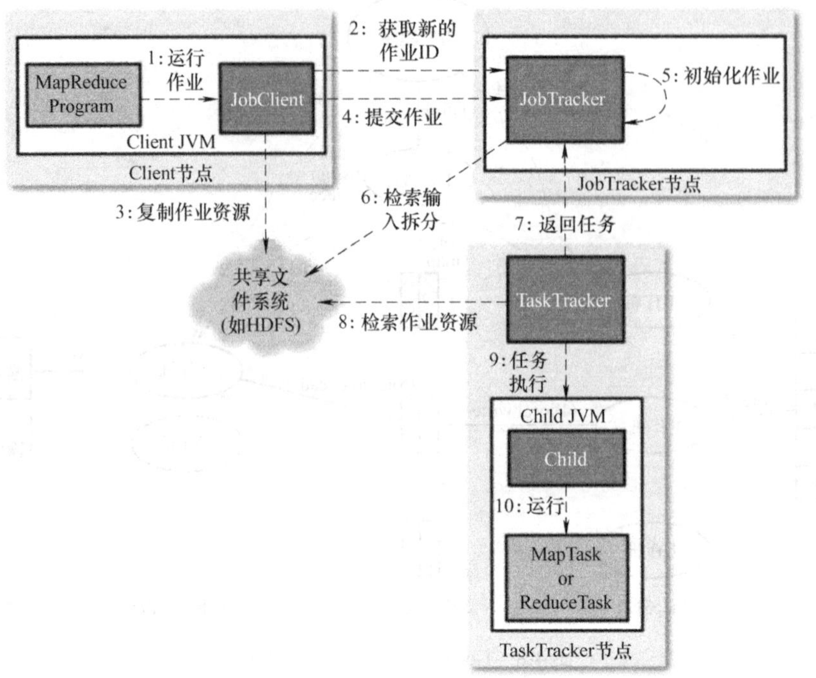

图 4-9 Hadoop 上 MapReduce 的工作机制

TaskTracker。

(4) Reduce TaskTracker 负责执行由 JobTracker 分配的 Reduce 任务，系统中可以有多个 Reduce TaskTracker。

(5) 分布式文件存储系统 如 HDFS (Hadoop Distributed File System)，在此文件存储系统中存储了应用程序运行所需要的数据文件及其他相关的配置文件。

(6) Job (作业) 一个作业在执行过程中可以被拆分成多个 Map ( ) 和 Reduce ( ) 任务来完成，是 MapReduce 程序指定的一个完整计算过程。

(7) Task (任务) 任务分为 Map ( ) 和 Reduce ( ) 任务，一个作业通常会包含多个任务，它是 MapReduce 框架中并行计算的基本单元。

4. MapReduce 作业运行流程

用图 4-10 来分析 MapReduce 作业的运行流程：

(1) 作业提交 当使用者编写完成 MapReduce 程序后会新建一个 JobClient 的实例，新建完成后 JobClient 会向主控节点 (JobTracker) 申请一个新的作业号 (JobID)，用来标记此次作业。在主控节点检查此次作业输入数据和输出目录没有问题后，便开始调度本次作业需要使用的相关资源和配置，诸如作业的相关配置和分片的次数等，当以上工作全部完成后，JobClient 就向主控节点发出作业的提交申请。

(2) 作业初始化 因为主控节点在一个集群中只有一个，所以它会收到一系列由 JobClient 发出的作业请求，因而主控节点在其内部建立了一个处理队列的机制。将放入内部队列的请求经过作业调度器进行调度，而后主控节点为作业进行初始化调度。

(3) 任务分配 在 MapReduce 处理框架中的任务分配机制可以形象地称为 “Pull

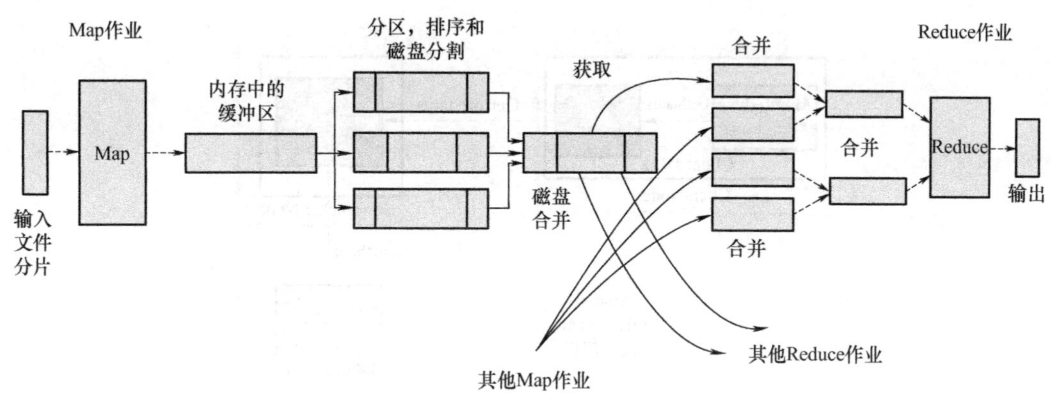

图 4-10　MapReduce 作业运行流程

(拉)”，在任务开始执行分配之前，主要负责 Map 和 Reduce 任务的 TaskTracker 节点已经启动，它会向主控节点不断发送心跳（Heartbeat）消息来询问是否有任务可以执行，如果 TaskTracker 的作业队列非空，则其会收到主控节点发来的任务。在通常情况下，优先将 Map 任务槽填满，而后再执行 Reduce 任务槽的分配。

（4）Map 任务执行　当 Map TaskTracker 节点收到主控节点分配的 Map 任务后，会经历一系列的操作。其中重点是在完成准备工作后，TaskTracker 会新建一个 TaskRunner 实例来执行此 Map 任务，同时 TaskRunner 为了避免 MapTask 的运行异常影响 TaskTracker 正常运行而单独启动一个 JAVA 虚拟机（JVM），而后在其中运行指定的 Map 任务。最终直到任务执行完成，所有的计算结果将会被存入本地磁盘中。

（5）Reduce 任务执行　和 Map 任务执行的过程相类似，Reduce 在执行时同样也会生成单独的 JAVA 虚拟机来执行任务，但是不同的是只有当所有的 Map 任务全部执行完成后，主控节点才会通知 Reduce TaskTracker 节点开始执行 Reduce 任务。

（6）作业完成　随着 Reduce 任务的执行，ReduceTask 将计算结果不断地输出，存放到分布式文件系统的临时文件中，而后当全部的 ReduceTask 任务完成后，将这些临时文件合并为一个最终的输出文件，主控文件会将此作业的状态设置为完成，进而 JobClient 会通知用户作业的完成情况并显示需要的信息。

5. 进程和状态的更新

因为 MapReduce 框架要处理的数据是面向集群的批处理作业，所以时长从几秒到几小时不等，对于用户来说，这是一个很长的过程，因而及时获知作业的进展状况是非常重要的。每个作业和任务都有其自身的状态，例如完成、失败、运行等，还有 Map 和 Reduce 的进度、作业计数器等，这些所有的描述实时状态的信息在作业期间是不断变化的。图 4-11 为进程和状态的更新。

在 Map 任务中，任务进度是指已处理输入占整个输入的比例。而对于 Reduce 任务，系统仍旧会估计已处理 Reduce 输入占整个输入的比例，但是会稍显复杂一些。如果任务报告了进度，则主控节点会设置标志来表明状态变化并将其发送到 TaskTracker。主控节点将这些所有的更新信息合并起来，就产生了一个表明所有的运行作业和其所包含的任务状态的全体视图。

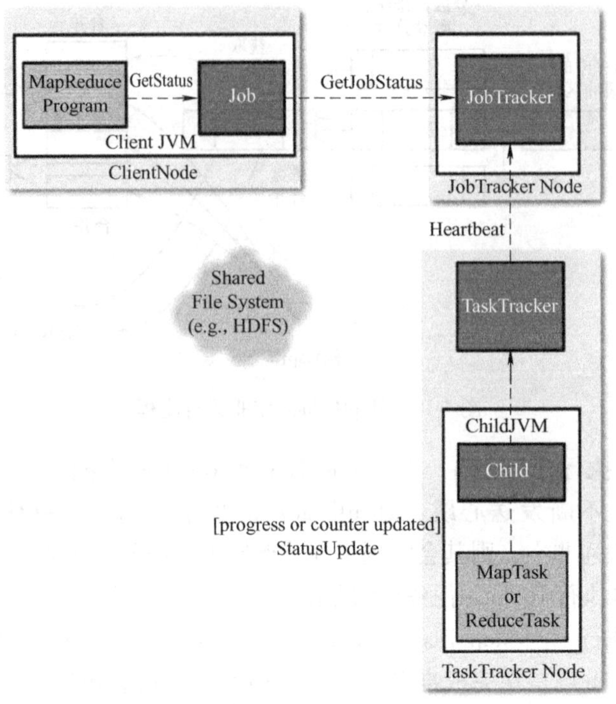

图 4-11　进程和状态的更新

最后，JobClient 每秒查询 JobTracker 从而来接收最新的状态。而客户端也可以通过 JobClient 中 GetJob（）方法来得到一个 RunningJob 的实例，其中也包含了作业的全部状态信息。

6. Hadoop 提供的 3 种作业调度

在 MapReduce 作业运行到第 2 步时，有一个重要的工作是作业调度，Hadoop 中的作业调度是由作业调度器控制完成的，其功能是将集群计算资源中闲置的部分按一定策略分配给作业。对作业调度的实现，Hadoop 为了支持用户扩展自己的调度器而采用了可插拔的设计。Hadoop 提供了 3 种默认的调度器，分为先进先出（FIFO）调度器、公平（Fair）调度器和能力（Capacity）调度器。

（1）先进先出调度器　先进先出调度器是 Hadoop 默认的调度器，其通过设置 Mapred. job. priority 属性或调用 JobClient 的 setJobPriority（）方法 I 设置作业的优先级。优先级分为 VERY_ HIGH、HIGH、NORMAL、LOW、VERY_ LOW 5 个等级，级别依次降低。先进先出调度器提供的优先级机制不支持资源抢占，因为只要已经开始执行的作业，不论其优先级高低，都不会被未执行的作业所打断。

尽管 FIFO 调度算法比较简单，然而如果通过这种算法调度，在调度队列位于最后的作业要等到前面所有的作业全部执行结束后才能被轮到，如果此作业是交互式作业的话，则会由于它长时间得不到解决而严重影响到用户的体验和效率。

（2）公平调度器　公平调度器的设计目的是为了避免单个用户独占集群的计算能力，而是通过调度方法使所有用户能够公平地共同使用集群计算。

整个集群的计算资源按照用户的设定被公平地分配到这些资源池中，而公平调度器为每个用户维护一个计算资源池。每个用户可以提交多个作业，这些作业会按照公平共享的方式分享该用户占有的资源池中的计算能力。当分配给某个用户的子任务延迟没有被任何作业使用时，这些资源也可以被其他用户共享。公平调度器还具有支持资源抢占、每个资源池自定义调度方式等高级特性。合理地利用公平调度器能够使作业响应时间降低，还能够使得系统的整体吞吐量得到提高。

(3) 能力调度器　这种调度方式使用的是多队列的方式来将集群中的计算资源得以组织。分配给每个队列一定的计算资源的同时使用了先进先出调度方式在队列内部完成作业的调度。能力调度器还会对用户所提交的作业占的资源的总量进行限制，目的是为了防止一个队列中一个用户的作业单独占用这个队列中的所有资源。作业调度进行时，调度器会通过计算每个队列中正在运行的任务数与其应分得的计算资源之间的比值，选择一个数值最小的队列来进行作业的分配，而后从中选择一个作业来执行，其工作方式的规定是首先通过提交作业的优先级别的高低来调度，而后通过作业提交的时间来调度，与此同时还会考虑用户的内存和资源量的限制。

由于影响作业执行效率、系统吞吐量的关键是作业调度，而且 Hadoop 支持自定义的调度器，因此在现实中也产生了一些针对已调度机制某方面缺陷而改进的新机制，比如适合于集群环境的 LATE 调度器、使用于时延要求作业的 Deadline 调度器和 Constraint-based 调度器等。

7. MapReduce 容错机制

因为 MapReduce 在通常情况下都是在大型集群系统中进行海量数据的处理，所以容错机制对其来说也是必不可少的。在一般情况下，MapReduce 是通过将失效节点的任务进行重新执行来实现容错的。

(1) Master 容错　Master 节点控制任务调度。Master 节点是用来保存元数据的，它会周期性地设置检查点（CheckPoint），随之将 Master 中的数据信息导出。每当有一个任务失效的时候，系统就会从最靠近的设置的那个检查点来回复数据信息，与此同时重新运行任务。然而由于集群中通常只有一个 Master 节点，所以一旦 Master 节点失效，那么只能通过终止整个 MapReduce 程序的运行来完成容错并重新开始。

(2) Worker 容错　Worker 节点负责计算任务的执行。Worker 失效比较常见，如果说 Master 向所有 Worker 节点发送的 ping 命令没有得到回应就说明该 Worker 节点已经失效，Master 会将此节点状态设置为空闲并且把这个 Worker 任务分配给其他的 Worker 节点来再次执行。

由于 Map 输出的中间状态结果一般是存储在本地的节点上的，所以对于那些在失效节点上已经执行完的 Map 任务来说，它们所产生的中间结果是没有办法访问的，因而它们同样也需要被重新执行。而不同的是，Reduce 任务执行所得的结果是保存在全局文件系统中的，因而那些已经执行完成的 Reduce 任务将不必再进行重新执行。

对于大规模节点的失效情形，MapReduce 相应地也具有高效的容错机制。举例如下，在集群进行网络方面维护的时候，一般就会使得几十台甚至成百上千台计算节点在一定的时间段内无法使用。Master 节点可以把这些不能访问节点上的任务重新进行执行并且在同时继续调度任务，从而最终完成 MapReduce 程序的正常运行。

4.1.5 云计算的主要特征与核心特性

1. 云计算的主要特征

云计算具有以下几个主要特征：

（1）资源配置动态化　根据消费者的需求动态划分或释放不同的物理和虚拟资源，当增加一个需求时，可通过增加可用的资源进行匹配，实现资源的快速弹性提供。如果用户不再使用这部分资源，可释放这些资源。云计算为客户提供的这种能力是无限的，实现了IT资源利用的可扩展性。

（2）需求服务自助化　云计算为客户提供自助化的资源服务，用户无需同提供商交互就可自动得到自助的计算资源能力。同时云系统为客户提供一定的应用服务目录，客户可采用自助方式选择满足自身需求的服务项目和内容。

（3）以网络为中心　云计算的组件和整体构架由网络连接在一起并存在于网络中，同时通过网络向用户提供服务。而客户可借助不同的终端设备，通过标准的应用实现对网络的访问，从而使得云计算的服务无处不在。

（4）服务可计量化　在提供云服务过程中，针对客户不同的服务类型，通过计量的方法来自动控制和优化资源配置。即资源的使用可被监测和控制，是一种即付即用的服务模式。

（5）资源的池化和透明化　对云服务的提供者而言，各种底层资源（计算、储存、网络、资源逻辑等）的异构性（如果存在某种异构性）被屏蔽，边界被打破，所有的资源可以被统一管理和调度，成为所谓的“资源池”，从而为用户提供按需服务；对用户而言，这些资源是透明的，无限大的，用户无须了解内部结构，只关心自己的需求是否得到满足即可。

2. 云计算的核心特性

云计算的核心特性如下：

1）使用户得以快速地，且以低价格获得技术架构资源。

2）具有应用程序界面API，允许软件与云以类似“人机交互”的方式来进行信息交换。云计算系统的其中一个典型案例就是基于REST网络架构的API应用。

3）允许用户通过网页浏览器来获取资源而无需关注用户自身是通过何种设备或在何地介入资源（如PC、移动设备等）。通常设施是在非本地的（典型的是由第三方提供的），并且通过因特网获取，用户可以从任何地方来连接。

4）一种称为多租户的软件架构技术允许在多用户池下共享资源与消耗：体系结构的中央化使得本地的耗用更少（例如不动产、电力等），峰值负载能力增加（用户无需建造最高可能的负载等级），原先利用率只有10% ~20%的系统利用效率增加了。

5）如果多个冗余站点被使用，则改进了可靠性。

6）由于云计算是按需开通服务资源，接近实时的自服务，无需用户对峰值负载进行工程构造。

4.1.6 云计算的发展趋势

云计算意味着数据被转移到用户主权掌控范围外的机器上，也就是云计算服务提供商的手中。CSA（云安全联盟）作为云计算的主要推动者，发布九大安全问题：特权用户访问；法规遵从；数据位置；数据隔离；可用性；灾难恢复；调查支持；存活能力；降低风险方面的支持。

尽管存在一定的安全风险，但是云计算还是如火如荼地发展下去，具体发展趋势如下：

1）私有云不会消失，而会获得大发展。

许多人认为，私有云并不是“真正的云”，而公共云才是改善 IT 部门服务的真正方法。公共云服务提供商甚至认为，私有云并不该存在，因为它缺乏灵活性，而且价格昂贵。但实际上，IT 部门使用私有云就是为了给他们的组织提供灵活的、随时调用的计算环境。而且，在现有的数据中心部署私有云服务实际上更为便捷，也更为便宜。在将来，私有云不仅不会消失，而是会获得更大的发展。

2）混合云仍将是大多数组织的务实选择。

公共云的使用在计算领域掀起了一场革命，对于难以预测的面向消费者的应用程序来说尤其如此。对于需要处理各种规章制度、标准和其他非技术问题的组织来说，私有云不可或缺，这取决于企业的实际需要。但是，混合云服务即综合有公共云和私有云的服务，仍将是大多数组织的务实选择。

3）PaaS 将赢得开发者的芳心。

以开发者为中心的云基础架构 IaaS，通过为应用程序的快速开发和部署提供高效率的工作环境而获得了快速发展。而平台级服务 PaaS 通过滤除虚拟机、操作系统和其他与应用程序开发不相关的多余细节，进一步简化了应用程序的开发过程，从而促使开发者的工作效率和灵活性均得到了很大的提高。对于修改现有应用程序或者开发新的应用程序，PaaS 就是开发者的一个更高效的工作环境。相对于以开发者为中心的 IaaS 云服务来说，它的开发过程更加简单。

4）服务中断事故将使消费者意识到服务质量的差异。

有人认为云计算是一种像电一样的商品，实际上不是这样的。对于云计算来说，细节问题非常重要，不知道的东西也可能会损害你的云应用程序。云服务的某些特性，例如高可用性，可通过投资基础设施、人力资源和工作流程来实现，这也是区分云服务提供商的关键所在。在高可用性方面投资较少或几乎没有投资的云服务，表面上看起来可能很便宜，但是必须花钱从零开始设计、编写和操作自己的可用性系统。

4.2　大数据

4.2.1　概述

随着网络信息化时代的到来，移动互联、社交网络、电子商务大大拓展了互联网的疆界和应用领域，我们正处在一个数据爆炸性增长的“大数据”时代，大数据在社会经济、政治、文化，人们生活等方面产生深远的影响，大数据时代为人类的数据驾驭能力带来了新的挑战与机遇。

“大数据”（Big Data）作为时下最火热的 IT 行业的词汇，随之而来的数据仓库、数据安全、数据分析、数据挖掘等围绕大数据的商业价值的利用逐渐成为行业人士争相追捧的利润焦点。

进入2012年以来，大数据一词越来越多地被提及与使用，人们用它来描述和定义信息爆炸时代产生的海量数据，它已经出现在《纽约时报》、《华尔街时报》的专栏封面，进入美国白宫网的新闻，现身在国内一些互联网主题的讲座沙龙中，甚至被嗅觉灵敏的证券公司写进了投资推荐报告，大数据时代来临。

本世纪是数据信息时代，我们在享受便利的同时，也无偿贡献了自己的“行踪”。现在互联网不但知道对面是一只狗，还知道这只狗喜欢什么食物，几点出去遛弯，几点回窝睡觉。我们不得不接受这个现实，每个人在互联网进入到大数据时代，都将是透明性存在。各种数据正在迅速膨胀并变大，它决定着企业的未来发展，虽然现在企业可能并没有意识到数据爆炸性增长带来的隐患，但是随着时间的推移，人们将越来越多地意识到数据对企业的重要性。大数据时代对人类的数据驾驭能力提出了新的挑战，也为人们获得更为深刻、全面的洞察能力提供了前所未有的空间与潜力。

正如《纽约时报》2012年2月的一篇专栏中所称，“大数据”时代已经降临，在商业、经济及其他领域中，决策将日益基于数据和分析而做出，而并非基于经验和直觉。哈佛大学社会学教授加里·金说：“这是一场革命，庞大的数据资源使得各个领域开始了量化进程，无论学术界、商界还是政府，所有领域都将开始这种进程。”

4.2.2 大数据的定义

美国互联网数据中心指出，互联网上的数据每年将增长50%，每两年便将翻一番，而目前世界上90%以上的数据是最近几年才产生的。此外，数据又并非单纯指人们在互联网上发布的信息，全世界的工业设备、汽车、电表上有着无数的数码传感器，随时测量和传递着有关位置、运动、震动、温度、湿度乃至空气中化学物质的变化，也产生了海量的数据信息。

对于“大数据”，研究机构Gartner给出了这样的定义：“大数据”是需要新处理模式才能具有更强的决策力、洞察发现力和流程优化能力的海量、高增长率和多样化的信息资产。

“大数据”这个术语最早期的引用可追溯到Apache Org的开源项目Nutch。当时，大数据用来描述为更新网络搜索索引需要同时进行批量处理或分析的大量数据集。随着谷歌MapReduce和GoogleFile System（GFS）的发布，大数据不再仅用来描述大量的数据，还涵盖了处理数据的速度。

在一般意义上来说，大数据是指那些超过传统数据库系统处理能力的数据。它的数据规模和传输速度要求很高，或者其结构不适合原来的数据库系统。为了获取大数据中的价值，我们必须选择另一种方式来处理它。数据中隐藏着有价值的模式和信息，在以往需要相当的时间和成本才能提取这些信息，如沃尔玛或谷歌这类领先企业都要付高昂的代价才能从大数据中挖掘信息。而当今的各种资源，如硬件、云架构和开源软件使得大数据的处理更为方便和廉价。即使是在车库中创业的公司也可以用较低的价格租用云服务时间了。对于企业组织来讲，大数据的价值体现在两个方面：分析使用和二次开发。对大数据进行分析能揭示隐藏其中的信息。例如零售业中对门店销售、地理和社会信息的分析能提升对客户的理解。对大数据的二次开发则是那些成功的网络公司的长项。例如Facebook通过结合大量用户信息，定制出高度个性化的用户体验，并创造出一种新的广告模式。这种通过大数据创造出新产品和服务的商业行为并非巧合，谷歌、雅虎、亚马逊和Facebook都是大数据时代的创新者。

随着云时代的来临，大数据也吸引了越来越多的关注。《著云台》的分析师团队认为，大数据通常用来形容一个公司创造的大量非结构化和半结构化数据，这些数据在下载到关系型数据库后用于分析时会花费过多时间和金钱。大数据分析常和云计算联系到一起，因为实时的大型数据集分析需要像MapReduce一样的框架来向数十、数百甚至数千的计算机分配工作。

从某种程度上说，大数据是数据分析的前沿技术。简言之，从各种各样类型的数据中，快速获得有价值信息的能力，就是大数据技术。明白这一点至关重要，也正是这一点促使该技术具备走向众多企业的潜力。

大数据可分成大数据技术、大数据工程、大数据科学和大数据应用等领域。目前人们谈论最多的是大数据技术和大数据应用。工程和科学问题尚未被重视。大数据工程指大数据的规划、建设、运营和管理的系统工程；大数据科学关注的是在大数据网络发展和运营过程中发现和验证大数据的规律及其与自然和社会活动之间的关系。

1. 大数据四个特性

海量性：企业面临着数据量的大规模增长。例如，国际数据公司（IDC）最近的报告预测称，到2020年，全球数据量将扩大50倍。目前，大数据的规模尚是一个不断变化的指标，单一数据集的规模范围从几十百万兆字节到数千万亿字节不等。简而言之，存储1PB数据将需要两万台配备50GB硬盘的个人计算机。此外，各种意想不到的来源都能产生数据。

多样性：一个普遍观点认为，人们使用互联网搜索是形成数据多样性的主要原因，这一看法部分正确。然而，数据多样性的增加主要是新型多结构数据以及包括网络日志、社交媒体、互联网搜索、手机通话记录及传感器网络等在内的数据类型造成。其中，部分传感器安装在火车、汽车和飞机上，每个传感器都增加了数据的多样性。

高速性：高速描述的是数据被创建和移动的速度。在高速网络时代，通过基于实现软件性能优化的高速计算机处理器和服务器，创建实时数据流已成为流行趋势。企业不仅需要了解如何快速创建数据，还必须知道如何快速处理、分析并返回给用户，以满足他们的实时需求。根据IMS Research关于数据创建速度的调查，据预测，到2020年全球将拥有220亿部互联网连接设备。

易变性：大数据具有多层结构，这意味着大数据会呈现出多变的形式和类型。相对于传统的业务数据，大数据存在不规则和模糊不清的特性，造成很难甚至无法使用传统的应用软件进行分析。传统业务数据随时间演变已拥有标准的格式，能够被标准的商务智能软件识别。目前，企业面临的挑战是处理并从各种形式呈现的复杂数据中挖掘价值。

2. 大数据三个特征

除了有四个特性之外，大数据时代的数据还呈现出其他三个特征。

第一个特征是数据类型繁多，包括网络日志、音频、视频、图片、地理位置信息等，多类型的数据对数据的处理能力提出了更高的要求。

第二个特征是数据价值密度相对较低，如随着物联网的广泛应用，信息感知无处不在，信息海量，但价值密度较低，如何通过强大的机器算法更迅速地完成数据的价值“提纯”，是大数据时代亟待解决的难题。

第三个特征是处理速度快，时效性要求高，这是大数据区分于传统数据挖掘最显著的特征。

4.2.3 大数据时代对生活、工作的影响

大数据技术的战略意义不在于掌握庞大的数据信息，而在于对这些含有意义的数据进行专业化处理。换言之，如果把大数据比作一种产业，那么这种产业实现盈利的关键，在于提高对数据的“加工能力”，通过“加工”实现数据的“增值”。中国物联网校企联盟认为，物联网的发展离不开大数据，依靠大数据可以提供足够丰富的资源。

大数据除了经济方面的影响，同时也能在政治、文化等方面产生深远的影响，大数据可以帮助人们开启循“数”管理的模式，也是我们当下“大社会”的集中体现，三分技术，七分数据，得数据者得天下。

大数据的影响，增加了对信息管理专家的需求。事实上，大数据的影响并不仅仅限于信息通信产业，而是正在“吞噬”和重构很多传统行业，广泛运用数据分析手段管理和优化运营的公司其实本质上都是一个数据公司。麦当劳、肯德基以及苹果公司等旗舰专卖店的位置都是建立在数据分析基础之上的精准选址。而在零售业中，数据分析的技术与手段更是得到广泛的应用，传统企业如沃尔玛通过数据挖掘重塑并优化供应链，新崛起的电商如卓越亚马逊、淘宝等则通过对海量数据的掌握和分析，为用户提供更加专业化和个性化的服务。

在个人隐私的方面，大量数据经常含有一些详细的潜在的能够展示有关我们的信息，逐渐引起了我们对个人隐私的担忧。

4.2.4 数据挖掘技术

1. 数据仓库概念

数据仓库就是面向主题的、集成的、不可更新的（稳定的）、随时间不断变化的数据集合。与其他数据库应用不同的是，数据仓库更像一种过程，即对分布在企业内部各处的业务数据的整合、加工和分析的过程，而不是一种可以购买的产品。

2. 数据仓库的特征

1）面向主题。数据仓库中的数据是按照一定的主题域进行组织的。主题是一个抽象的概念，是指用户使用数据仓库进行决策时所关心的重点方面，一个主题通常与多个操作型信息系统相关。

2）集成性。数据仓库中的数据是在对原有分散的数据库数据抽取、清理的基础上，经过系统加工、汇总和整理得到的，必须消除源数据中的不一致性，以保证数据仓库内的信息是关于整个企业的一致的全局信息。

3）相对稳定。数据仓库的数据主要供企业决策分析之用，所涉及的数据操作主要是数据查询，一旦某个数据进入数据仓库以后，一般情况下将被长期保留，也就是数据仓库中一般有大量的查询操作，但修改和删除操作很少，通常只需要定期的加载、刷新。

4）反映历史变化。数据仓库中的数据通常包含历史信息，系统记录了企业从过去某一时点到目前各个阶段的信息，通过这些信息，可以对企业的发展历程和未来趋势做出定量分析和预测。

3. 数据仓库的分析技术

（1）OLAP（联机分析处理）的概念　OLAP 是数据处理的一种技术概念。OLAP 的基本目的是使企业的决策者能灵活地掌握企业的数据，以多维的形式从多面角度来观察企业的状态、了解企业的变化，通过快速、一致、交互地访问各种可能的信息视图，帮助管理人员掌握数据中存在的规律，实现对数据的归纳、分析和处理，帮助组织完成相关的决策。

根据 OLAP 产品的实际应用情况和用户对 OLAP 产品的需求，人们提出了一种对 OLAP 更简单明确的定义，即共享多维信息的快速分析。OLAP 通过对多维信息以很多种可能的观察方式进行快速、稳定一致和交互性的存取，允许管理决策人员对数据进行深入的观察。基于操作型数据环境的 OLTP（联机事务处理），其基本操作是通过经典的 SQL 语句实现的。而 OLAP 多维数据分析是指对多维数据采取切片、切块、钻取、旋转等各种分析操作，以求剖析数据，使最终用户能从多角度、多侧面观察数据库中的数据，从而深入地了解包含在数据中的信息、内涵。数据仓库系统一般都支持 OLAP 的这些基本操作，也可以认为是一种扩展了的 SQL 操作。

OLAP 直接仿照用户的多角度思考模式，预先为用户组建多维的数据模型，在这里，“维”指的是用户的分析角度。例如对销售数据的分析，时间周期是一个维度，产品类别、分销渠道、地理分布、客户群类也分别是一个维度。一旦多维数据模型建立完成，用户可以快速地从各个分析角度获取数据，也能动态地在各个角度之间切换或者进行多角度综合分析，具有极大的分析灵活性。这也是联机分析处理在近年来被广泛关注的根本原因，它从设计理念和真正实现上都与旧有的管理信息系统有着本质的区别。

（2）联机分析处理与数据仓库的关系　事实上，随着数据仓库理论的发展，数据仓库系统已逐步成为新型的决策管理信息系统的解决方案。数据仓库系统的核心是联机分析处理，但数据仓库包括更为广泛的内容。

概括来说，数据仓库系统是指具有综合企业数据的能力，能够对大量企业数据进行快速和准确分析，辅助做出更好的商业决策的系统（见图 4-12）。它本身包括三部分内容：

1）数据层。实现对企业操作数据的抽取、转换、清洗和汇总，形成信息数据，并存储在企业级的中心信息数据库中。

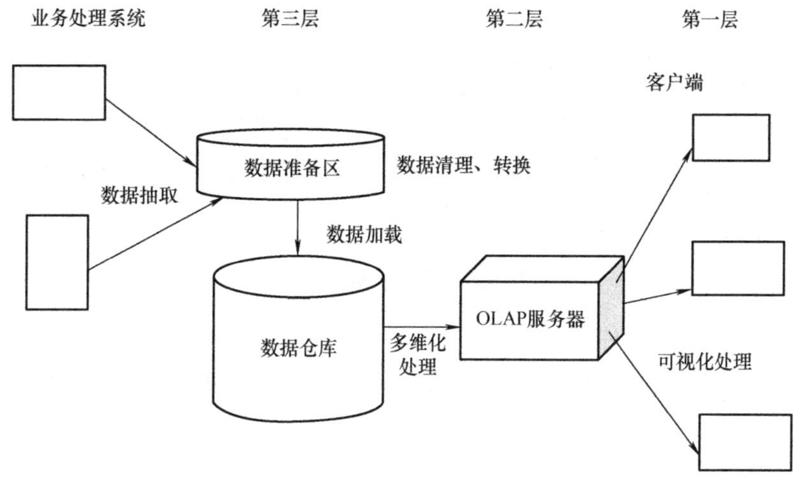

图 4-12　数据仓库与 OLAP 的关系

2）应用层。通过联机分析处理，甚至是数据挖掘等应用处理，实现对信息数据的分析。

3）表现层。通过前台分析工具，将查询报表、统计分析、多维联机分析和数据发掘的结论展现在用户面前。

（3）OLAP 的应用　从应用角度来说，数据仓库系统除了联机分析处理外，还可以采用传统的报表，或者采用数理统计和人工智能等数据挖掘手段，涵盖的范围更广；就应用范围而言，联机分析处理往往根据用户分析的主题进行应用分割，例如销售分析、市场推广分析、客户利润率分析等，每一个分析的主题形成一个 OLAP 应用，而所有的 OLAP 应用实际上只是数据仓库系统的一部分。

联机分析处理的用户是企业中的专业分析人员及管理决策人员，他们在分析业务经营的数据时，从不同的角度来审视业务的衡量指标是一种很自然的思考模式。例如分析销售数据，可能会综合时间周期、产品类别、分销渠道、地理分布、客户群类等多种因素来考虑。这些分析角度虽然可以通过报表来反映，但每一个分析的角度可以生成一张报表，各个分析角度的不同组合又可以生成不同的报表，使得 IT 人员的工作量相当大，而且往往难以跟上管理决策人员思考的步伐。

4. 数据挖掘的处理过程

数据挖掘，又称数据库中的知识发现，是指从大型数据库或数据仓库中提取隐含的、未知的、非平凡的及有潜在应用价值的信息或模式，它是数据库研究中的一个很有应用价值的新领域，融合了数据库、人工智能、机器学习、统计学等多个领域的理论和技术。随着人工智能技术在专家咨询、语言处理、娱乐游戏等模式识别领域的应用日益广泛，从选取专业学习、研究方向的实际出发，将数据挖掘应用于辅助选取专业学习、研究方向的数据挖掘技术流程模型被提出。

数据挖掘技术是一个多步骤、可能需多次反复的处理过程。主要包括以下几步：准备、数据选择、数据预处理、数据缩减、确定数据挖掘的目标、确定知识发现算法、数据挖掘（Data Mining）、模式解释、知识评价（见图 4-13）。其中最重要的一个步骤是数据挖掘，它是利用某些特定的知识发现算法，在可接受的运算效率的限制下，从有效数据中发现有关的知识。

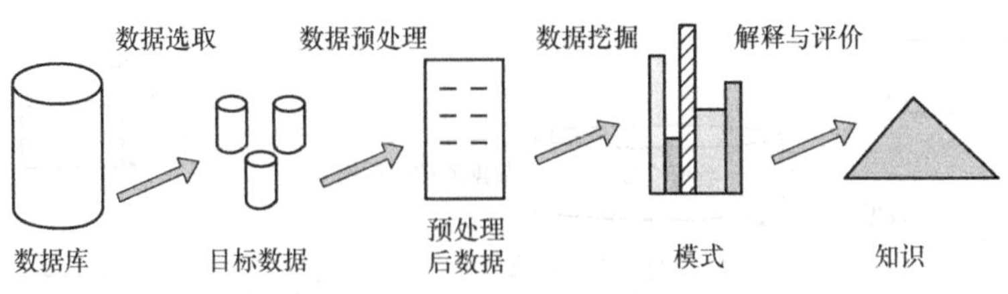

图 4-13　数据挖掘过程图

数据挖掘技术主要有四种开采任务：

1）数据总结是对数据进行浓缩，给出它的紧凑描述。数据挖掘是从数据泛化的角度来讨论数据总结。

2）分类发现是一项非常重要的任务，分类是运用分类器把数据库中的数据项映射到给定类别中的某一个，用于对未来数据进行预测。

3）聚类是把一组个体按照相似性归成若干类别，它的目的是使得属于同一类别的个体之间的距离尽可能小，而不同类别的个体间的距离尽可能大。

4）关联规则是指事物之间的联系具有多大的支持度和可信度。有意义的关联规则必须给定两个阈值，即最小支持度和最小可信度。

数据挖掘的结果经过业务决策人员的认可，才能实际利用。要将通过数据挖掘得出的预测模式和各个领域的专家认识结合在一起，构成一个可供不同类型的人使用的应用程序。也只有通过对挖掘知识的应用，才能对数据挖掘的成果做出正确的评价。但是在应用数据挖掘成果时，决策人员所关心的是数据挖掘最终结果与用其他候选结果在实际应用中的差距。如果结果是根据某种类型的得分或权值计算的，那就可以按照获选边际率（最终结果得分 - 候选结果得分）/最终预测结果得分 ×100% 的公式进行决断。一般情况下，获选边际率的值越高，则预测结果为真的可能性越大。

因此，在实际决策应用中，通常只选择那些获选边际率超过一定百分比的数据进行预测使用。为使数据挖掘结果能在实际中得到应用，需要将分析所得到的知识集成到业务信息系统的组织机构中去，使这些知识在实际的管理决策分析中得到应用。

4.2.5 大数据时代的发展方向

虽然大数据目前在国内还处于初级阶段，但是商业价值已经显现出来。未来，数据可能成为最大的交易商品。但数据量大并不能算是大数据，大数据的特征是数据量大、数据种类多、非标准化数据的价值最大化。因此，大数据的价值是通过数据共享、交叉复用后获取最大的数据价值。据预测，未来大数据将会如基础设施一样，有数据提供方、管理者、监管者，数据的交叉复用将大数据变成一大产业。

大数据的发展趋势主要体现在几个方面：大数据与学术，大数据与人类的活动，大数据的安全隐私、关键应用、系统处理和整个产业的影响。大数据整体态势上，数据的规模将变得更大，数据资源化，数据的价值凸显，数据私有化出现和联盟共享。

大数据的发展会催生许多新兴职业，会产生数据分析师、数据科学家、数据工程师，有非常丰富的数据经验的人才会成为稀缺人才。随着大数据的发展，数据共享联盟将逐渐壮大成为产业的核心一环。随着大数据的共享越来越大，隐私问题也随之而来，比如说每天手机产生的通话、位置等。数据资源化，大数据在国家、企业和社会层面成为重要的战略资源，成为新的战略制高点和抢购的新焦点。

4.3 中间件

4.3.1 概述

中间件（Middleware）是基础软件的一大类，属于可复用软件的范畴。顾名思义，中间件处于操作系统软件与用户的应用软件的中间。中间件在操作系统、网络和数据库之上，应用软件的下层，总的作用是为处于自己上层的应用软件提供运行与开发的环境，帮助用户灵活、高效地开发和集成复杂的应用软件。

在众多关于中间件的定义中，比较普遍被接受的是互联网数据中心对中间件的定义，即中间件是一种独立的系统软件或服务程序，分布式应用软件借助它在不同的技术之间共享资源。中间件位于客户机服务器的操作系统之上，管理计算资源和网络通信（见图 4-14）。

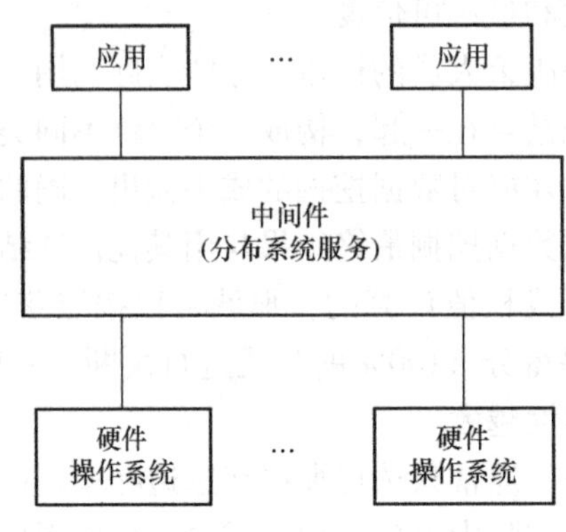

图 4-14　中间件的定义

4.3.2　中间件的发展史

最早具有中间件技术思想及功能的软件是 IBM 的 CICS，但由于 CICS 不是分布式环境的产物，因此人们一般把 Tuxedo 作为第一个严格意义上的中间件产品。Tuxedo 是 1984 年在当时属于 AT&T 的贝尔实验室开发完成的，但由于分布式处理当时并没有在商业应用上获得像今天一样的成功，Tuxedo 在很长一段时期里只是实验室产品，后来被 Novell 收购，在经过 Novell 并不成功的商业推广之后，1995 年被现在的 BEA 公司收购。尽管中间件的概念很早就已经产生，但中间件技术的广泛运用却是在最近 10 年之中。BEA 公司 1995 年成立后收购 Tuxedo 才成为一个真正的中间件厂商，IBM 的中间件 MQSeries 也是 90 年代的产品，其他许多中间件产品也都是最近几年才成熟起来。

1998 年互联网数据中心对于中间件有一个定义，并根据用途将其划分为 6 个类别。如今所保留下来的只有消息中间件和交易中间件，其他的已经被逐步融合到其他产品中了，被包裹进去了，在市场上已经没有单独的产品形态出现了。例如，当时有一个叫屏幕数据转换的中间件，其主要是针对 IBM 大机终端而设计的产品，用于将 IBM 大机终端的字符界面转化为用户所喜欢的图形界面，类似的东西当时都称为中间件。但随着 IBM 大机环境越来越少，盛行一时的此类中间件如今已经很少再被单独提及。

2000 年前后，互联网盛行起来，随之产生了一个新的东西，就是应用服务器。实际上，交易中间件也属于应用服务器，为了区分，人们传统的交易中间件称为分布交易中间件，因它主要应用在分布式环境下，而将新的应用服务器称为 J2EE 中间件，到目前为止，这都是市场上非常热门的产品。

EAI 概念出来之后，市场上又推出了一些新的软件产品，例如工作流、Portal 等，但从分类上不知道怎么归类，向上不能够划归应用，往下又不能归入操作系统，于是就把它归入了中间件，如此中间件的概念更加扩大了。目前，市场上对于中间件，各家的说法不一，客观上也导致了理解上的复杂性。

如今，市场上又推出了很多新的概念，例如三层结构、构件、Web 服务，其中风头最劲的当属 SOA（面向服务的架构）。实际上，它们都不是一个产品，而是一种技术的实现方法，是开发一个软件的一种方法论。众所周知，最早软件开发方法就是编程、写代码，其缺点在于无法复用，为此提出了构件化的软件开发方法，通过把编程中一些常用功能进行封装，并规范统一接口，供其他程序调用，例如开发一个新软件，可能要用到构件 1、构件 2、构件 3，那么，只要对其进行本地组装，就可以得到想要的应用软件。在互联网得到普及重视之后，软件开发方法在构件化基础上又有新发展，核心思想是软件并不需要囊括构件，所需要的仅仅是构件的运行结果，例如编写一个通信传输软件，就可以到网上寻找构件，并提出服务请求，得到结果后返回，而不需要下载构件并打包，这就是现在所说的 SOA。想要实现 SOA，就要规范构件接口，同时还要规范构件所提交的服务结果，如此，新的软件开发的思想才能够行得通。

4.3.3　RFID 中间件

图 4-15 所示的 RFID 中间件是实现 RFID 硬件设备与应用系统之间数据传输、过滤、数据格式转换的一种中间程序，将 RFID 读写器读取的各种数据信息，经过中间件提取、解密、过滤、格式转换，导入企业的管理信息系统，并通过应用系统反映在程序界面上，供操作者浏览、选择、修改、查询。中间件技术也降低了应用开发的难度，使开发者不需要直接面对底层架构，而通过中间件进行调用。

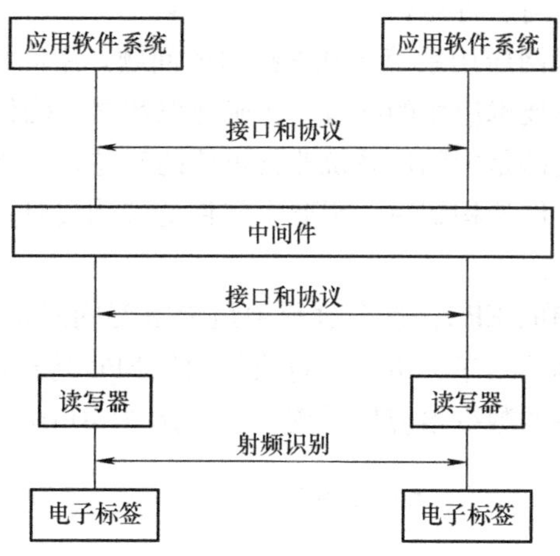

图 4-15　RFID 中间件

1. RFID 中间件的特点

RFID 中间件是一种消息导向的软件中间件，信息是以消息的形式从一个程序模块传递到另一个或多个程序模块。消息可以非同步的方式传送，所以传送者不必等待回应。RFID 中间件在原有的企业应用中间件发展的基础之上，结合自身应用特性进一步扩展并深化了企业应用中间件在企业中的应用。

其主要特点是：

（1）独立性　RFID 中间件独立并介于 RFID 读写器与后端应用程序之间，不依赖于某个 RFID 系统和应用系统，并且能够与多个 RFID 读写器以及多个后端应用程序连接，以减轻架构及其维护的复杂性。

（2）数据流　它是 RFID 中间件最重要的组成部分，它的主要任务在于将实体对象格式转换为信息环境下的虚拟对象，因此数据处理是 RFID 最重要的功能。RFID 中间件具有数据的采集、过滤、整合与传递等特性，以便将正确的对象信息传到企业后端的应用系统。

（3）处理流　RFID 中间件是一个消息中间件，功能是提供顺序的消息流，具有数据流设计与管理的能力，在系统中需要维护数据的传输路径、数据路由和数据分发规则，同时在数据传输中对数据的安全性进行管理，包括数据的一致性，保证接收方收到的数据和发送方一致。

2. 物联网 RFID 技术中间件的设计

标签（Tag）、读写器（Reader）、中间件（Middleware）均是射频识别（Radio Frequency Identification，RFID）系统的组成部分。标签由耦合元件及芯片组成，每个标签具有唯一的电子编码（EPC），附着在物体上标识目标对象，电子标签为了接收和发送数据必须有天线；读写器的功能就是提供与标签进行数据传输的途径，通过天线接受射频信号，对高频信号解码，得到产品的信息；中间件的功能就是接受应用系统的请求，对指定的一个或者多个读写器发送的产品信息根据操作命令进行接收、处理，向后台应用系统上报结果数据。

Tag 与 Reader 的工作原理：由 Reader 通过天线（Antenna）发射特定频率的电波能量，Tag 的天线接收到电波能量用以驱动电路将内部的 ID Code 送出，Reader 的天线接收此 ID Code。Tag 一般为无源电子标签，免用电池、免接触、免刷卡，故不怕脏污，且晶片密码为世界唯一无法复制，安全性高、寿命长。

中间件是为了解决物联网应用系统与硬件接口的问题。中间件可称为 RFID 运作的神经中枢，因为它可以加速关键技术应用的问世。正确抓取数据、确保数据读取的可靠性以及有效地将数据传送到后端系统都是中间件系统非常重要的问题。另外系统的通透性是整个应用的关键，数据通透通过中间件架构解决，因此中间件的架构设计解决方案便成为 RFID 应用的一项极为重要的核心技术。

Reader 不断收到一连串的 EPC，整个过程中最为重要同时也是最困难的环节就是传送和管理这些数据。在物联网网络里，Reader 将收集到的 EPC 传送给 Middleware，中间件对这些数据进行处理，得到有用的数据给应用系统。图 4-16 为 RFID 系统流程图。

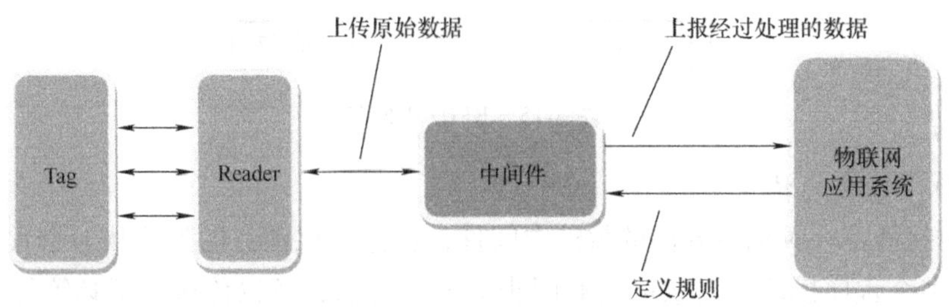

图 4-16　RFID 系统流程图

RFID 中间件扮演 RFID Reader 和应用程序之间的中介角色。物联网应用系统指定某项规则，向中间件提出对标签数据的预订，应用系统向中间件提出的规则由中间件维护。规则中定义了：读写器需要清点的数据，标签数据上报周期的开始和结束条件，标签数据如何过滤，标签数据包含哪些原始数据等。中间件的描述如图 4-17 所示。

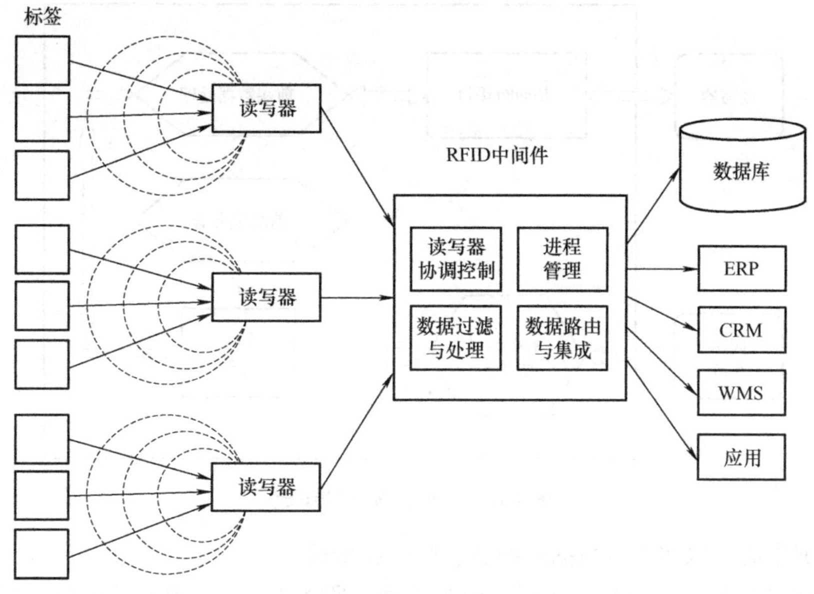

图 4-17　中间件

中间件的主要任务和功能：

（1）读写器协调控制　终端用户可以通过 RFID 中间件接口直接配置、监控以及发送指令给读写器。一些 RFID 中间件开发商还提供了支持读写器即插即用的功能，使终端用户新添加不同类型的读写器时不需要增加额外的程序代码。

（2）数据过滤与处理　当标签信息传输发生错误或有冗余数据产生时，RFID 中间件可以通过一定的算法纠正错误并过滤掉冗余数据。RFID 中间件可以避免不同的读写器读取同一电子标签的碰撞，确保了阅读准确性。

（3）数据路由与集成　RFID 中间件能够决定采集到的数据传递给哪一个应用。RFID 中间件可以与企业现有的企业资源计划（ERP）、客户关系管理（CRM）、仓储管理系统（WMS）等软件集成在一起，为它们提供数据的路由和集成，同时中间件可以保存数据，分批地给各个应用提交数据。

（4）进程管理　RFID 中间件根据客户定制的任务负责数据的监控与事件的触发。如在仓储管理中，设置中间件来监控货品库存的数量，当库存低于设置的标准时，RFID 中间件会触发事件，通知相应的应用软件。

应用程序端使用中间件所提供的一组通用的应用程序接口（API），即能连到 RFID 读写器，读取 RFID 标签数据。这样一来，即使存储 RFID 标签情报的数据库软件或后端应用程序增加或改由其他软件取代，或者读写 RFID 读写器种类增加等情况发生时，应用端不需修改也能处理，省去多对多连接的维护复杂性问题。面向消息的中间件包含的功能不仅是传递信息，还必须包括解释数据、安全验证、数据广播、错误恢复、定位网络资源、找出符合成本的路径、对消息与要求的优先进行排序等服务。

图 4-18 所示的 RFID 中间件具有开放式架构、模块化、可升级的数据处理系统，主要用来加工和处理来自读写器的所有信息和事件流的软件，是连接读写器和企业应用的纽带，主要包括标签数据过滤、分组、计数防错读和防漏读等功能。它可以安装在商店、本地配送中

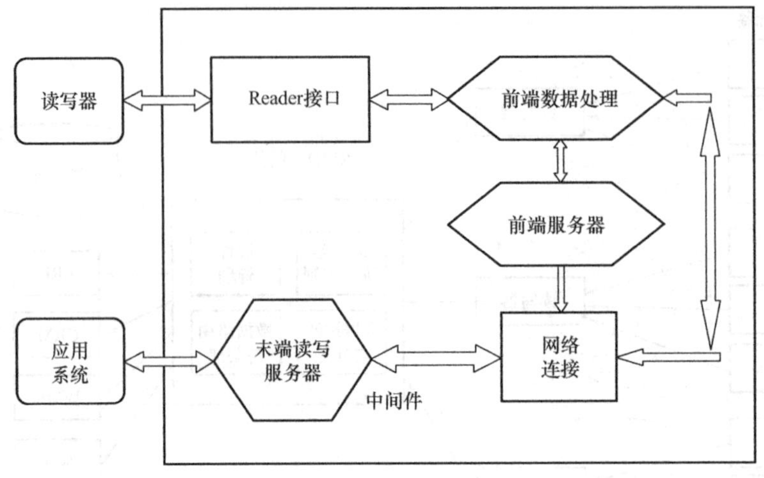

图 4-18　中间件模块的组成

心、区域数据中心，以实现对数据的捕获、监控和传送。

中间件直接与 Reader 连接，主要功能为管理、监控 Reader，接收 Reader 的电子编码信息，处理收集的信息，并且把有用数据传输给企业应用程序。可以把中间件按照功能划分为几个模块，具体描述如下：

（1）Reader 接口模块　从读写器发射出来的调制高频信号，经高频电路解调后重新构建，产生的信号在逻辑控制电路中进一步加工成数字式串行数据流，数据流经过编码产生每个标签具有的唯一电子编码（EPC）。Reader 接口模块就是 EPC 传输到中间件的接口，它对读写器的各个参数进行设定，比如串口号、波特率、校验位、数据位等；能够让不同类型的 Reader 将信息写入到 Reader 适配器，收集读写器探测到的事件。

（2）前端数据处理模块　前端数据处理模块储存一定时间接收到的 EPC，对接收到的数据进行处理，也就是对 Tag 数据处理。读写器可以标识识读范围内所有的标签，但无法判断是否读错或者漏读标签，并且不对数据进行处理，为此需要对数据进行相应的处理。有时候由于读写器异常或者标签之间的相互干扰使得采集到的 EPC 数据可能是不完整的、错误的甚至出现漏读的情况。因此，要对 Reader 读取到的 EPC 数据流进行平滑处理，平滑处理可以清除不完整和错误的数据，将漏读的可能性降至最低。另外由于接收的数据有很多冗余，所以要对数据进行过滤，以消除冗余数据，将过滤掉“无用”信息后的“有用”信息传送给应用程序或上级数据处理服务器。

（3）电子编码（EPC）数据处理模块

1）数据校对。从 Reader 接口中读入物品电子编码（EPC）数据，并按照 EPC 编码规则解析该物品 EPC；设置平滑过滤器对该 EPC 进行格式检查，看是否是有效的 EPC 数据，如果不是，则删除该条信息并让 Reader 重新识读。

2）数据过滤。由于读写器的读写频率比较高，当读写器在识别时，一个标签被多次识读，这时需要删除多余的记录只留下一条该标签的纪录，然后才把信息传给上级的服务器。为了解决这种情况产生的 EPC 数据冗余，可以采用的方法是：把某个时间间隔里采集的数据根据 EPC 排序，然后将同一个 EPC 的多条记录按时间先后排序，接着对同一条 EPC 的多条记录只取时间最晚的那条，直至消除所有冗余数据。另外根据应用程序的需要，比如说可能只要统计某种产品的价格，这时可以设置产品过滤器，只让 EPC 属于该种产品的记录通过过滤器。

（4）末端读写服务器模块 它称为数据库操作模块，对通过网络传输的 EPC 数据进行输入、修改、查询、镜像保存等操作；另外可对前端数据处理的条件进行修改，当只要求得到标签的部分数据时，可通过设置过滤条件经网络传输给前端数据处理模块。

1）数据的存储管理及操作。数据的存储通常采用 Microsoft SQL Server 数据库平台。Microsoft SQL Server 是 Windows NT 操作系统中分页式的客户/服务器技术，这种高级的数据库平台，在现有的网络中，提供了系列的事务解决方案，可达到最大 2GB 的内存；可以平滑地操作通用的网络和协议及多种主机，系统复杂程度低，为所有的管理服务提供了一个 32 位窗口用户界面，即 SQL Windows NT Enterprise Manager，还把管理工具、服务和组成模块集成到了核心产品中，降低了系统的复杂程度；使远程 SQL Server 可以在更大程度上实现自我管理，并对调度、事件/警报、复制等相关服务进行编程，以实现自动的、无人看守功能；为数据库管理人员（DBA）提供很好的工具，使他们的管理从被动转为主动，通过一个全面的事件/警报处理模式，允许管理人员为某些特定情况和某些困难情况（如数据库日志将满）定义修正性动作，这些动作可以由事件和警报触发。若系统出现故障，可以自动地前翻后翻恢复，自动地死锁检查和处理。

2）反馈机制。RFID 中间件能够自动配置读写器将数据处理的规则反馈到读写器，从而有效降低对网络带宽的需求。应用系统只是对某些 RFID 数据感兴趣，而不是需要获得全部的 RFID 数据消息时，可以将数据过滤的工作安排在 Reader 接口模块，这样系统的设计就可降低 RFID 读写器与应用系统之间的通信量。例如应用系统需要知道某段时间内钢材的进出口信息，前端处理模块根据要求调整过滤条件，仅接受该段时间内钢材的信息，将该时间段的钢材的信息传递给末端服务器。

习 题

1. 什么是云计算？云计算的应用场合有哪些？
2. 大数据出现的背景是什么？
3. 数据挖掘技术有哪些？
4. 中间件的地位是什么？如何理解物联网中的中间件作用？
5. 在 RFID 系统中，中间件是如何起作用的？

第5章　物联网在智慧城市中的应用

【导读】中国城市化进程发展迅速，近年来我国城市化率已经超过50%，城镇化成为推动经济社会发展的强大动力。但现代城市发展也面临环境污染、管理复杂、能源短缺、人口增长、经济转型等实质性问题的挑战，当前的发展模式不再是可行的方式。智慧城市是一种发展城市的新思维，政府通过智慧城市建设推进城市生产、生活和管理方式创新，解决城市发展过程中面临的问题，提升政府服务价值，创造产业经济价值，体现民生社会价值，最终达到“强政、兴业、惠民”的目标。各级政府的积极推进是智慧城市建设的推动力，通过智慧城市建设，转变经济发展方式，提升基础设施水平，解决城市交通拥堵、环境保护、节能减排、城市安全、资源发展瓶颈等问题。政府利用信息化手段提升政务执行效率，提高为民服务的水平。

5.1　智慧城市概述

5.1.1　智慧城市背景

随着经济的迅速发展，我国城市进入加速发展期。“十二五”期间，我国城市化率突破50%，城市化对国民经济和社会进步的促进作用明显增强。与此同时，人口膨胀、环境污染、资源短缺、交通阻塞等城市病已逐渐成为制约我国城市发展的主要问题。为了实现城市的可持续繁荣，一方面需要进一步顺应城市的全球化、多样化、社会化和协同化的趋势，建立新型的城市发展模式；另一方面需要借助新技术革命强大的驱动力，奠定新型发展模式的基础。正如诺贝尔经济学奖获得者斯蒂格利茨所言：“在21世纪初期，影响世界最大的两件事，一是新技术革命，二是中国的城市化。”把握时代发展的脉搏，让新技术革命和城市化的趋势结合，迫切需要寻求有效解决城市病、遵循城市发展客观规律的综合解决之道，于是智慧城市就成为必然选择。

智慧城市是以具有科学城市治理理念的智慧型服务政府为主导，建构在信息泛在基础之上的新型城市发展模式。智慧城市建设将极大提高城市的环境承载力，有效驱动经济发展模式调整，全方位提升以人的发展为本的美好城市生活的感知。智慧城市建设注重内生发展动力，不同的城市可以结合自身的区位发展优势，演进出自身的智慧路径。

《国民经济和社会发展第十二个五年规划纲要》中指出，要遵循城市发展客观规律，科学规划城市群内各城市功能定位和产业布局，坚持以人为本、节地节能、生态环保、安全实用、突出特色；并在政府工作报告中明确提出要大力发展物联网、新能源技术等为代表的战略型新技术产业。

智慧城市基于泛在化的信息网络、智能的感知技术和信息安全基础设施，透明、充分地获取城市管理、行业、公众用户海量数据，为公众提供共享信息，打造智能生活、智能产业、智能管理的城市信息化应用。

智慧城市是以互联网、物联网、通信网、移动网等网络组合为基础，以智慧技术高度集成、智慧产业高端发展、智慧服务高效便民为主要特征的城市发展新模式。智慧化是继工业化、电气化、信息化之后，世界科技革命又一次新的突破。图 5-1 所示是智慧城市示意。

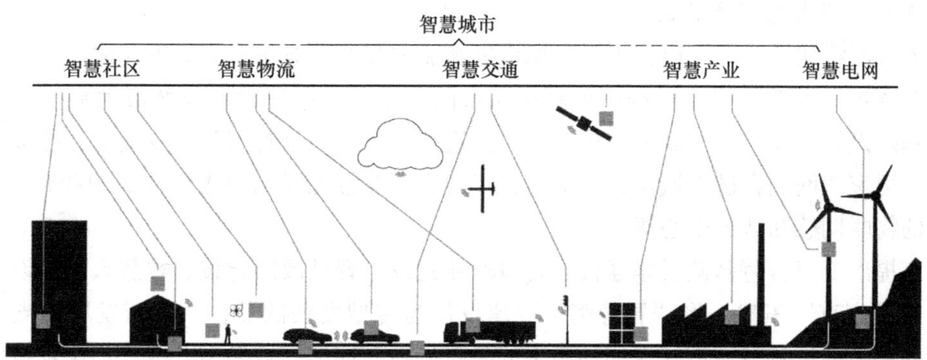

图 5-1　智慧城市示意

利用智慧技术，建设智慧城市，是当今世界城市发展的趋势和特征。智慧城市的理念就是把城市本身看成一个生态系统，城市中的市民、交通、能源、商业、通信、水资源构成了一个个的子系统。这些子系统形成一个普遍联系、相互促进、彼此影响的整体。在过去的城市发展过程中，由于科技力量的不足，这些子系统之间的关系无法为城市发展提供整合的信息支持。而在未来，借助新一代的物联网、云计算、决策分析优化等信息技术，通过感知化、物联化、智能化的方式，可以将城市中的物理基础设施、信息基础设施、社会基础设施和商业基础设施连接起来，成为新一代的智慧化基础设施，使城市中各领域、各子系统之间的关系显现出来，就好像给城市装上网络神经系统，使之成为可以指挥决策、实时反应、协调运作的“系统之系统”。智慧的城市意味着在城市不同部门和系统之间实现信息共享和协同作业，更合理地利用资源，做出最好的城市发展和管理决策，及时预测和应对突发事件和灾害。

5.1.2　国内智慧城市发展情况

随着智慧城市的建设在全球各地蓬勃发展，中国各大城市也融入智慧城市的建设大潮中，努力借助智慧化理念和方法让自己的城市智慧化地向前发展。目前国内已经提出建设智慧城市的城市中，有的是创新推进智慧城市建设，提出了“智慧宁波”“智慧深圳”“智慧南京”“智慧佛山”等；更多的是围绕各自城市发展的战略需要，选择相应的突破重点，提出了“数字南昌”“健康重庆”“生态沈阳”等，从而实现智慧城市建设和城市既定发展战略目标的统一。

目前国内智慧城市建设主要分以下几类：

1. 以发展智慧产业为核心

根据《2015年宁波市加快建设智慧城市行动计划（征求意见稿）》，宁波市将以智慧产业发展为突破口，力争实现电子信息制造业产值1600亿元，新一代信息技术产业实现规模以上工业产值480亿元，同比增长10%；软件和信息服务业实现产值375亿元，增长25%以上。为打造智慧产业创业创新高地，宁波将研究出台《关于加快发展信息经济的实施意见》，把握“制造+服务”“互联网+”等新机遇，明确智慧城市信息化应用产品与服务、智能产品、电子商务、云服务等重点领域，开展信息经济创业创新园区（基地）建设，着力打造全市创业服务中心，加快发展众创空间等新型创业服务平台。

2. 创新推进智慧城市建设

这类城市将建设智慧城市作为提高城市创新能力和综合竞争实力的重要途径。深圳将建设“智慧深圳”作为推进建设国家创新型城市的突破口，以建设智慧城市为契机，着力完善智慧基础设施、发展电子商务支撑体系、推进智慧交通、培育智慧产业基地，已被有关部委批准为国家三网融合试点城市，并提出近年内实现宽带无线网覆盖率达到100%，组建华南地区的物联网感知认证中心等。

南京提出要以智慧基础设施建设、智慧产业建设、智慧政府建设、智慧人文建设为突破口的“智慧南京”策略。将“智慧南京”建设作为转型发展的载体、创新发展的支柱、跨越发展的动力，以智慧城市建设驱动南京的科技创新，促进产业转型升级，加快发展创新型经济，最终提升城市的综合竞争水平。

3. 以发展智慧管理和智慧服务为重点

昆山智慧城市建设重点包括智慧交通、智慧医疗、服务型电子政务等方面，从而为城市运营和管理提供更好的指导能力和管控能力。昆山作为全国百强县之首，经济发达，但是城市建设管理水平相对滞后，因此昆山通过实施“城市控管指挥中心”“政府并联审批”“城市节能减碳”等三大智慧城市软件解决方案，解决城市管理的现实问题。

佛山市为了打造“智慧佛山”，提出了建设智慧服务基础设施十大重点工程：信息化与工业化融合工程、战略性新兴产业发展工程、农村信息化工程、U-佛山建设工程、政务信息资源共享工程、信息化便民工程、城市数字管理工程、数字文化产业工程、电子商务工程、国际合作拓展工程。

4. 以发展智慧技术和智慧基础设施为路径

上海在推出的《上海推进云计算产业发展行动方案（2010—2012年）》即“云海计划”中将为智慧城市建设所需要的云计算提供非常优秀的基础条件，推出适合本土的云计算解决方案，在智慧技术基础上充分支持上海智慧城市建设。

杭州因地制宜提出了建设“绿色智慧城市”，把“绿色”和“智慧”作为城市发展的突破路径，着力发展信息、环保和新材料等为主导的智慧产业，加强城市环境保护，从而实现建设“天堂硅谷”和“生活品质之城”的城市发展战略目标。

5. 以发展智慧人文和智慧生活为目标

成都提出要提高城市居民素质，完善创新人才的培养、引进和使用机制，以智慧的人文为构建智慧城市提供坚实的智慧源泉。重庆提出要以生态环境、卫生服务、医疗保健、社会保障等为重点建设智慧城市，提高市民的健康水平和生活质量，打造“健康重庆”。

5.1.3 国外智慧城市发展情况

城市的发展历经了传统城市、数字城市阶段，目前正进入智慧城市阶段。美国的纽约、英国的伦敦、日本的东京和新加坡这些国际大都市，已经在智慧城市的道路上进行了一些有效的实践。

1. 美国

作为世界第一经济强国，尽管遭受了 2008 年惨重的世界金融危机冲击，但这丝毫不影响美国在新市场方面的计划。奥巴马就任总统后，积极回应 IBM 的“智慧地球”概念，并将其上升为国家战略，这使美国很多陷入困境的企业看到了全新的希望。无论从基础设施、技术水平来说，还是从产业链发展趋势来看，美国在这次新一轮技术创新浪潮中将走在世界各国的前列，趋于完善的互联网络为其物联网的发展创造良好的先机。在美国的《经济复苏和再投资法》中，提出从能源、科技、医疗、教育等方面着手，通过政府投资、减税等措施来改善经济，增加就业机会，带动美国长期发展。

2. 日本

日本早在 2004 年就推出了基于物联网的国家信息化战略，称作 U-Japan。“U” 指英文单词“Ubiquitous”，意指普遍存在的，无所不在的。该战略是希望催生新一代信息科技革命，实现无所不在的信息社会。U-Japan 由日本信息通信产业的主管机构提出，即物联网战略，通过无所不在的物联网，创建一个新的信息社会。

2010 年以来，日本积极实施 U-Japan 战略，成功完成了追赶世界 IT 先进国家的任务。U-Japan 战略的理念是以人为本，实现所有人与人、物与物之间的连接。为了实现 U-Japan 战略，日本进一步加强官、产、学、研的有机联合，在具体的政策实施上，以“民、产、学”为主，政府的主要职责就是统筹和整合。通过实施 U-Japan 战略，日本希望开创前所未有的网络社会，并成为未来全世界信息社会发展的楷模和标准，在解决其高龄化等社会问题的同时，确保其在国际竞争中的领先地位。

3. 新加坡

自 2006 年开始，新加坡实施“智慧国 2015 计划”，欲将新加坡建设成为以信息通信为驱动的国际大都市。在多年的发展过程中，新加坡在利用信息通信技术促进经济增长与社会进步方面都处于世界领先地位。在智慧城市推进方面，新加坡的成绩更是引人注目。

作为东南亚的重要航运枢纽，新加坡注重利用信息通信技术增强新加坡港口和各物流部门的服务能力，由政府主导，大力支持企业和机构使用 RFID 及 GPS 等多种技术增强管理和服务能力。通过一系列项目和计划的实施，新加坡已在智慧城市建设方面走在了世界前列。

5.1.4 智慧城市总体架构

智慧城市是一个有机结合的大系统，涵盖了更透彻的感知、更全面的互联、更深入的智能。物联网是智慧城市中非常重要的元素，它侧重于底层感知信息的采集与传输、城市范围内泛在网方面的建设。物联网是一个基于互联网、传统电信网等信息承载体，让所有能够被独立寻址的普通物理对象实现互联互通的网络。它具有普通对象设备化、终端互联化和服务智能化三个重要特征。

物联网为智慧城市提供了坚实的技术基础。物联网为智慧城市提供了城市的感知能力，并使得这种感知更加深入、智能。通过环境感知、水位感知、照明感知、城市管网感知、移动支付感知、个人健康感知、无线城市门户感知、智慧交通的交互感知等，智慧城市才能实现市政、民生、产业等方面的智能化管理。物联网的主要目标之一是实现智慧城市，许多基于物联网的产业和应用都是服务于智慧城市的主流应用的。换句话说，智慧城市是物联网的靶心。

结合国内各地智慧城市建设的发展思路，智慧城市建设的总体架构概括为“三个基础、两大体系、一大平台、多项应用”（见图 5-2）。“三个基础”是指城市基础设施、智慧城市运营管理中心和公共资源数据中心；“两大体系”是指智慧城市标准规范体系、智慧城市信息、安全体系；“一大平台”是智慧城市公共信息平台，多项应用是指智慧交通、应急联动、环境监测等各行业智慧应用体系。

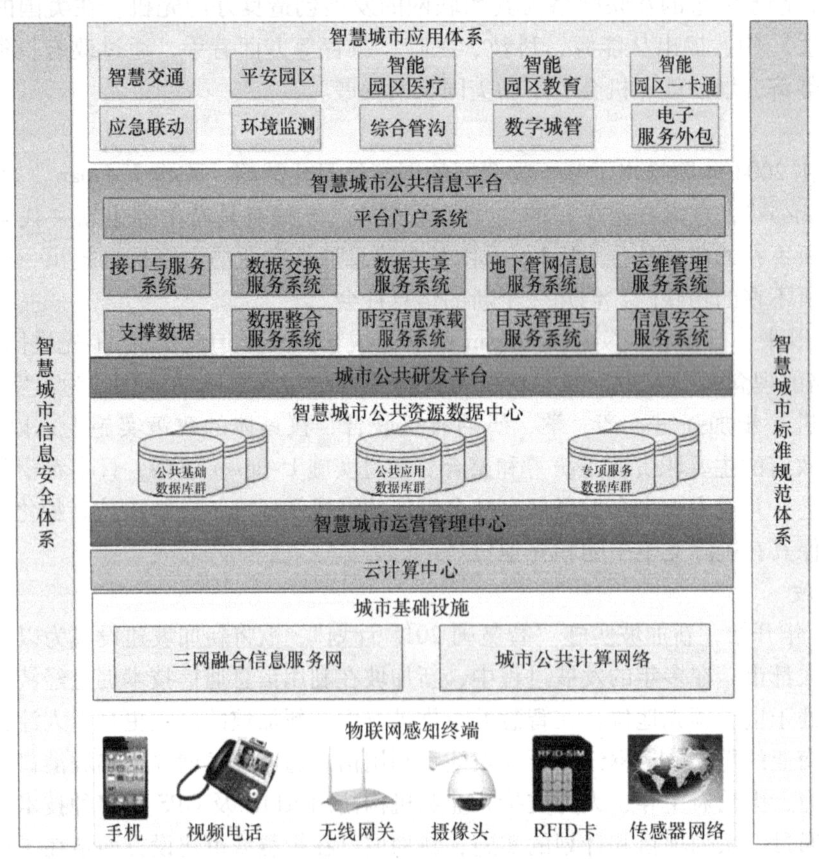

图 5-2　智慧城市体系架构设计

智慧城市从技术层面讲可简单理解为由分散在大量不同部门、不同物理位置的信息系统和数据库组成，通过政务网、专用网、互联网、无线网、物联网等通信网络资源从信息通路上进行链接；如果部门之间、系统之间通过点对点的方式建立联系，必将重复投入建设一些共性的、基础的功能设施，对于整个智慧城市建设是非常不经济的。通过构建城市公共信息平台，实现统一规划、统一标准、统一技术、统一平台、统一运维（运行维护，简称“运维”），将极大提高智慧城市建设的实际成效，降低成本、提高能力、规范建设、平滑扩展。

智慧城市的基础设施建设以公共信息平台为核心，紧紧围绕数据统一格式化处理与存储、信息高度集成与共享、标准化管理与服务等原则，建立网格化、多维度、精细粒化的信息服务支撑体系。

1. 城市基础设施

深度三网融合，建成多层次、立体化、高带宽、全覆盖的无线基础网络，通过视频、移动终端、射频技术等感知手段，对市政基础设施、交通、水务、环保、教育、文化、医疗卫生、社区、物流、城管、公共安全、旅游等感知范围进行智能、全面、深度的感知，采集信息经过有线/无线传输技术进行延伸、扩展，接入网络层进行传输，形成多类感知的物联网，为城市基础设施建设和应用提供有力的网络基础保障。

2. 城市公共资源数据中心

对于公共计算网络中的信息，公共资源数据中心将进行一定的处理，形成规范化的、可以直接提供使用的几大类公共数据库。

（1）基础数据库　它包括城市地理空间数据库、城市人口数据库、城市法人数据库、城市宏观经济数据库。

（2）业务数据库　它包括服务于各政府部门和相关行业的数据库数据，主要由各政府部门或企业建设管理，通过城市公共资源数据中心，形成逻辑集中、物理分散的数据管理模式。

（3）服务数据库　它包括各类服务的集合，如针对不同数据库的查询服务、统计服务、分析服务等。

3. 城市公共信息平台

城市公共资源数据中心的数据主要包括在城市公共计算网络的原始数据和经过公共资源数据中心处理后的公共数据库。借助城市公共信息平台，可以对外提供相关的信息服务，平台门户系统包括数据交换服务系统、接口与服务系统、数据整合服务系统、时空信息承载服务系统、目录管理与服务系统和运维管理服务系统等。

5.1.5　智慧城市的基础网络建设

智慧城市基础设施网络架构包括如下几部分：

1. 政务城域网络

整合电子政务网络，针对各部门单位原有电子政务网络繁杂无序、各自为政、重复投资建设等问题，对政务专网进行整合，建立起党政机关、事业单位的政务城域网。将各部门单位连接互联网的各种模式整体转换为电子政务外网用户端，形成一个统一的电子政务外网（见图 5-3）。

整个网络系统主要包括：中心核心网络、专网接入网络、互联网接入网络及服务器存储网络。

2. 行业应用专网

行业应用专网向下接入所有行业内部网点，其核心节点通过内外网安全隔离设备，采用双链路连接到中心节点的双路由交换设备。可以是行业数据中心对外进行连接，也可以是行业专网网络核心连接中心节点，还有一些行业专网会设定一定的服务内容，通过特定环境（如对外访问安全区）对外提供访问服务（如金融机构）。带宽采用专用网络，租用光纤链

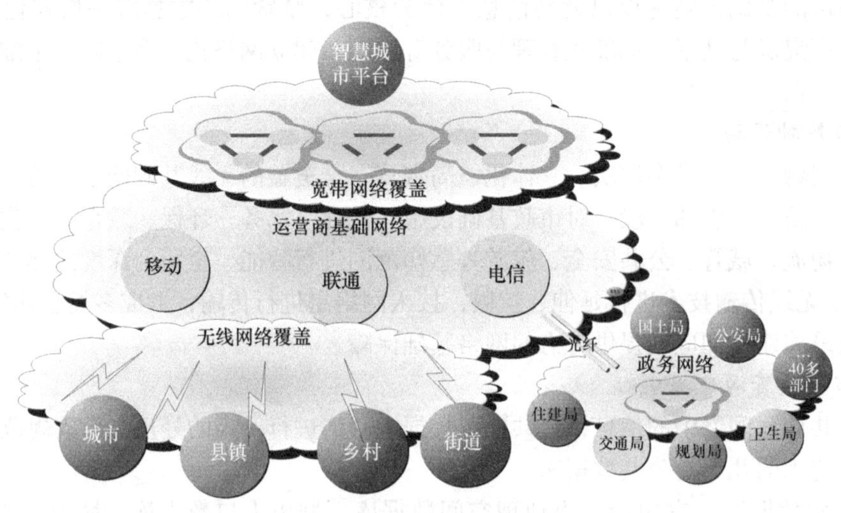

图 5-3　政务城域网络

路，两端配置链路加密设备，保障信息的安全访问。

3. 无线网络建设

分区域、按步骤部署无线宽带接入网络，加快实施 4G 无线宽带网络的广度和深度覆盖。统筹规划，统一技术规范、接口及协议，推动无线宽带业务在政务、商务、城市管理等各领域广泛应用。

4. 宽带网络建设

在宽带网络全覆盖的基础上，积极推进下一代互联网，建设基于 IPv6 的下一代高速宽带网络及城域高速互联。大力推进有线接入网络宽带升级，加快光纤到户建设。

5.1.6　智慧城市的数据库

公共基础数据库是智慧城市公共基础数据中心，主要包括城市公共基础数据库群、城市公共应用数据库群以及城市专项服务数据库群。

1. 城市公共基础数据库群

城市公共基础数据库群建设包括基础空间数据、经济基础数据、注册法人基础数据、户籍人口基础数据、城市建成区建筑物基础数据、城市建成区公共设施基础数据（地上设施、地下管网）、法律法规基础数据等公共基础数据库群集。

2. 城市公共应用数据库群

城市公共应用数据库中主要存储智慧城市各项应用中可以共享的动态业务数据，包括多媒体信息数据、车辆信息数据、组织人员信息数据、终端信息数据等公共应用数据库群集。

3. 城市专项服务数据库群

城市专项服务数据库群主要包括各专业领域的相关数据，如规划建设的城管、能源、教育、安全、畜牧等业务系统产生的数据。专业数据涵盖面广，数据提供者就是这些数据的整理、维护和发布者，在智慧城市中居于至关重要的地位。

根据系统建设进程和规划，逐步扩展的城市专项服务数据库群包括：智慧安全信息数据库、智慧交通信息数据库、智慧政务信息数据库、社会管理信息数据库、智慧城管信息数据库、智慧规划信息数据库、智慧环保信息数据库、智慧能源信息数据库、智慧房产信息数据库、智慧矿产信息数据库、智慧医疗信息数据库、智慧物流信息数据库、智慧应急信息数据库等。

5.1.7　智慧城市的公共信息平台

公共信息平台的目标是实现全市性的共性问题的统一处理，解决某一个应用单位或机构难以独立完成的城市管理或公共服务问题，为政府、企业和公众的各类应用及其协同提供平台支撑（见图 5-4）。

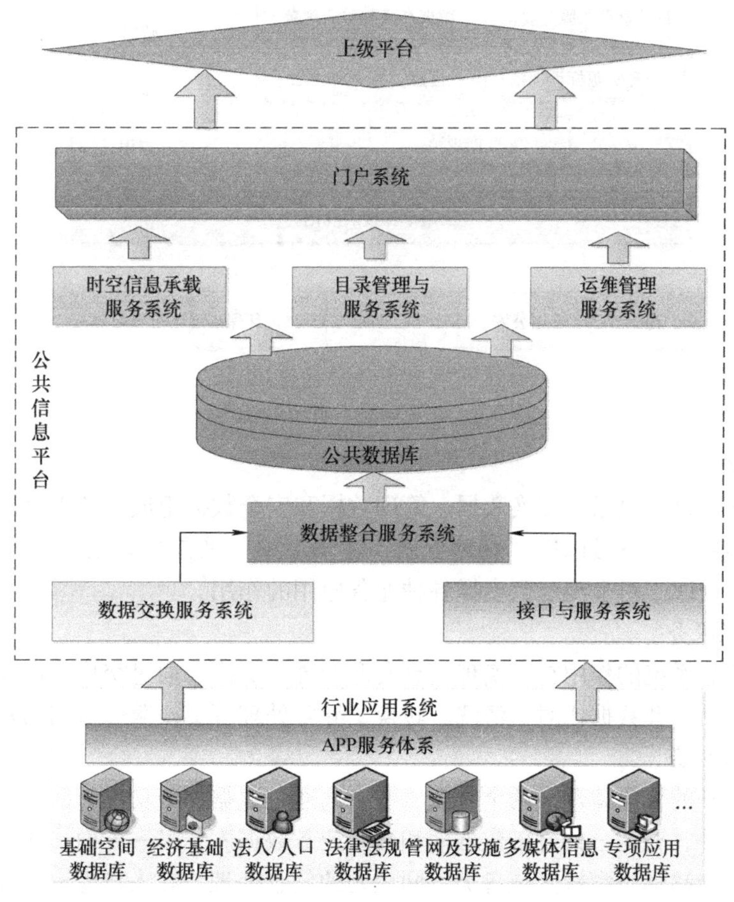

图 5-4　公共信息平台核心内容建设

公共信息平台是智慧城市系统的基础设施，其作用体现为如下三点：

1）公共信息平台具备支撑多级平台应用能力，通过数据交换服务系统与上级平台实现数据交换共享。

2）公共信息平台通过接口与服务系统实现城市公共数据的服务共享，为城市政府专网和公共网络上的各类行业应用系统提供空间信息服务、业务信息服务和专题挖掘服务。

3）公共信息平台是城市公共数据进入的通道，通过数据交换服务系统和数据整合服务系统实现城市公共数据的采集、对比、清洗、加工和整合等。

应用单位接入规范提出了应用单位接入公共信息平台所需的环境要求、技术要求、管理要求等规范要求，只有遵循且满足应用单位接入规范的应用单位允许接入公共信息平台（见图5-5）。

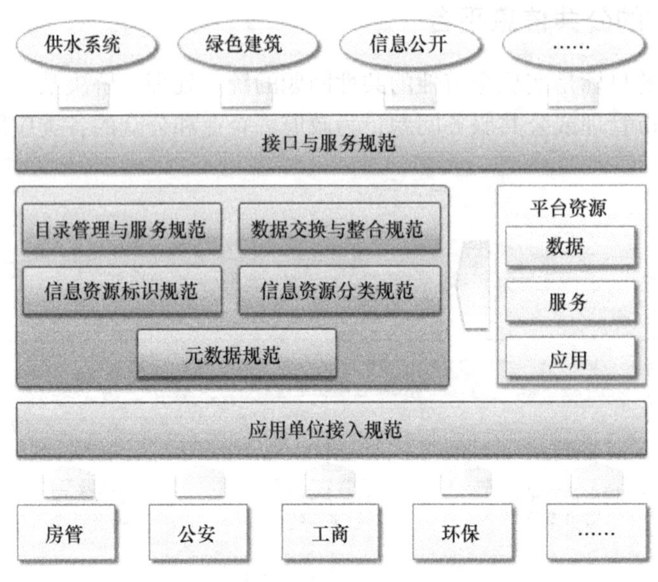

图5-5　公共信息平台组成架构

1. 支撑数据

它由元数据、目录数据、交换数据、管理数据和安全数据组成，处于整个基础信息资源数据架构的中间层，对下可以以“物理分散、逻辑集中”或是物理集中方式构建虚拟或物理的城市公共数据库，对上则起到支撑各种业务应用的作用。

2. 数据交换服务

数据交换服务系统的作用在于实现信息资源的统一交换，通过交换实现人口、法人等信息资源的同步更新以及数据比对、清洗、转换、异常处理等交换服务所需的基本功能。

3. 数据整合服务

数据整合服务的作用体现在两个方面，一方面通过数据加工功能，能够实现交换所得数据的清洗、转换等，充实公共基础数据库和公共业务数据库；另一方面，通过数据整合、时空关联等功能，能够动态配置实现各类不同主题的信息处理，在人口库、法人库等基础数据库的基础上，通过进行地址匹配、时空化、集成等，构建业务应用所需的业务数据，充实公共服务数据库，提升数据的价值，实现数据向信息的转变（见图5-6）。

4. 时空信息承载服务

时空信息承载服务系统采用地理信息系统（GIS）和建筑物信息模型（BIM）等技术，从时间和空间两个维度组织、管理和可视化展现海量城市公共数据，实现信息检索、信息比对等核心功能，支撑各类智慧应用。系统要求开放开发接口，具备可扩展性。

5. 目录管理与服务

目录管理与服务系统，以目录方式实现资源共享，是智慧城市公共信息平台实现信息资源共享的有效手段，使用目录体系可以以更灵活的方式实现更多应用单位、更多资源的接入

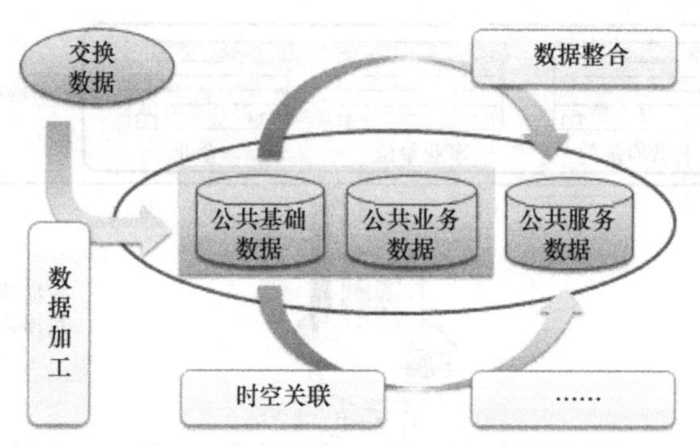

图 5-6　数据整合服务模型

与共享。

6. 接口与服务

它主要包括公共信息平台对外提供数据交换的接口与服务：开发接口服务、空间信息服务、业务信息服务、专题挖掘服务、服务管理。

7. 平台门户

平台门户子系统作为公共信息平台对外信息展示及平台运维的窗口，针对管理员、政务用户和公众用户的不同应用需求，集成运维管理服务系统、目录管理与服务系统和时空信息承载服务系统，提供部门编目排行、访问量统计排行等功能，聚合成相应的功能接口集以支撑构建于平台基础上的各类应用，实现公共信息平台“统一门户”的建设目标。

5.1.8　智慧城市的应用平台

应用平台是在公共信息平台基础上，封装了智慧城市底层应用，隐藏了底层应用中复杂的模型计算及服务，为智慧应用易扩展性提供了上层应用接口，为智慧应用的开发部署提供了软硬件环境，从而加快了智慧应用的集成和应用创新。

1. 空间信息服务平台

空间信息服务平台，是指在城市信息化进程中，用以满足各个行业进行与地理空间相关信息的采集、应用、交互、共享，并能提供标准框架数据及运行环境的集合，是城市各行业、各单位和部门进行数据共享和数据交换的公共平台（见图 5-7）。城市空间信息服务平台是城市信息化的核心，它以海量数据集成的方式来对城市活动进行数字化存储和描述，为城市信息应用提供统一的基础数据框架，突破各职能部门之间的信息封闭，实现广泛的信息共享。

城市空间信息服务平台用于存储公用的空间数据，并通过城域网与各部门进行连接，为它们的业务应用系统提供数据服务，形成一种分布式的空间数据共享应用环境。城市空间信息服务平台中的数据是各部门都需要的数据，因此称其所在的服务器为数据中心节点，相应的其他专业部门的数据节点称为分节点。整个信息平台的体系结构如图 5-8 所示。

2. 位置服务信息平台

智慧位置服务信息平台建设包括底层关键技术集成、智慧位置服务引擎平台及系统搭建以及上层 LBS（定位服务）应用系统的开发。

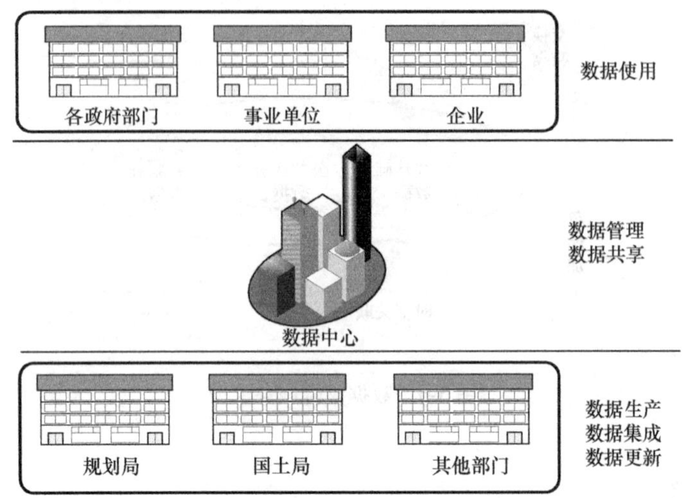

图 5-7　城市空间信息服务平台层次架构

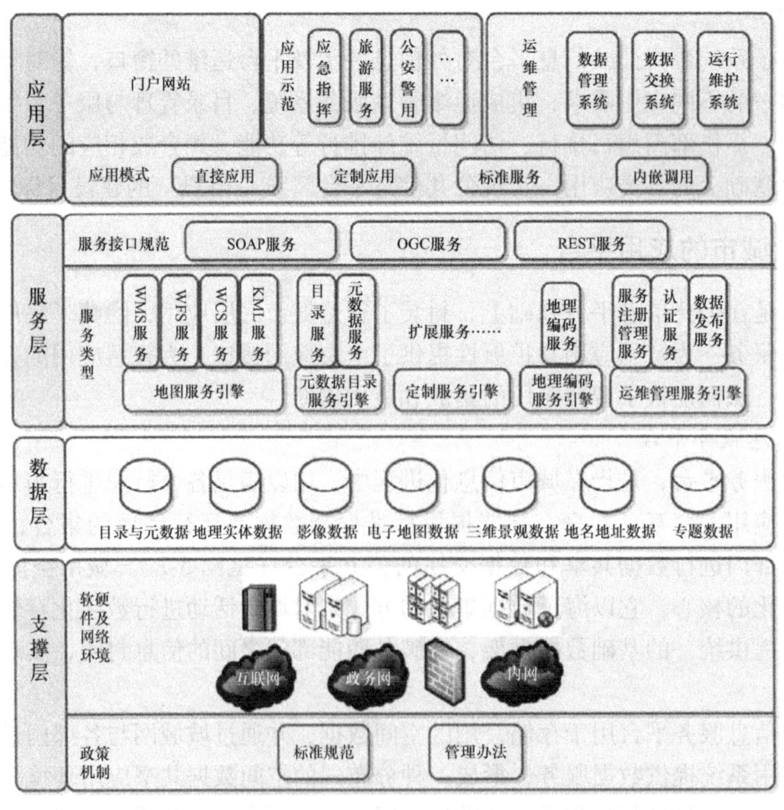

图 5-8　城市空间信息服务平台体系架构设计

移动定位技术针对移动应用需求，在室外环境中，支持北斗卫星定位，室内环境中支持 WiFi 定位，同时在室内外环境中进行切换时，能够智能切换导航模块及地图数据，实现室内外全方位无缝定位服务引擎，为下一代智能导航移动终端提供技术储备与系统原型。

智慧位置服务引擎平台与系统的建设主要包括全空间无线环境的布设实施，无线数据、用户数据、商品数据等信息的采集与管理，定位模块与系统的集成与实施，相关数据库管理技术的引进等。

移动终端应用系统建设与研发可以包括如下方面：

（1）商品互动点评与推荐　商品互动点评模块使用户在购买、使用过商品之后，还可及时通过手机对该商铺的印象、服务质量、商品的价格、外观、质量、体验等进行打分及评论，另外也包括商铺与优惠信息自动推荐。定位模块确定了用户的位置后，自动推荐模块立即检索附近的商家、店铺，并将商家所提供的商品折扣信息、团购信息以及各类促销信息推送给用户（见图 5-9）。

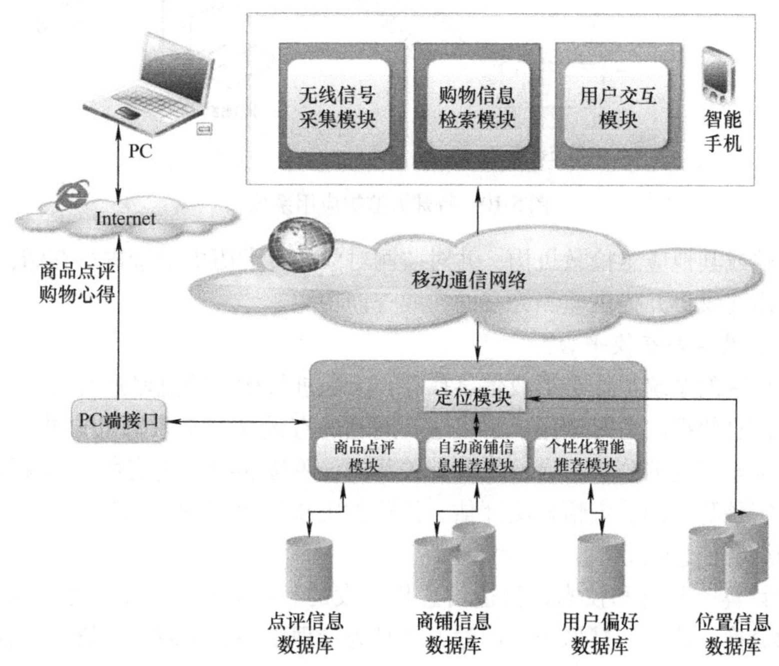

图 5-9　典型移动信息服务系统架构

（2）特殊人监护应用系统　特殊人监护应用系统可实时监测老人、孩子、残障人、病人的行为，对于具有安全隐患的行为或紧急情况进行实时现场声、光提醒，并发送远程报警信息，此外可远程查看实时状态、记录和分析日常行为习惯优缺点。

监护系统主要由定位感知终端模块、家用监护终端、后台服务器、监测终端等组成，系统结构如图 5-10 所示，具体模块将介绍如下：

1）定位感知终端模块：是佩戴在被监测对象身上的低功耗传感器，具有蓝牙或 WiFi 无线通信功能，用于传输传感器采集的实时数据。

2）家用监护终端：负责收集定位感知终端模块的传感器数据，收集自身安装的传感器数据（主要有温度计、麦克风、摄像头、空气质量计等），对收集到的传感器数据进行分析、处理、压缩并将需要保存的数据分时通过 TD 或以太网上传到服务器，分析的结果出现异常或出现预先设定的事件时给予实时报警并通过 TD 或以太网实时发出报警信息。

3）后台服务器：收集家用监护终端数据，对于监护终端发出的报警信息以适当方式即

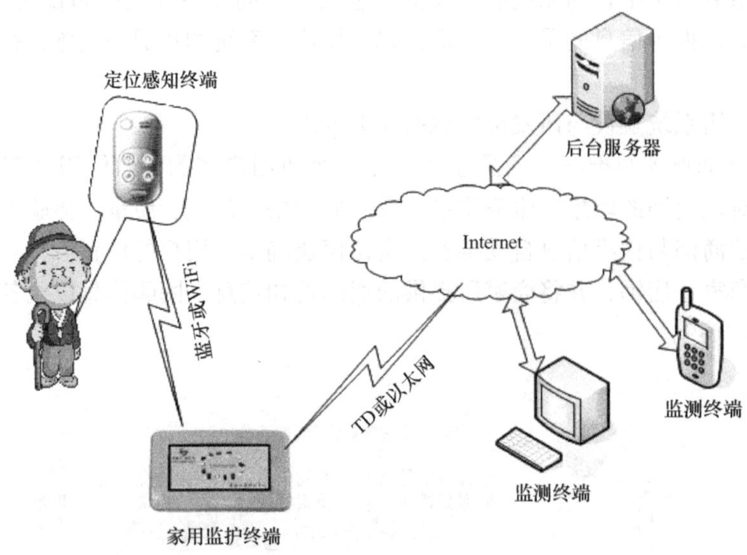

图 5-10　特殊人监护应用系统

时通知监测终端或其他应急抢救机构；并对监测对象的日常历史记录进行存储，且能进行阶段性分析、提出建议，并提供监测终端的在线查询功能。

3. 城市数据共享与交换平台

不同部门构建的系统往往会形成信息孤岛，无法进行横向信息联通交换，也难以实现纵向多尺度地理信息数据的适时调用。解决这一问题的有效途径是采取数据共享与交换平台，形成纵、横向互联互通的公共平台，供各有关部门、单位加载专业信息，实现信息资源集成与共享，为灾害预防预测、灾情监测评估、抢险救灾指挥决策和灾后恢复建设等提供全面、准确、及时的综合信息服务。

采用“云计算”理念和技术，打造信息化建设的私有云计算平台，实现跨行业的数据集中、共享和交换；建立智慧城市资源池，并且为管理中心和市政、城管、社管、交通、照明等单位提供主要为 IaaS 和 PaaS 等的服务，实现计算资源统一管理，按需可动态伸缩，以确保数据的跨行业集中、共享与交换以及软件平台的服务共用（见图 5-11）。

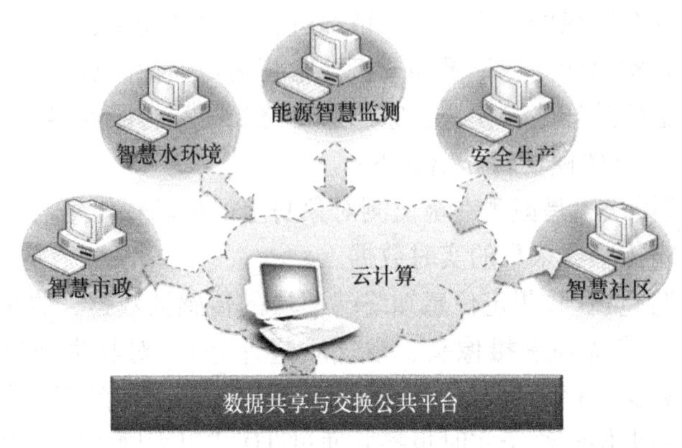

图 5-11　数据共享与交换平台

云计算平台的建立，可以有效减少各政府单位的信息化建设软、硬件系统的资金投入，避免重复建设，中心硬件资源能够根据各单位需求自动动态分配，提供API或开发平台供各单位在云中创建自己的应用。

4. 城市运行综合体征评价平台

平台对市容环卫、绿化景观、市政设施、房地物业、水、电、暖、燃气、环保、防汛、气象等公共产品、公共服务、行业管理的运行状况量化主要指标，编制情况日报，按照标准、预警、应急三级通报，加强动态监控，及时预警应急，确保城市整体运行有序。

5. 领导监督和辅助决策平台

在数据集中管理与共享和系统功能综合应用基础上，开发建设领导监督和辅助决策公共平台，对智慧城市综合应用公共平台、各专业应用平台的数据进行分析、展示，为领导提供实时、有针对性的统计分析数据；设计适合本地区的辅助决策模型，抽取基础数据按照城市运行管理需要进行各种辅助决策分析，为市领导提供辅助决策依据。领导监督和辅助决策平台采用远程登录访问、领导专用显示终端、手机移动访问或定时发送等方式为领导服务。

5.1.9　智慧城市的运营模式分析

智慧城市的运营要统一平台管理、集中资源调度、纵向应用发布，通过面向政府的智慧城市统一云平台管理，形成能够服务全国的支撑体系，探索形成可持续运营发展的商业模式。智慧城市的产业链上包括政府、运营商、设备供应商、软件应用提供商四个角色，具体分工如下：

（1）政府主导　政府在城市规划中起主导性作用，是智慧城市建设的重要力量。

（2）设备供应商介入　中兴、华为、神州数码等国产设备供应商，提供智慧城市软硬件解决方案。

（3）运营商机遇与挑战共存　运营商依托优势建设智慧平台，整合城市信息资源，提供运营服务。

（4）软件应用提供商积极参与　社会各方合力提供应用能力，促进产业成熟、健康、可持续发展。

5.2　智慧社区

5.2.1　概述

智慧社区是智慧城市概念之下的社区管理的一种新理念，是新形势下社会管理创新的一种新模式。智慧社区是指充分利用物联网、云计算、移动互联网等新一代信息技术，为居民提供一个安全、舒适、便利的生活环境，从而形成基于信息化、智能化社会管理与服务的新型管理模式的社区。

智慧社区包含以下几个方面的内容：

（1）智慧物业管理　主要指小区智能化的系统集成，例如停车场管理、闭路监控管理、门禁系统、智能消费、电梯管理、保安巡逻、远程抄表、自动喷淋等相关社区物业的智能化管理，实现社区各独立应用子系统的融合，进行集中运营管理。

（2）电子商务服务　社区电子商务服务是指在社区内的商业贸易活动中，实现消费者的网上购物、商户之间的网上交易和在线电子支付以及各种商务活动、交易活动、金融活动和相关的综合服务活动，小区居民无需出门即可无阻碍地完成绝大部分生活必需品的采购。

（3）智慧养老服务　现在老人居住的环境有两种最常见，一是住在家里，另外就是住在养老院，针对这两种情况分别提出智慧养老的方案，其最终宗旨是使得老人拥有安全保障，子女可以放心工作，政府能够方便管理。家庭“智慧养老”实际上就是利用物联网技术，通过各类传感器，使老人的日常生活处于远程监控状态，以便于及时为他们服务。

（4）智慧家居　智慧家居就是智能家居，是以住宅为平台，兼备建筑、网络通信、信息家电、设备自动化，集系统、结构、服务、管理于一体的高效、舒适、安全、便利、环保的居住环境。

5.2.2　基于物联网的智能社区方案设计

图5-12所示为智慧社区拓扑图，具体包括以下几个内容：

（1）智能家居系统　管理家庭内部所有视频监控设备、报警传感器、检测传感器、灯光、窗帘和电器的控制器。

（2）高速宽带网　为运营商提供的网络数据通道，连接社区内居民住宅和服务器、云平台，实现数据交互。

（3）服务器　实现数据存储与数据交换。

（4）管理工作站　处理客户数据信息。

智慧社区系统构建的基础是物联网，因此任何参与智慧社区服务的设备都必须连接在物联网上。网络运营商把高速宽带引入家庭或商业用户，智慧社区将在计算机硬件、服务软件和客户端软件的支持下运行。

1. *智能家居*

智能家居系统应该围绕视频监控、智能报警、电器控制、背景音乐等方面，从安全和智能化的角度，满足现代人居家生活的需求。

图5-13所示为一种典型的智能家居系统。它采用最先进的网络通信技术和计算机技术，多种无线通信模式构建家庭无线网络，把视频、音频、报警与家电控制整合在一个无线管理平台下，从而实现家庭安防和家居智能“全无线”。

如图5-13所示，控制主机是系统的管理核心，与触屏操作终端之间通过WiFi网络连接，管理摄像机、报警传感器、灯光、窗帘和电器控制器；同时，通过互联网和移动网，实现远程视频监控、手机移动控制等功能。

设备说明如下：

（1）操作设备　智能手机、平板电脑、计算机；

（2）管理设备　控制主机、无线路由器；

（3）末端设备　无线灯光控制器、无线电器控制器、无线网络摄像机、无线报警传感器等。

智能家居的首要任务是保障居家安全，网络摄像机对住宅门口、阳台或者客厅等公共区域实施监控管理，利用手机、平板电脑可实现远程监控；智能家居系统配有报警传感器，一

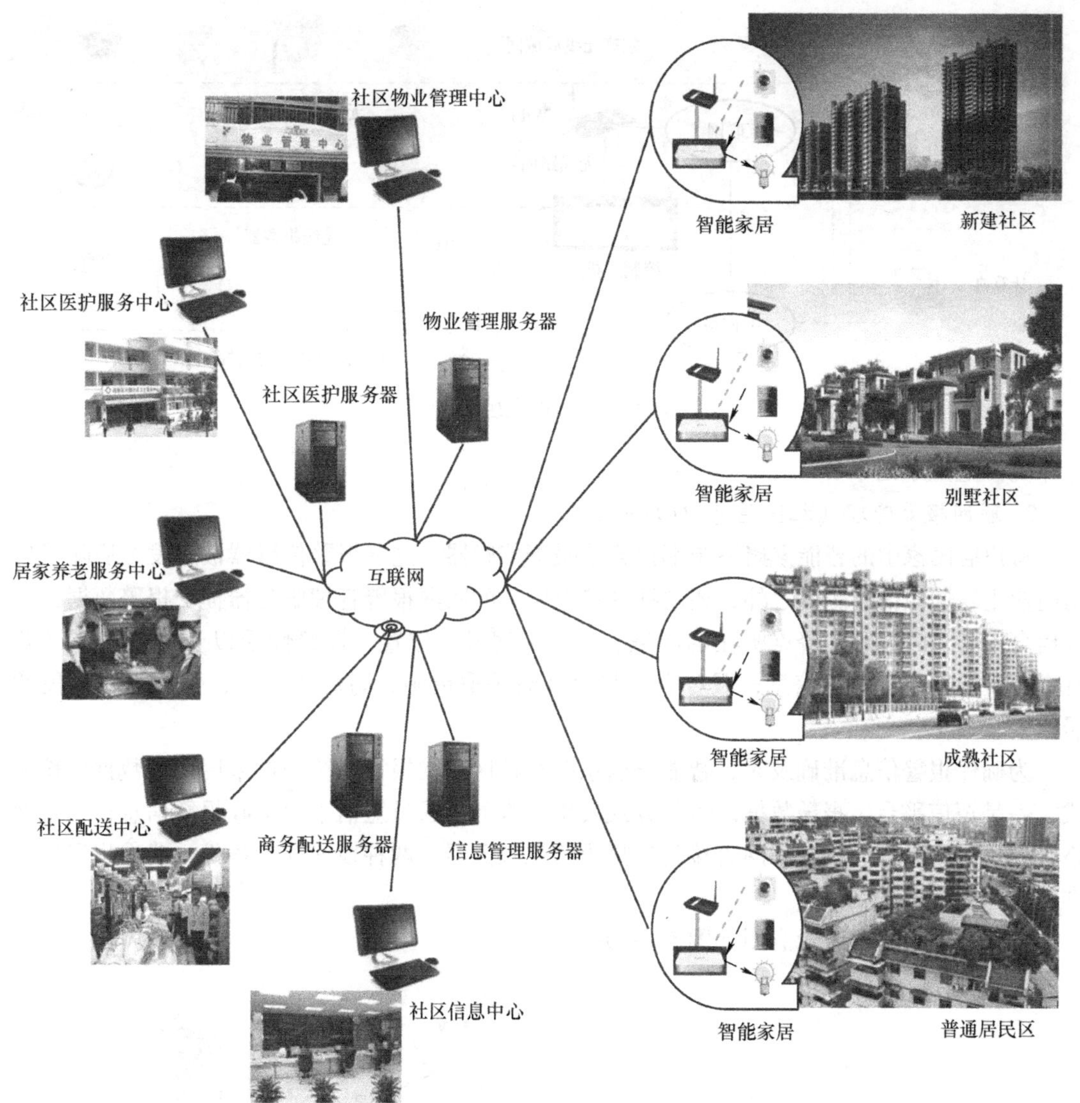

图 5-12　物联网智慧社区拓扑图

旦非法入侵立即启动报警，打开灯光，拉响警笛，抓拍图片，发送短信彩信；对灯光、窗帘、电器实施自动控制、现场人工控制和远程网络控制。

在智能家居系统中，控制主机的作用是：保障网络数据安全；管理数据交互，把手机、平板电脑上的交易信息提交给管理服务器，把服务器发送的数据在信息终端上显示出来。

不同类型的服务信息需要有不同的服务器来管理。智能家居提交的信息包括订购信息、医护服务信息、查询信息、报警信息、物业管理信息等，这些数据由相应的服务器存储，并转发至对应的管理工作站完成处理，从而达成服务。

还有一类服务信息是面向大众推送，例如物业管理信息、社区活动通知、缴费通知、广告信息等，其过程与上述相反，由信息处理工作站将上述信息提交给信息服务器，信息服务器根据要求向每一个智能家居系统推送信息数据，并在智能家居客户端（手机、平板电脑、

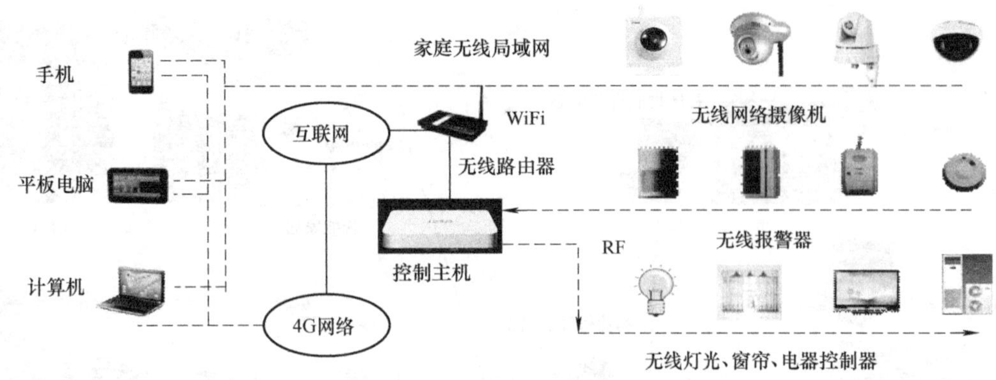

图 5-13　智能家居系统

计算机）上显示出来。

2. 联网报警管理（社区信息中心—住户）

每户居民家中的智能家居系统都包含了报警传感器，这些报警传感器被触发之后除了自动向业主发送短信、彩信之外，还向社区信息中心的联网报警管理服务器提交报警数据，社区信息中心实时显示报警点所在的区域、楼栋、房号、位置、报警性质以及现场图片（若有摄像机抓拍）等全面信息，服务人员将会及时采取措施，防患于未然，保障每户居民的居家安全。

为确保报警信息准确及时，智能家居系统在社区联网报警系统中可采用两种数据传输模式，一是短信平台，报警数据以短信方式发出，服务器通过短信平台接收报警信息；二是网络平台，报警数据通过互联网直接到达报警信息服务器。两种模式互为备份，确保报警信息准确无误。

社区联网报警系统示意图如图 5-14 所示。

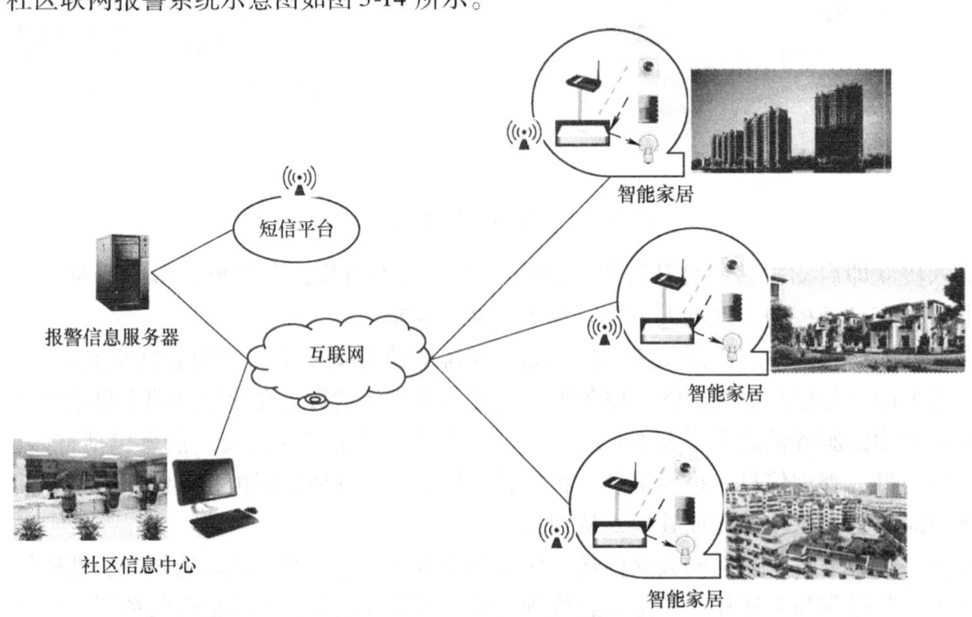

图 5-14　社区联网报警系统示意

3. 社区商务服务（商户—住户）

提供商品配送服务、订餐配送服务的多家商户，将自己的商品信息提交至社区商城，住户使用自己的手机、平板电脑、计算机，通过智能家居系统主机与社区商城服务器建立联络，下单交易，商家接收信息之后即时配送。智能家居主机软件、硬件的唯一性与住宅结合，确保订购信息的高度可靠性。

社区商务服务系统示意图如图 5-15 所示。

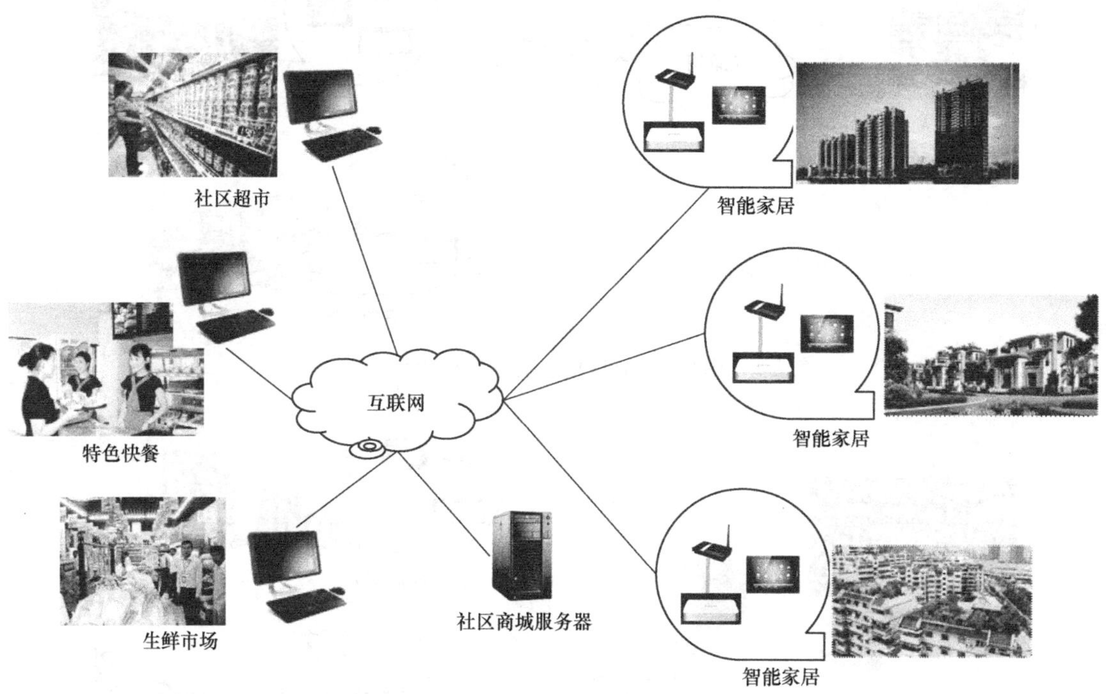

图 5-15　社区商务服务系统示意

4. 社区信息服务（社区信息中心—住户）

社区信息服务信息分为两类，一类是公共管理信息，如通知、通告、新闻、天气预报等；另一类就是广告信息，如旅游信息、教育培训信息、商品促销信息、金融服务信息等。上述不管是哪一类信息，其系统结构都一样，只不过，公共管理信息显示在智能家居客户端的信息栏里，而广告信息需要在客户端登录之前就显示。

社区信息服务系统示意图如图 5-16 所示。

5. 社区医护服务与居家养老服务（社区健康服务中心—住户）

社区医护服务与居家养老服务的信息流程完全一致，但是服务内容不同。

社区住户发出医疗救护信息，则医护服务中心工作站接受信息，医护人员根据信息的性质分别处理，急救信息需要紧急处理，立即上门，一般护理则按照服务流程执行。

居家养老的老人需要配置专门的手持式无线终端，根据不同的服务要求按下不同的按钮，例如洗衣、送餐、护理、清洁等，信息通过智能家居控制主机发送给服务器，居家养老工作站显示服务信息，派遣服务人员上门服务。

社区医护与居家养老服务系统示意图如图 5-17 所示。

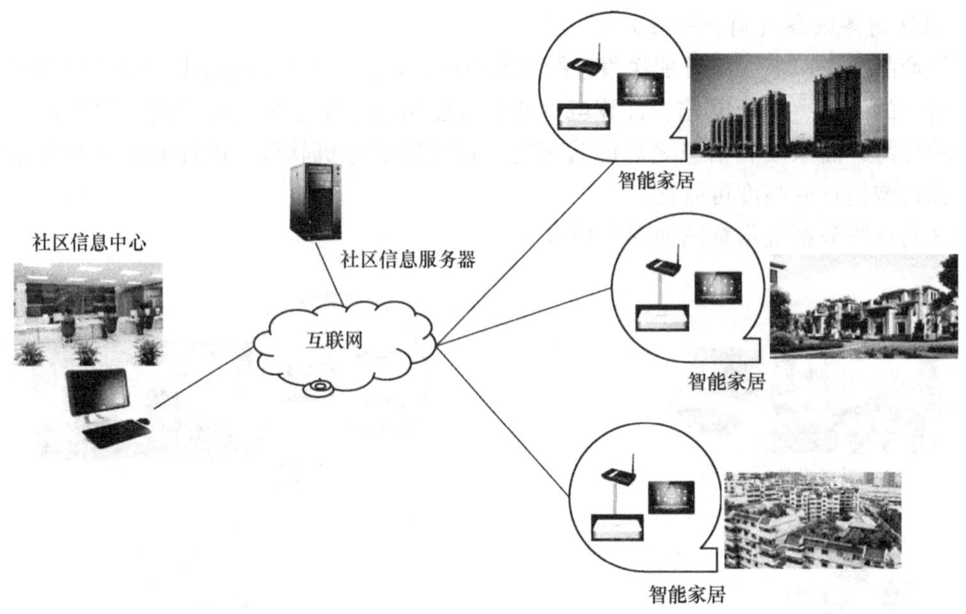

图 5-16　社区信息服务系统示意

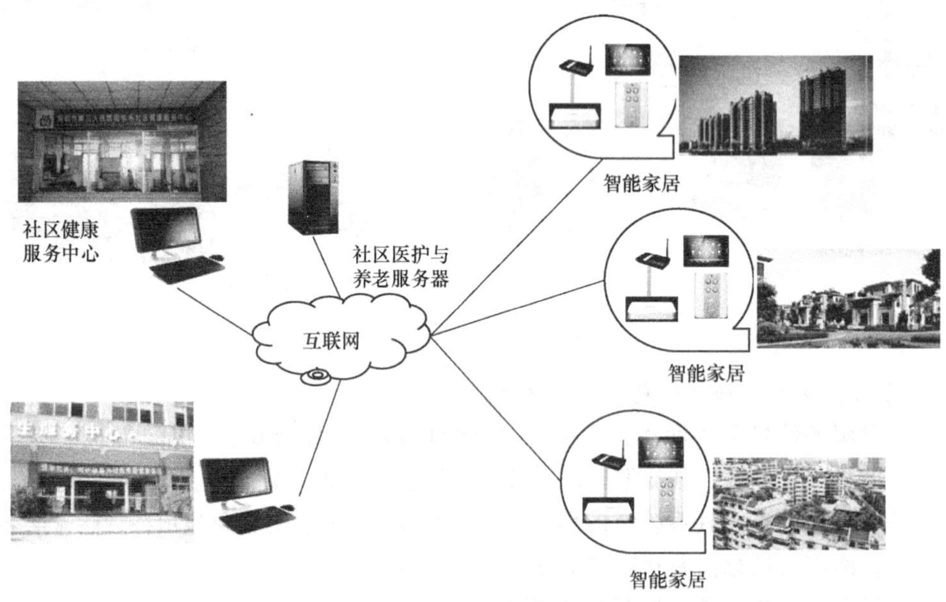

图 5-17　社区医护与居家养老服务系统示意

5.3　智慧物流

5.3.1　概述

随着经济全球化趋势的增强，物流产业已经成为全球经济发展的重要热点。但是在这种背景下，我国大多数企业的物流管理模式却不能适应竞争激烈的全球市场，严重制约了企业的快速发展。我国企业物流的基本现状与不足如下：

1）企业的物流管理理念和机制没有与时俱进。

首先，企业没有意识到物流是“第三利润源”，缺乏对物流管理的重视。企业将物流置于附属地位，没有将其作为新的利润增长点。其次，物流活动分散化，没有设置系统地管理物流活动的专业物流部门。最后，企业的物流管理模式比较单一，不能根据企业自身的特点去选择自营物流模式、第三方物流模式或是物流联盟模式。

2）企业的物流基础设施和技术装备落后，信息化程度低。

首先，企业的运输网络不完善，致使重复运输比率较高。其次，企业的运输手段单一，大多数企业的物料搬运仍然由简易的机械设备来完成。最后，大部分企业还未能实施物流的信息化管理，先进的自动识别技术、全球定位系统等更是无从谈起。这就使企业无法对物流活动进行即时监控，也无法实现与上游供应商和下游消费者的信息共享，更没有与社会物流合作的兼容接口。

3）企业缺乏专业的物流人才。

物流作为一种新型的管理技术，要求物流管理人员不但要熟悉整个工艺流程，而且要掌握企业内部甚至整个供应链的物流管理等综合知识。而我国现在具备综合物流知识的管理和技术人才严重缺乏，不能满足企业物流现代化的需要。

4）企业对建立物流管理系统心有余而力不足。

很多企业在建立物流管理系统时需要投入昂贵的硬件设备、软件系统和人力资源培训投资等，为企业增加了大量成本。对既无财力又无专业人才的众多中小企业来说，物流管理是很难跨越的一道门槛。

5）物流管理的实际操作存在问题。

即便是企业建立了物流管理系统，但是由于对管理系统的认识程度有限，在实际操作中面临着“没人管、不会管、管不好”等众多的问题。并且在系统实施的过程中，会涉及企业各部门之间，甚至企业之间的协调和协作，这加大了物流管理的落实难度。

IBM 于 2009 年提出了建立一个面向未来的具有先进、互联和智能三大特征的供应链，也即通过感应器、RFID 标签、制动器、GPS 和其他设备及系统生成实时信息的“智慧供应链”概念，紧接着“智慧物流”的概念由此延伸而出。

在这样的背景下，必须要厘清物联网推动智慧物流的机理。

必须要明确物流与物联网两者之间的区别。物流是指在一个实体的空间状态下，物的采购、包装、装卸、存储、运输等一系列过程，它基本不需虚拟的网络来实现。而物联网则是基于庞大的互联网，借助于 RFID 技术、传感器技术和其他信息传感技术，来获取物品的信息，并将其信息传输到生产者、消费者或供应者手中。

尽管两者有这些区别，但是它们又有着密不可分的联系，物联网作为一种技术，会深深影响着现代物流的发展。

首先，物联网具备采集物品信息的高效性、准确性以及自动性的特点，不仅会大大减少物流信息采集工作的人力成本，还会提高整个物流管理效率和质量。并且信息采集过程中的分层形式，如物品、周转箱、托盘、货位等单位的设置，也会达到快速处理信息的效果。

其次，物联网通过网络建立信息共享平台，这种高效的互联互通性，不仅可以深化企业内部各部门之间的物流协作，还可以推动整个供应链或者同行业中各企业之间的物流系统化管理，提高整个供应链或同行业中各企业的物流合作水平，降低整体的成本，实现共赢。

最后，物联网中智能技术的嵌入，将会进一步提高物流管理者的应对能力，减缓企业物流管理的压力，使物联网在具体应用中推动现代物流的发展。

物联网推动智慧物流的机理如图 5-18 所示。

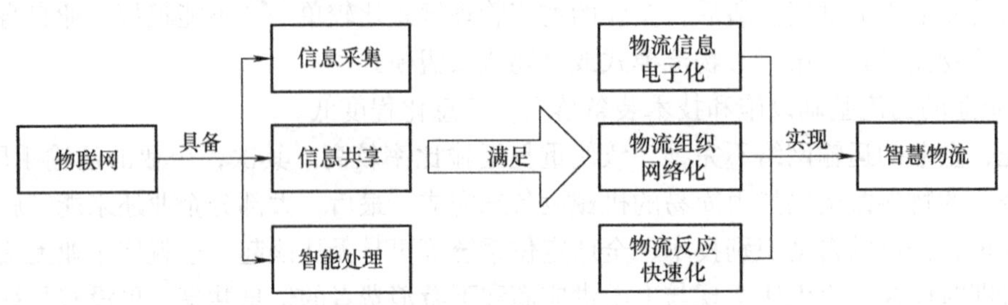

图 5-18　物联网推动智慧物流的机理

综上所述，企业可以利用物联网对物品信息进行采集、传播、处理和智能决策，对物品的产销规模、销售渠道、运输距离和成本等信息进行集中分析，从而跟踪到产品的相关市场信息，进一步推动智慧物流的发展，最终为企业的采购计划、生产计划、库存计划、销售计划等过程提供决策支持。

5.3.2　物联网在物流中的应用范畴

随着物联网自身的发展，物联网在物流领域中应用的方面也在不断扩展，以下四个方面是目前最可能实现的领域。

1. 供应链管理方面

供应链管理中，通过 RFID、红外视频等感知技术可以实时获取物品当前的状态，然后通过物联网的网络层将信息传达给销售商、生产商以及原料供应商，使供应链上的各个环节具备信息快速获取的能力。这种供应链的物流信息化管理会提高客户需求预测的准确度，促使供应链上下游企业的密切合作，实现整体效益的提高，而不是利润的简单转移。

2. 物流配送中心方面

配送中心可以利用物联网中的 RFID 等技术，根据需要将电子标签贴在货物、托盘或者周转箱上面，通过物品信息的实时记录、处理，再结合物联网的智能处理系统，实现货物出入库、盘点、配送的一体化管理。

比如，贴有 RFID 标签的货物通过入库口时，读写器将自动读取货物信息，并将信息通过网络传送到数据库与订单进行对比，清点无误便可入库，系统的信息库随之更新。在配送过程中，智能软件系统根据客户需求自动安排货物出库计划，出库过程与入库相似。在平时的盘点过程中，可以用固定或者手持读写器进行自动扫描，大大提高工作效率。

当然，可以将物联网中的智能终端设备，如智能码垛机器人、无人搬运小车等与操作软件相结合，进一步提高物流中心的智能化程度。

3. 可视化管理方面

目前，物联网的 GPS/GIS 技术、RFID 技术、传感器网络技术在物流中已展开初步应用，以便实时了解关注对象的位置与状态，力图建立可视化的智能系统。

比如，现在的物流运输系统积极应用物联网技术，已经在某种程度上实现可视化。通过在运输路线上布置一些网络节点，当装有相应标签或传感器等设备的货车经过时，便可获知其运输的路线、时间、货物等相关信息，使后台管理者实现可视化管理。

当然，也可将这种技术落实在企业内部的生产线、温度实时监控等场合，以增强整个物流过程的透明度。

4. 可追溯管理方面

应用物联网建立可追溯的智能系统，主要是为了实现在物流过程中的质量管理和责任追究的功能。比如，将物联网中的视频技术镶嵌在生产系统中，不仅能够实时监控产品的制造过程，而且可以事后进行查询。目前，主要是在食品安全、药品安全等领域运用物联网实施可追溯管理。通过产品追溯体系可以实现产品质量、效率等方面的物流保障。

常见的智慧物流系统硬件架构如图 5-19 所示。

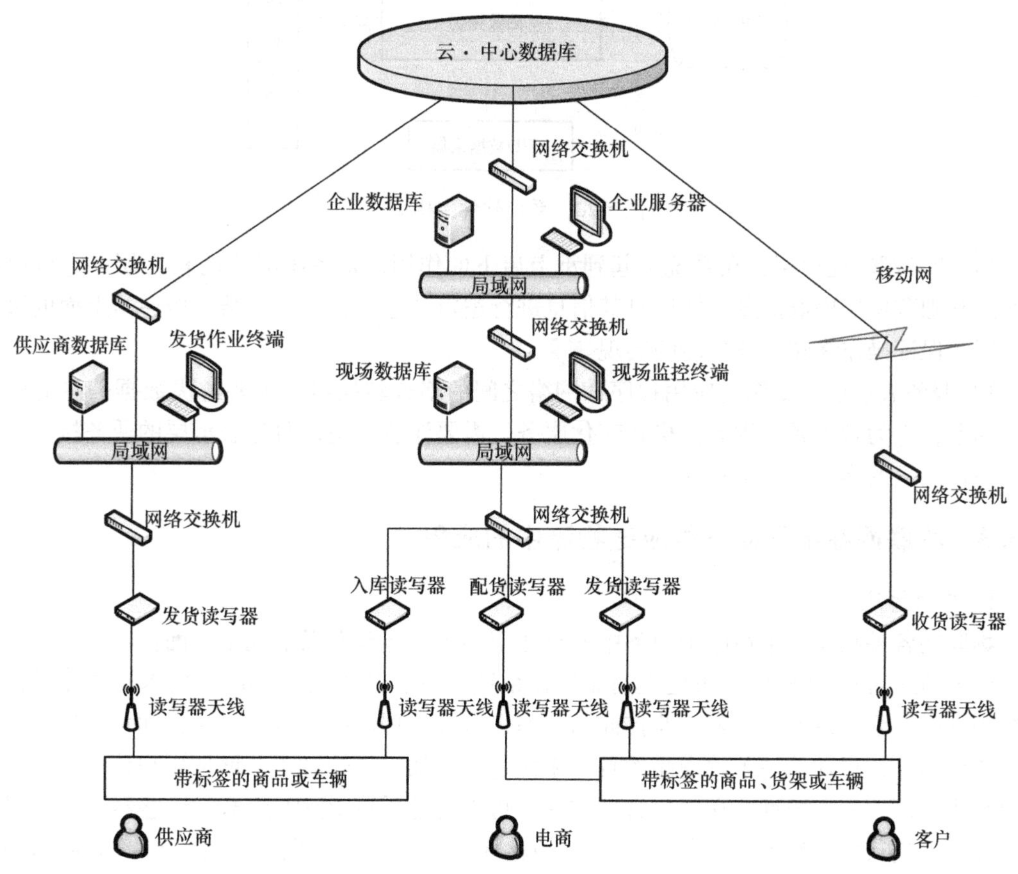

图 5-19　智慧物流系统硬件架构图

系统软件架构如图 5-20 所示。

由图 5-20 可知，物流管理与执行系统的软件功能主要分为基础数据层、业务逻辑处理层和服务表示层三个方面。

1）基础数据层：是该系统的基石，数据的访问速度对系统的整体应用效果影响很大。RFID 设备实时采集的数据信息将会作为上层系统和平级系统逻辑处理的基本依据，并且 RFID 中间件本身具有一定的数据处理和筛选功能，确保基础数据的有效采集与传递。

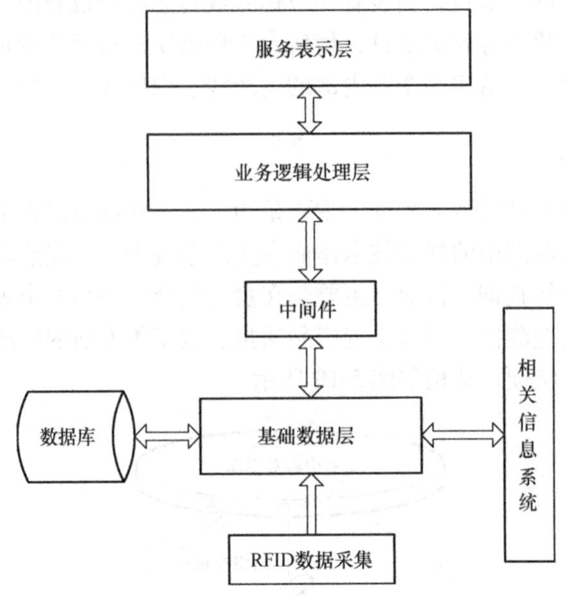

图5-20　系统软件架构图

2）业务逻辑处理层：在系统中起到承上启下的作用，是系统架构的核心层。它可以从下面的基础数据层提取信息，然后对其信息进行逻辑处理，并将处理结果传递给上面的服务表示层，保证操作终端业务功能的实现。

3）服务表示层：就像是应用程序和网络之间的格式转换器，主要解决数据信息的语法表示问题，它为管理者提供数据格式转化服务。需要注意的是，服务表示层的业务接口要尽可能与使用它的客户端完全独立。

5.3.3　物联网在电子商务供应链物流中的应用

1. 应用简述

物联网各种相关技术在电子商务中的整体应用主要体现在以下几个方面：

（1）在商品管理方面　可建立商品追踪系统，通过 RFID 技术或 IP 技术对产品进行唯一标识，一方面可以使企业随时监控商品状态，有效管理商品质量；另一方面可以使用户有效地辨别商品，更加清楚了解商品的具体来源、生产加工运输过程，增加用户信任度，进一步提高用户消费的积极性。在库存管理方面，可以通过采用 RFID 技术、传感器技术等对库存商品信息进行实时感知与传输，形成自动化库存，并自动实现与销售平台商品数据的同步。这可以大大降低管理成本，增加营销效率，减少用户订单的确认时间，改善消费体验。

（2）在物流配送方面

1）在线商店售出一件商品，系统将立刻定位相关商品的库存以及位置，通知离用户最近的仓库进行商品出库，仓库在传感器的工作帮助下，维持相对安全的仓储环境，商品状态良好，具备出库条件。

2）RFID 技术指出需要出库商品在仓库中的位置，通过无线局域网技术传递至后台并通知持无线扫描终端的仓库管理人员。仓库管理人员按所示位置找到商品、打包、送到待运车辆，不需要手工扫描，RFID 系统就了解商品出库信息。

3）在运输途中，采用传感器技术监控商品的状态以防损坏，GPS 技术可以将车辆的实时位置通过远距离无线技术传递至电子商务物流系统，如果用户需要了解商品在途状态，系统可将商品的位置、状态信息提交给用户，甚至可以通过视频技术看到货物运输车辆的现场状态。

4）在配送过程中，配送人员一般配置支持 4G、EDGE 的手持终端，完成商品交付、POS 现场结算等全部交付流程，相关系统可以根据配送人员的配送情况，给出路线建议，并做出统计。

2. 系统架构设计

图 5-21 所示为基于物联网的电子商务供应链系统架构设计。

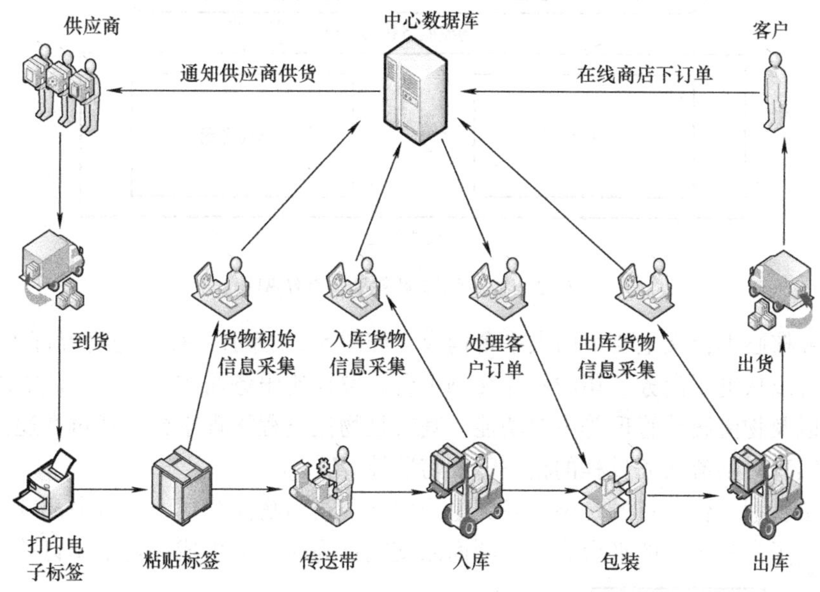

图 5-21　基于物联网的电子商务供应链系统架构设计

在图 5-21 中，电子商务平台下的供应链以中心数据库为核心，连接着客户和供应商，通过整个供应链流程，快速响应，及时满足客户的需求。中心数据库基于智慧物流服务平台，主要由终端平台、物流服务核心平台、第三方集成平台三个部分构成（见图 5-22）。

（1）终端平台　终端平台主要负责管理采集终端以及采集终端的接入，终端可以分为两种，即车载终端和手持终端。车载终端主要指安装在货车上的终端，常见的有地址位置终端、温度感应终端、油压感应终端等；手持终端则主要指手持智能终端，该类型终端主要由物流人员随身携带，包含物流信息管理以及货款支付等功能。终端平台负责将终端设备上的各种传感组件收集到的信息统一处理然后反馈到核心平台去。这块功能可以看作物联网的感知层的主要实现。

（2）物流服务核心平台　它主要由物流订单管理平台和物流过程管理平台来构成，是智慧物流平台的重要组成部分。该平台对外提供多种物流智能服务，比如流程监控、作业管理、费用结算等。

（3）第三方集成平台　它主要负责与第三方平台（物流公司自建的物流管理系统、电子商务平台、第三方支付平台、融资中介平台等）的系统集成。

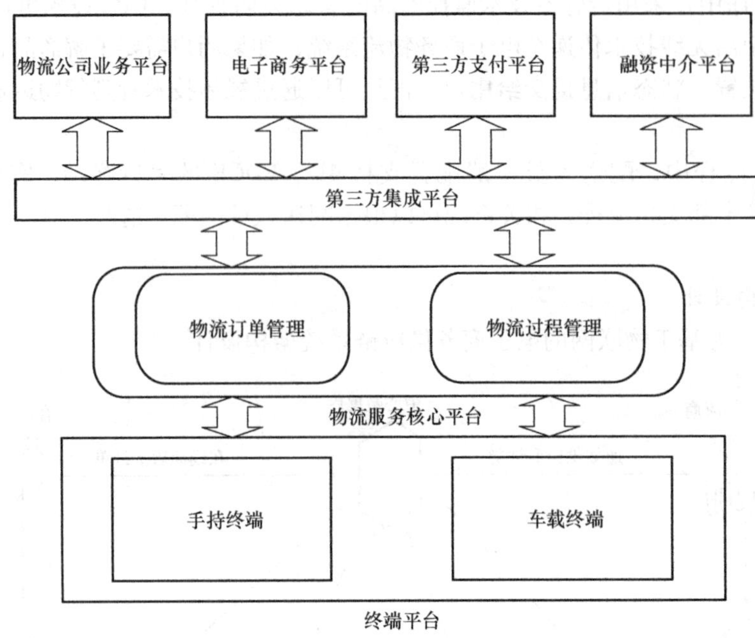

图 5-22 智慧物流服务平台系统架构

物流服务核心平台又主要由两大平台构成，如图 5-23 所示。其一是物流订单管理平台，通过该平台可以从电子商务公司的商品交割平台获取物流服务需求，完成物流需求管理、物流合约管理以及物流履约管理等主要功能。其二是物流过程管理平台，通过在途监控、作业管理等功能实现对物流服务过程的精益管理与监控。

物流订单管理平台的目的是整合各类电子商务公司与物流公司，实现最高效的物流订单的管理。当电子商务公司的平台完成一项商品交割行为时，会生成一份电子订单。这份电子

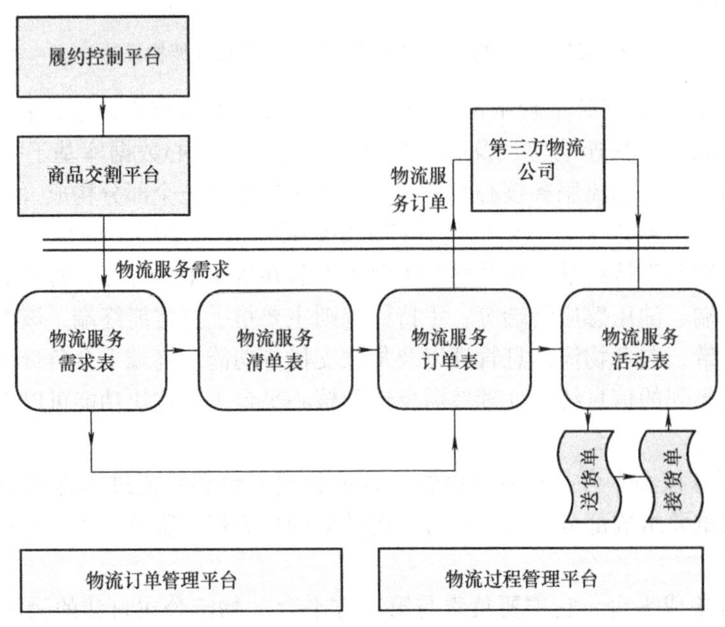

图 5-23 智慧物流服务核心平台系统架构

订单我们称之为商品的主订单，对应于这份主订单会产生一份物流服务需求，需求中会记载发件人、收件人以及相关的配送信息。这份需求会通过系统通信的方式传输到物流订单管理平台，记录在物流服务需求表中。物流订单管理平台会将各种需求进行归类，归类的原则非常多样，可以基于地点或者是收件人信息，这样基于多个物流服务需求系统会合并生成物流服务订单。之后选定物流公司。

物流过程管理平台的目的是辅助物流公司对整个物流过程进行精益化的管理与监控，基于各种传感设备（GPS 定位设备、温度传感设备、压力传感设备等）将车辆、人员的信息及时汇总到中央服务器进行数据处理以及调度，通过智能监控、智能调度、安全管理等功能，实现物流公司运输过程透明化管理，大大压缩了物流供应链运行时间，提高制造企业、物流运输企业的运行效率。

除了智能监控等功能以外，物流过程管理平台还负责处理物流服务过程中各个环节的信息化处理，如取件、派件环节的作业管理就是基于物流公司的作业流程完成取件、派件过程中的信息采集与反馈；货到付款支付结算管理就是针对物流服务过程中的支付环节完成支付与结算；还有诸如设备终端管理等其他功能皆为辅助物流服务过程的。

3. 物流服务核心平台

上述已经提到物流订单管理平台以及物流过程管理平台的概况，下面通过功能的方式详细介绍物流服务核心平台的主要功能，其主要功能树如图 5-24 所示。

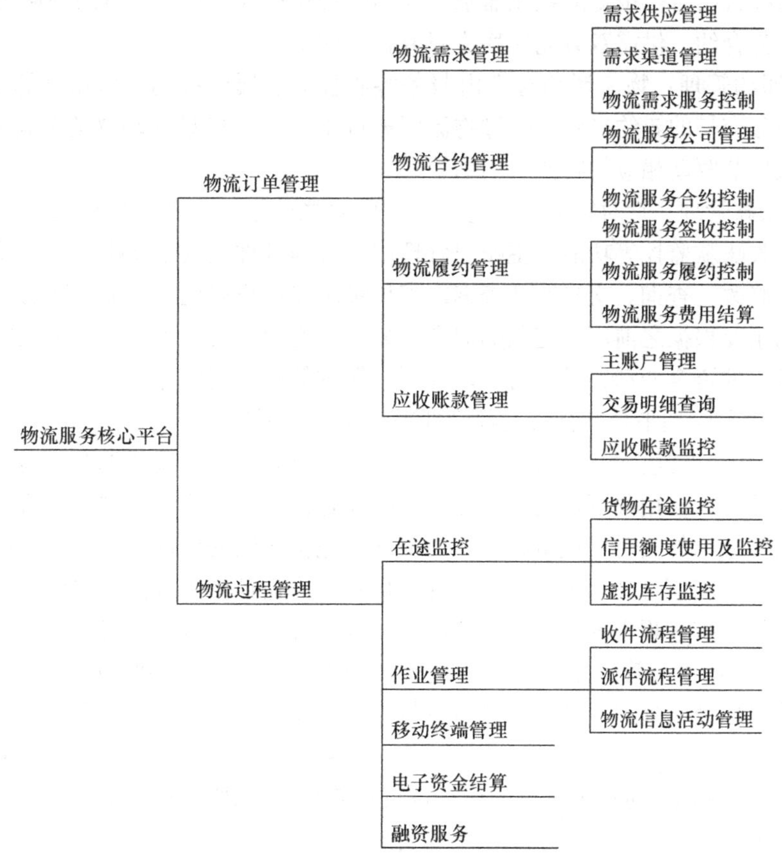

图 5-24　智慧物流服务核心平台功能树

（1）物流订单管理平台　物流订单管理平台包括以下功能：

1）物流需求管理：通过电子手段或者人工的方式获取主订单的物流服务需求，电子手段主要通过系统间的通信，通过与电子商务平台形成对接，直接从电子商务公司获取最原始的物流需求；人工手段则通过 UI 界面进行录入，用户也可以通过拨打电话的方式或者互联网的方式直接连入服务平台提交相关的物流需求。物流服务平台智能引擎根据需求信息进行分拣与归类。物流服务订单会根据物流订单管理平台的判断主动地推送到系统选定的物流公司去，物流公司的选择主要依据物流成本的计算，比如公司的运力负载情况、运输路由成本、信用等级状况、服务等级，基于这些参数来统一地计算出适合运输的物流公司。除了主动推送物流需求以外，生成的物流服务订单会发布到一个类似物流交易平台的公共平台，其他物流公司仍可以通过公共平台来获取该物流服务订单。

2）物流合约管理：这部分功能主要由两大块功能构成，即物流服务公司管理、物流服务合约控制。物流服务公司管理主要用来维护接入平台的物流服务公司，主要涉及物流服务公司资料的增加、删除、修改、查询等基础服务以及管理物流服务公司管理系统前置的接入、通信等。另一个功能是物流合约管理的核心功能——物流服务合约控制，该功能包含信息发布平台和交易撮合平台两部分，可以将这一功能看作一个把物流服务作为商品的交易系统。信息发布平台上将发布物流服务平台生成的物流服务订单需求，需求上明确地标识了诸如收件人信息、发件人信息、收货地点、运输要求等详细信息。物流公司可以自主地在信息发布平台上选择自己希望接受的物流需求。当物流公司选择了希望执行的物流服务时，平台会将需求转换为合约，供需双方完成物流服务合同的签订。

3）物流履约管理：物流履约管理由服务签收控制、履约控制、费用结算等功能构成，相当于物流服务交易的履约平台。通过物流服务订单表中的信息驱动物流公司的物流活动，基于物流确认环节驱动相应的物流费用结算。

4）应收账款管理：针对物流服务过程中的应收账款进行管理，包括主账户管理、交易明细查询、应收账款监控等功能。主账户管理用于管理各种应收账款账户，涉及账户资料的增加、删除、修改、查询。交易明细查询以多种维度向用户展现其资金明细的变化情况。应收账款监控则主要根据之前用户定制的规则对账款的变化进行监控，一旦出现异常交易或者有带来资金风险的资金变动，系统将采取提示、警示等相关措施。

（2）物流过程管理平台　物流过程管理平台包括以下功能：

1）在途监控：在途监控是物流过程管理的核心功能，是实现透明化运输管理的关键，包括货物在途监控、信用额度使用及监控、虚拟库存监控等功能。货物在途监控通过车载终端的方式利用传感组件实时反馈货物在途的情况，包括车辆的地理位置信息、货物的视频录像、冷冻货物的温度信息、车辆油压信息等。信用额度监控则用来保护物权在交接过程中的风险管控，物权交接过程中的信用额度的冻结与释放都可以通过该功能来实现。

2）作业管理：作业管理用于管理传统的物流业务流程，比如收件、派件、出入库等。配合终端功能可以及时地将业务流程的节点信息进行反馈，同时通过平台对物流过程进行高效、集约的管理。

3）移动终端管理：对接入平台的终端进行设备资产管理，客户可以通过该功能清晰地看到接入终端的具体情况，可以基于该服务实现终端自动升级、终端资产管理等功能。

4）电子资金结算：该功能主要解决物流过程中的资金结算问题，通过集成模块接入银联网关或者第三方支付网关实现资金结算。结算方式多样，从业务角度来讲，可以自由定制结算模式，如日结、月结、交易结算、季度结算等；从渠道角度来讲，则支持业内主流的结算方式：现金结算、刷卡结算、移动支付结算等。资金结算的具体过程通过物流活动控制表来驱动，结算涉及物流服务过程中的所有费用，比如代收货款主订单费用、物流订单服务费用等。结合支付结算过程还会驱动履约控制、库存监控等功能，多方位联动来掌控流程风险。

5）融资服务：在物流过程中其实存在着大量的融资需求，比如物流公司从发货方处提取了一些货物支付了一定程度的押金，但是由于收货方的原因，物流公司有可能在一段时间内都无法收到代收货款，这就造成了物流公司存在资金链上的问题，这里就可以通过这些存货进行相关的融资行为。除了上述提到的存货融资，还有应收账款融资等方式。融资服务就是基于物流服务平台的信用体系以及交易信息，引入第三方融资机构，实现存货融资、应收账款融资等功能。

4. *数据终端主要功能*

配合平台使用的数据终端具备了一体化的特性，集成了传统物流 PDA 与代收货款 POS 的主要功能，能够在一台设备上完成这些工作，大大地提高了人员使用的便捷性。移动数据终端基于工业级设计，可以适应户外多变的工作环境，通过无线通信的方式与服务平台实现交互。终端主要功能如图 5-25 所示。

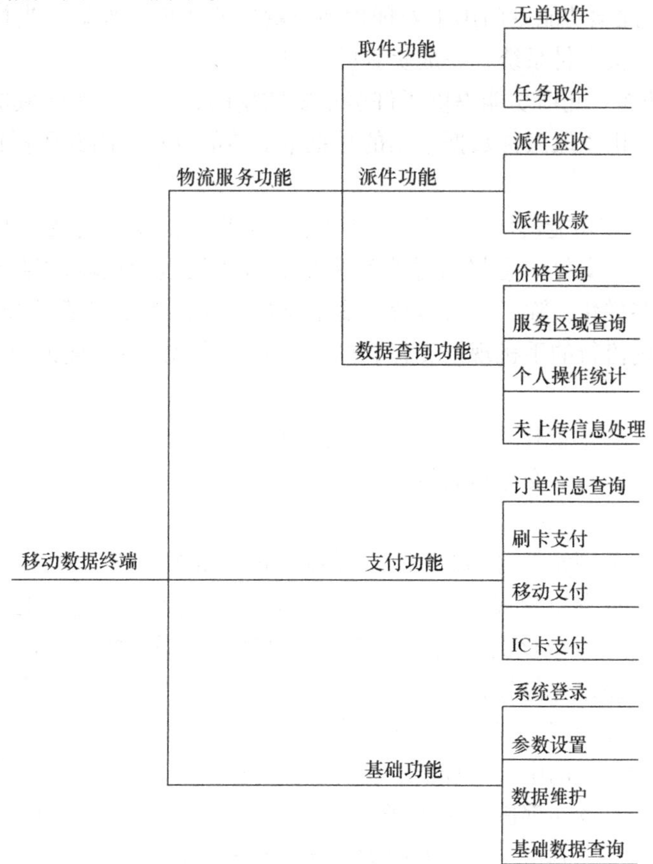

图 5-25　移动数据终端功能树

（1）物流服务功能　该功能模块涵盖了传统物流 PDA 的主要功能，终端为物流服务平台采集物流服务过程中的各种信息。该功能主要针对物流服务过程中的收件、派件环节进行信息化的处理，实现取派件过程中关键信息的采集与传递。此外，终端还将提供服务区域查询、节点价格查询等各种查询功能来辅助工作人员完成日常工作。

具体功能描述如下：

1）无单取件：无单取件适用于临时性的取件场景，比如在快递员的工作期间，临时性地遇见取件需求，顾客突然要送一封文件等，则快递员就可以使用该项功能，生成一份全新的订单，然后填写详细的送货信息：收件人、收件地址、物品重量、是否代收费、联系电话等。完成取件任务后，终端将实时联机系统把取件的信息上传至物流服务平台。收件人或者其他相关人员就可以通过平台看到，某某人在某某地方已经完成了某项取件任务。

2）任务取件：任务取件则是主要的取件场景，所有平台的调度最终都会落实到具体快递员的任务上，通过任务分配的高效处理来实现低成本、高效率的物流服务。快递员定时地会通过与平台对接来下载其所需执行的任务，快递员只需根据任务中的详细描述前往取货地点完成取货流程。

3）派件签收：派件签收是物流服务管理中非常重要的一项功能，当客户完成收货确认后便可以开始签收了。签收完成时，终端会及时将签收信息反馈至平台，同时驱动后续相关流程，比如信用额度释放、货款支付等。

4）派件收款：此项功能专门用于处理货到付款环节客户的收款，当快递员把货送到时便可使用该项功能对接支付系统，完成货款的支付。

5）数据查询功能：此项功能提供了许多重要数据的查询，比如区域的价格查询、取派件统计信息的查询。由于取派件数据采用的是批量上传的方式，因此还提供了将未上传的数据上传的功能。

（2）支付功能　该功能模块主要负责物流服务工程中的支付行为，是传统金融服务应用在物流行业的扩展。支付信息将通过终端采集后直接发送到银联的结算平台完成支付结算，支付形式非常多样化，除了支持传统的刷卡支付以外，还支持基于 13.56MHz 的非接触式支付实现目前业内流行的手机现场支付，同时依靠二维码的电子凭证模式还可以实现远程支付方式的结算。

（3）基础功能　该功能模块保证了设备的正常使用以及用户权限的管理，包括软件升级、参数设置、登录控制、安全机制等。

5. 仓库管理

当客户在电子商务网站上订购商品时，系统通过搜索对应商品的 RFID 信息获知商品的具体信息（库存量、库存位置等），然后将该订单信息发送到最近仓库配送员的手持 POS 机上，配送员从 POS 机上获取该商品的位置信息，通过系统提供的最优配置路线，在仓库配置好订单上的所有商品进行包装，最后统一放置到仓库的出货区准备出货（见图 5-26）。

这个过程若要快速响应，就不得不做好仓库管理（见图 5-27）。

这里就像是一个巨型的中央处理器，所有商品分拣和管理的基础都依赖于强大的数字化采集和处理能力。所有商品都嵌入了电子标签，并逐一扫描，配货员根据 POS 机显示屏上的信息来分拣配送货品，其信息通过专门数据端口与电子商务平台连接，每天都会有完整的共享数据反馈给相关部门以便能做出快速响应。

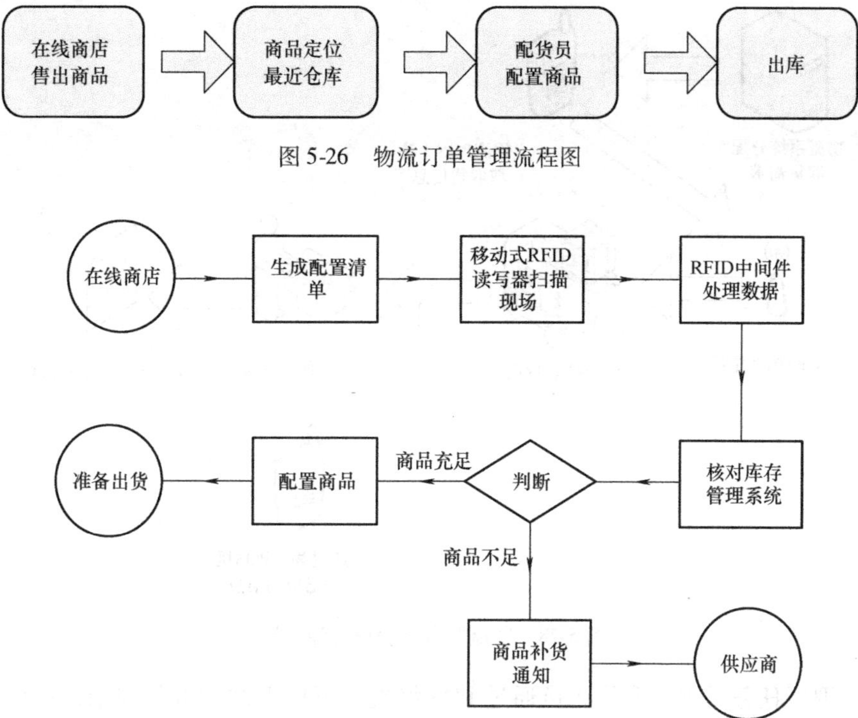

图 5-26　物流订单管理流程图

图 5-27　物流仓库管理流程图

整个仓库主要分为仓储区和配送区，传送带、顺序拣货机、无线射频扫描仪等设备将这两个区域连接起来。

仓储区又分为整箱区和托盘区两大单元，散装托盘区分布其间。如果有大订单到来，整箱区即可直接配送；小订单补货则可以直接从托盘区内散装货品中抽取。仓库采用随机式仓储，和通常的仓库相比，这里的所有货物都是随机摆放的，所有的货物都是按照节省空间的原则随机摆放，但这种杂乱无章的摆放，既能提高分拣人员的效率，也能提高订单配置人员的效率。

货物随机摆放可以最大限度地利用空间，也能使理货员将这一段流程的效率最大化：他们不需要判断货物本身是什么，只需要按照长、宽、高等空间要素将货物放上货架即可。这些理货员每个人手持一个终端扫描设备，在摆放货物的同时，通过扫描货商品上的 RFID 标签和货架上的 RFID 标签，以定位每件商品的位置。

在货架空间中穿梭往来的，除了理货员，还有配货员。他们每个人手上都拿着一个手持终端，里面的数据是根据系统里的订单自动编排的。手持终端会告诉配货员，他手上的订单所有的货物在什么位置，他以什么样的行进路线进行取货。按照手持终端的指令，配货员会以最短的路线和最经济的时间将货物配齐。

6. 商品取件流程分析

相比传统取件流程需要大量的人力资源，物流服务平台下的取货流程增加了很多智慧的元素（见图 5-28）。

1）当物流公司在物流订单平台上获取了一份取货需求后，会利用 GPS 定位技术向适合

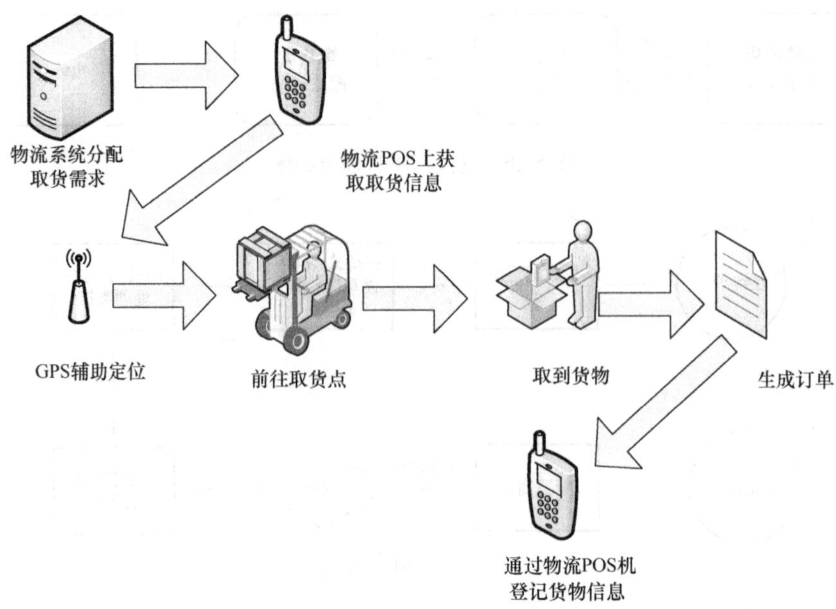

图 5-28　物流服务平台取件流程图

的终端推送取货任务需求。取货人员通过 POS 终端就可以下载到取货需求，里面会详细地记录取货任务的信息（取货地点、联系人、联系电话等）。

2）取货人员前往取货地点，可以利用物流服务平台地图获取最优路线、取货地点地理信息等地理信息服务。

3）到达收货地点，验收货物状况，确认无误后，利用终端生成工作单，同时将工作单信息上传至服务平台。

4）工作单信息上传至服务平台后，货物就进入物流公司的在途库存，开始库存监控流程，直到到达下一个目标节点。

7. 商品派送流程分析

图 5-29 所示为商品物流服务平台的派件流程：

1）物流订单平台通过电子商务平台获取派件的服务需求，服务需求推送到适合提货的终端手中。

2）物流仓库出货，基于原有物流服务订单生成出库单，记录出库的相关细节，货物进入待提货状态。

3）派送人员去仓库提货，基于原有物流服务订单生成提货单，记录提货信息（提货人、提货地点、提货时间、提货件数、货物名称等），货物进入在途库存，进行库存监控。提货流程完成后，派送人员的金融账户会有一笔信用额度被占用，确保快递员能够正常完成派件任务，不出现私吞货物的情况。

4）派送人员开始物流运输过程，期间可以利用平台的地理信息服务来辅助自己。

5）到达送货地点，完成送货与验收，客户在终端上确认收货，物流服务平台将生成送货单。客户如果有平台可以对接，则生成入库单，此时货物进入客户库存。

6）货物签收确认后，派送人员冻结的信用额度释放。如果订单需要货到付款业务，则

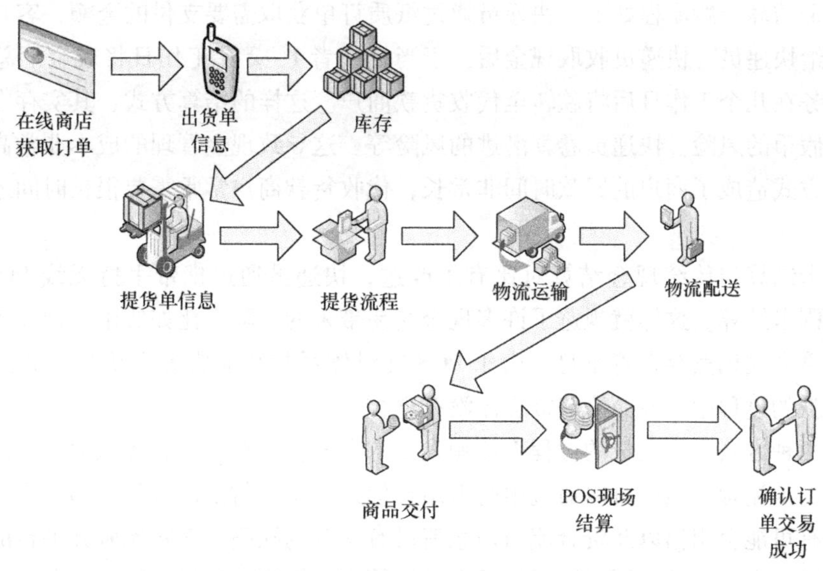

图5-29　物流服务平台派件流程图

驱动货到付款的收款流程，终端会根据订单信息显示需要支付的金额，客户直接在终端上就可以进行刷卡支付或者基于RFID的移动支付。

7）支付结算完成后，物流服务平台还会驱动应收账款的清算，将货款、物流服务费等按照原先商定的规则打到各个角色的银行账户中。

8. 商品支付流程分析

如今物流服务过程中有两种常见的支付流程：传统的现金结算、传统刷卡结算（见图5-30）。

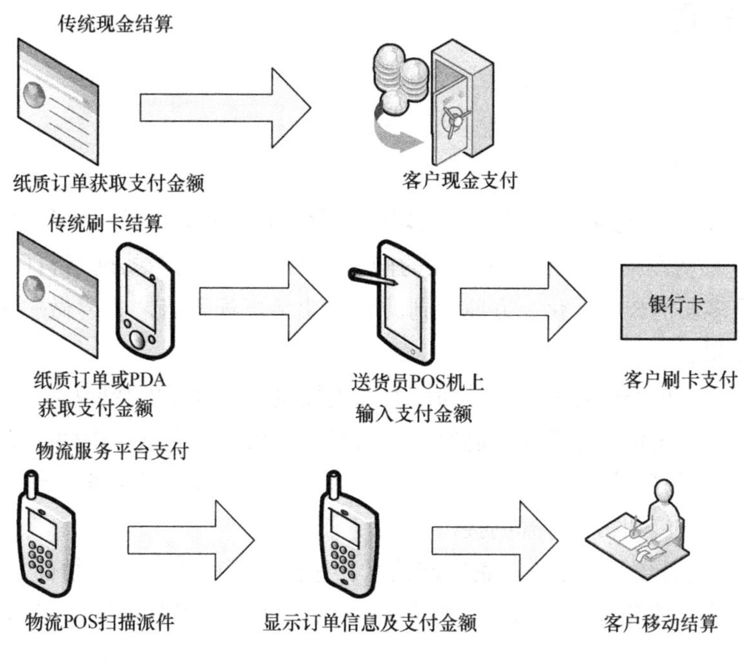

图5-30　商品支付流程图

传统现金结算一般流程如下：快递员通过纸质订单获取需要支付的金额，客户完成签收后将现金交给快递员。快递员收取现金后，于当日或者1~2个工作日将现金汇总至公司财务，公司财务在几个工作日后将款转至代收货款商户。这样的结算方式，其实存在非常大的风险：收受假币的风险、快递员卷款潜逃的风险等。这导致现金管理的成本非常高，此外这种现金归集方式造成了商户的回款时间非常长，代收货款商户常常需要很长时间才可将货款收到手上。

传统刷卡结算与传统现金结算对比有了改进，快递员通过携带手持无线POS的方式，让客户进行刷卡结算，这样就规避了许多现金交易带来的风险，比如假币、携款潜逃等。当然这样的结算方式仍然存在着不足，由于POS支付体系与物流服务系统是分离的，造成在整个代收货款的过程中，商品流与资金流没有整合。

此前的两种方式，有大量的过程都依赖人工的方式，存在现金管理风险大、成本高的缺点。而传统刷卡流程，虽然可以通过银行卡结算但是由于支付金额都是快递员人工录入，同样存在流程有可能会出错以及资金流与信息流没有整合的缺陷。而物流服务平台的结算服务则解决了上述存在的问题，同时还提供了多种结算方式供客户选择，物流服务平台的结算流程如下：

1）使用物流POS终端扫描货物上的工作单条码。

2）终端根据条码联机从服务平台获取订单的详细信息。

3）客户确认信息无误后，根据终端上显示的支付金额，进行支付。

4）支付手段多样，可以支持现金支付，也可以刷银行卡支付，同时还可以支持移动支付。

5.4 智慧校园

5.4.1 概述

早在2010年，在信息化“十二五”规划中，浙江大学就提出建设一个“令人激动”的“智慧校园”。这幅蓝图描绘的是无处不在的网络学习、融合创新的网络科研、透明高效的校务治理、丰富多彩的校园文化、方便周到的校园生活。简而言之，要做一个安全、稳定、环保、节能的校园。

智慧校园的三个核心的特征：一是为广大师生提供一个全面的智能感知环境和综合信息服务平台，提供基于角色的个性化定制服务；二是在学校的各个领域中融入基于计算机网络的信息服务，实现互联和协作；三是通过智能感知环境和综合信息服务平台，为学校与外部世界提供一个相互交流和相互感知的接口。

“智慧校园”的首要目标是通过物联网技术，连接校园网中的各个物件，从而形成校园工作、学习和生活一体化环境，这个一体化环境以各种应用服务系统为载体，将教学、科研、管理和校园生活进行充分融合（见图5-31）。

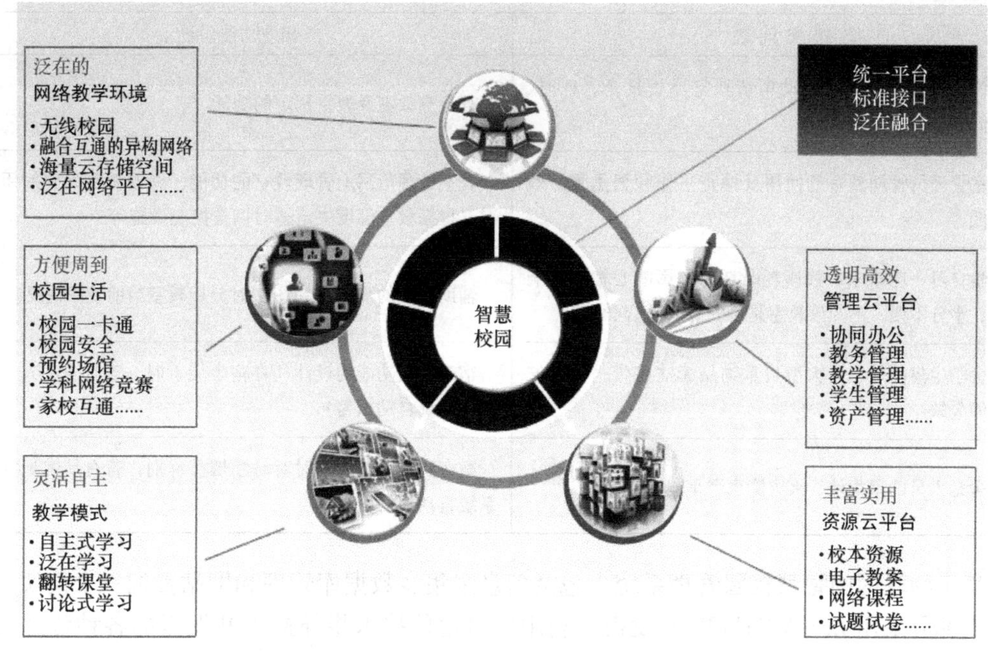

图 5-31　智慧校园的概念

5.4.2　基于物联网的高校智慧校园

1. 背景介绍

随着高校扩招的加速，学生人数的增加与教室等高校现有固定资源的紧缺之间的矛盾日益突显。学生常常肩背沉重的书包，游走于教学楼之间，寻找自习教室，刚拿出书本不久，成群的学生涌入教室，跟着进来的是教授……上课时间一到，学生只有两种无奈的选择：忍受“市井喧闹”坚守阵地，或者一走了之。

现有的教室资源都是人工管理的，在开学之初固定地安排好教室作为上课之用，学期中间如有变动或临时使用，改动十分困难，而学生为了自习的需要，无法方便灵活地查找到教室资源的使用情况，效率很低。

互联网技术与移动通信网络的不断深入发展以及计算机相关硬件设备的快速普及，促使了新一代网络技术——物联网的形成与发展，这将促进新一代智能数字校园的研究与建设。为有效地改善教室等高校资源的管理与分配，在研究物联网功能及其特征的基础上，基于物联网的智慧校园管理系统已被设计开发。本节以某智慧校园管理系统为例进行介绍。这套系统通过各种传感器技术对教室的使用情况、设备状态、人数等进行采集，并对采集的数据进行分析处理，把结果输出到计算机和手机等终端上，让教师或学生能随时随地地查阅教室的使用情况，为工作和学习创造方便、快捷、有利的条件，提高教室使用的效率。

2. 智慧校园管理系统的整体实现

随着现代高校教学活动节奏的加快，效率已经成为首要考虑因素，基于物联网的教室管理系统必将成为学校管理员、教师以及同学们不可缺少的一套必备工具。针对现实中存在的各种问题，设计了相应的功能（见表 5-1）。

表 5-1　系统可以解决的现实问题

现实问题	相应功能设计
会议、讲座、社团等活动申请教室流程复杂、耗时、效率低	查询空教室及教室预定的功能
教室管理员管理教室的使用及检查工作频繁重复，效率很低	教室管理员网上管理教室的功能，查看教室设施使用状况，根据教室温度决定适时调整控温设施等
同学自习一座难求，找座耗时耗力，影响心情，影响学习，十分不便，不知该教室是否安静，适合学习	辅助找座的功能（系统实时分析教室当前使用情况）
宿舍学生集体外出，大型贵重物品无法携带，宿舍安全保障欠缺	宿舍防盗功能的设计（在宿舍无人时，若有非法人员进入，系统自动报警）
宿舍是人员的聚集地，火灾隐患严重	宿舍防火系统能及时对易燃烟雾辨别，若有易燃烟雾则系统自动报警

基于物联网的智慧校园管理系统，包括信息采集、数据库管理和网站查询三个模块。信息采集部分采用 EasyARM1138 开发板，利用串口通信技术将外接于开发板的各种传感设备采集的实时动态信息存储于数据库中。

网站的建设部分采用了黄金组合“Apache + MySQL + PHP”，在小型网站中充分体现了其体积小、速度快、总体成本低的优势。系统首先通过管理员端和一些传感技术，对教室的课程安排情况、设备使用情况、人数等信息进行采集并导入数据库，管理员、教师和学生分别通过管理员端和用户端登录系统，并进行教室使用情况的查询与维护。同时系统还提供了与 Web 具有完全相同功能的手机端服务，用户可以利用手机上网进入该系统，手动输入网址，然后将该网址保存为标签，方便以后的访问，从而达到了随时随地查询教室使用情况的目的。

系统包括模拟现实、数据库和网站三个部分，其整体系统结构如图 5-32 所示。

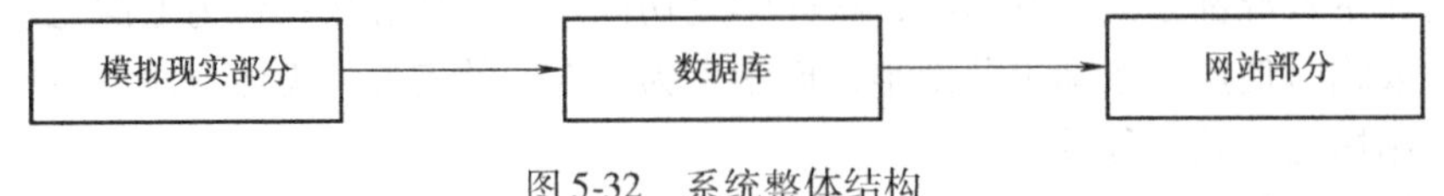

图 5-32　系统整体结构

系统不仅可以查询学校教室、设备等资源的使用状况，提高资源的利用率，还可以进行宿舍防火防盗的监控，保证宿舍的安全，图 5-33 所示为该系统整体工作的示意图。

3. 信息的采集

系统信息采集层采用 EasyARM1138 作为核心开发器件（见图 5-34）。EasyARM1138 的核心 MCU 是 Luminary Micro 公司的 Stellaris（群星）系列 ARM 之 LM3S1138，内嵌 USB 仿真器的 Cortex-M3 开发板。EasyARM1138 具有强大的 MCU 内核和丰富的外设资源。

该系统信息采集层采用 EasyARM1138 开发板的外设接口来连接传感器，并使用 MCU 进行模-数转化，处理后的信息通过串口通信线传输到数据库，完成信息采集。

（1）教室信息采集层　教室信息采集采用避障传感器、DHT11 数字温湿度传感器、DS18B20 温度传感器、P722-5R 光敏电阻器等传感器件，经处理得到的部分信息通过 LCD

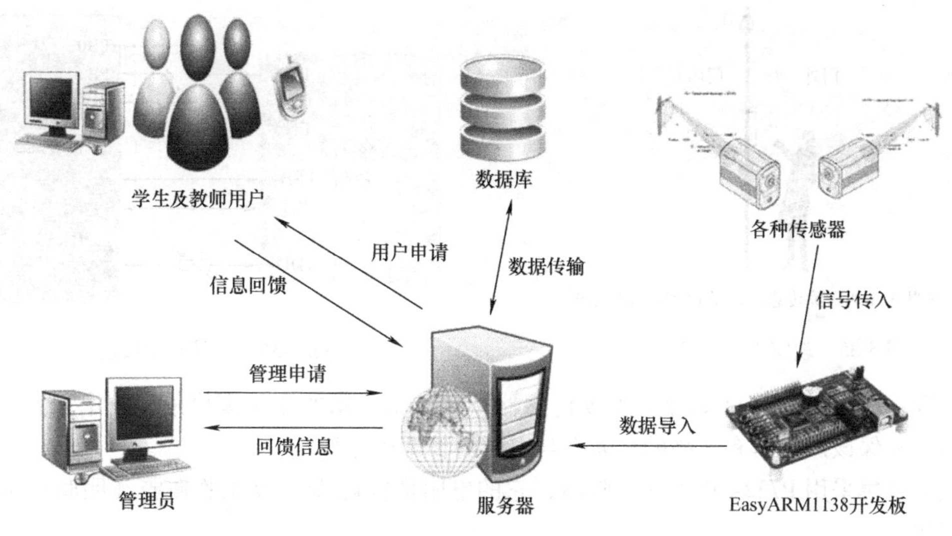

图 5-33　系统整体工作示意图

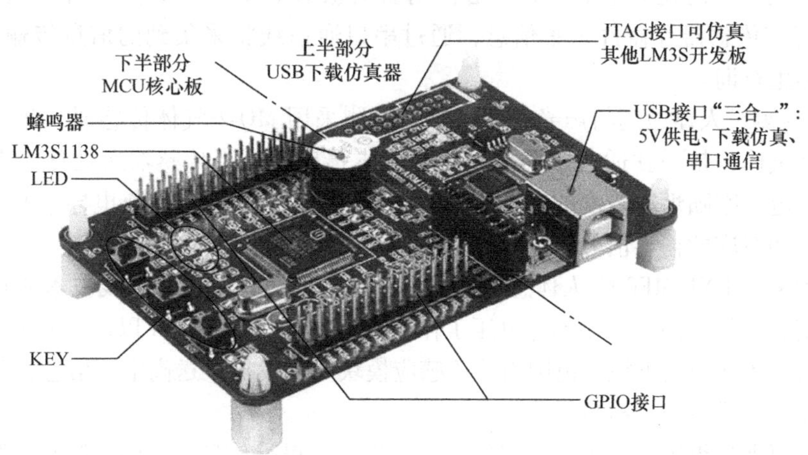

图 5-34　EasyARM1138 开发板

液晶显示屏显示在教室入口处，并通过串口通信线实现上位机与下位机双向通信。

1）人员进出教室的情况及人数记录。通过避障传感器实现对人员进出的判断。师生进入教室判断说明：当人在室外时，A 点避障传感器检测有人，当人走进室内，B 点避障传感器再次检测到有人的时候，说明有人进入教室（见图 5-35）。同理，当人外出的时候，B 点、A 点传感器先后检测有人通过，则说明有人外出。

2）液晶显示模块设计。显示模块采用带中文字库的 128×64 液晶屏，该模块接口方式灵活，操作指令简单、方便，可形成良好的人机交互界面。该显示屏放在教室门口显示教室内温度、湿度、剩余座位等信息供学生查看。液晶屏与开发板的连接如图 5-36 所示。

3）温度、湿度及光强的采集。温度采集采用 DS18B20 传感模块，其具有体积小、精度高、抗干扰力强、附加功能强等特点，检测精度可达 ±0.5℃，检测温度范围为 -55 ~ +125℃（-67 ~ +257 ℉），内置 EEPROM，具有限温报警功能。

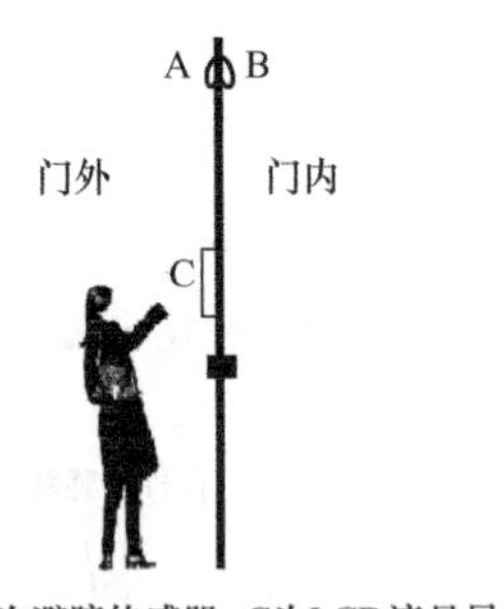

图 5-35　教室人数统计模拟图

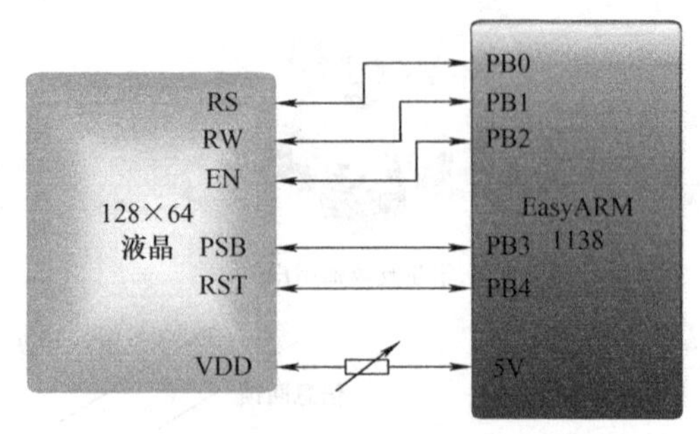

图 5-36　液晶开发板连接

湿度采集采用 DHT11 数字温湿度传感器，它应用专用的数字模块采集技术和温湿度传感技术，确保该产品具有极高的可靠性与卓越的长期稳定性。

光强采集采用 P722-5R 光敏电阻器，它的电阻值能随着外界光照强弱（明暗）的变化线性变化。

（2）宿舍防火、防盗信息采集层　宿舍端的信息采集使用了 MQ-2 气体传感器、DYP-ME003 人体感应传感器等器件采集信息，通过串口通信线将采集到的信息传输到数据库，供管理员和学生查询。

1）烟雾检测、人体检测与声光报警。烟雾检测采用 MQ-2 气体传感器，此传感器可检测多种可燃性气体，是一款适合多种应用的低成本传感器。当传感器所处环境中存在烟雾时，传感器的电导率随烟雾浓度的增加而增大。使用简单的电路即可将电导率的变化转换为与该气体浓度相对应的输出信号。开发板检测到信息后，进行声光报警操作。

人体检测采用 DYP-ME003 人体感应模块，此感应模块是基于红外线技术的自动控制产品，灵敏度高，可靠性强，采用超低电压工作模式，感应距离为 7m 以内（可调），感应角度 $<100°$。当人体处于其可检测范围内，该感应模块向开发板发送高电平信息，开发板检测到高电平信息后，进行声光报警操作。

当有人通过非法渠道进入室内，将发生声光报警，报警信息传送给控制端，宿舍管理员将采取相应处理措施。

2）宿舍人员的进出情况、人数记录及温度、湿度监控。该部分同教室信息采集层相同。

3）宿舍锁门提示。当宿舍最后的一名人员走出宿舍时，人数变为 0，宿舍端发出声光提示信号，同时宿舍端自动进入预警状态，并将信息传给数据库加以记录。

4. 数据库

数据库是服务器端的核心，数据库设计的合理与否对系统的制作有着至关重要的影响。系统的一大基本功能就是检索，主要包括用户信息检索、教师课表检索、教室课表检索、空闲教室检索、设备状况检索等。

系统使用 MySQL 数据库，与 Apache 服务器和 PHP 语言形成黄金组合，具有体积小、速度快、总体成本低、源码开放等特点。

将采集到的信息存放在数据库中，对数据进行处理并用于查询，得到用户最终满意的结果。数据库的详细设计如图 5-37 所示，MySQL 数据库主要表的设计如图 5-38 所示。

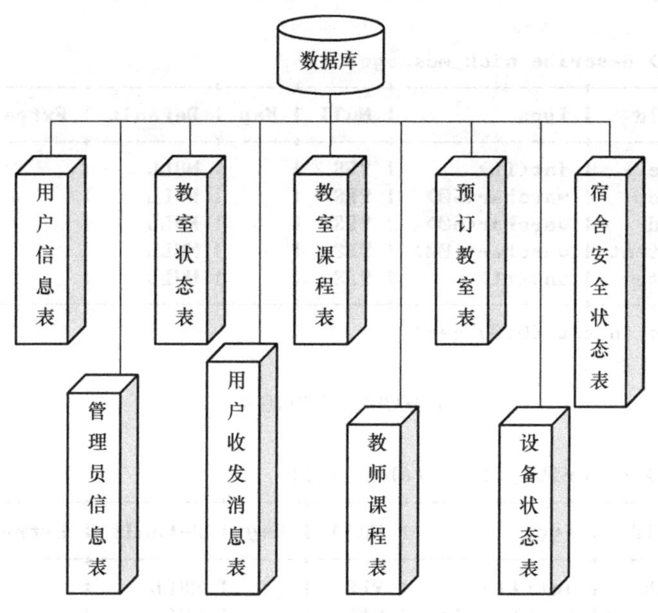

图 5-37　数据库设计图

```
mysql> describe user;
+------------+--------------+------+-----+---------+-------+
| Field      | Type         | Null | Key | Default | Extra |
+------------+--------------+------+-----+---------+-------+
| username   | varchar(50)  | YES  |     | NULL    |       |
| password   | varchar(50)  | YES  |     | NULL    |       |
| realname   | varchar(50)  | YES  |     | NULL    |       |
| email      | varchar(100) | YES  |     | NULL    |       |
| photo      | varchar(50)  | YES  |     | NULL    |       |
| background | varchar(50)  | YES  |     | NULL    |       |
| backmusic  | varchar(50)  | YES  |     | NULL    |       |
| sex        | varchar(10)  | YES  |     | NULL    |       |
| birthday   | int(11)      | YES  |     | NULL    |       |
| words      | varchar(100) | YES  |     | NULL    |       |
+------------+--------------+------+-----+---------+-------+
10 rows in set (0.05 sec)
```

a) 用户信息表

```
mysql> describe classroom_status;
+--------------------+------------+------+-----+---------+-------+
| Field              | Type       | Null | Key | Default | Extra |
+--------------------+------------+------+-----+---------+-------+
| classroom_number   | varchar(4) | YES  |     | NULL    |       |
| total_seats        | int(11)    | YES  |     | NULL    |       |
| used_seats         | int(11)    | YES  |     | NULL    |       |
| temperature        | float      | YES  |     | NULL    |       |
| humility           | float      | YES  |     | NULL    |       |
| light              | int(11)    | YES  |     | NULL    |       |
| light_status       | varchar(4) | YES  |     | NULL    |       |
| fan_status         | varchar(4) | YES  |     | NULL    |       |
| hot_status         | varchar(4) | YES  |     | NULL    |       |
| temperature_status | varchar(4) | YES  |     | NULL    |       |
| ctrl               | varchar(4) | YES  |     | NULL    |       |
+--------------------+------------+------+-----+---------+-------+
11 rows in set (0.03 sec)
```

b) 设备状态表

图 5-38　数据库主要表的设计

```
mysql> describe nick_message;
+---------+--------------+------+-----+---------+-------+
| Field   | Type         | Null | Key | Default | Extra |
+---------+--------------+------+-----+---------+-------+
| time    | int(11)      | YES  |     | NULL    |       |
| _from   | varchar(50)  | YES  |     | NULL    |       |
| head    | varchar(50)  | YES  |     | NULL    |       |
| content | varchar(100) | YES  |     | NULL    |       |
| state   | int(11)      | YES  |     | NULL    |       |
+---------+--------------+------+-----+---------+-------+
5 rows in set (0.03 sec)
```

c) 用户及教师收发信息表

```
mysql> describe class_table_401;
+--------+-------------+------+-----+---------+-------+
| Field  | Type        | Null | Key | Default | Extra |
+--------+-------------+------+-----+---------+-------+
| week   | int(11)     | YES  |     | NULL    |       |
| class1 | varchar(40) | YES  |     | NULL    |       |
| class2 | varchar(40) | YES  |     | NULL    |       |
| class3 | varchar(40) | YES  |     | NULL    |       |
| class4 | varchar(40) | YES  |     | NULL    |       |
+--------+-------------+------+-----+---------+-------+
5 rows in set (0.03 sec)
```

d) 课程表

```
mysql> describe order_classroom;
+------------------+-------------+------+-----+---------+-------+
| Field            | Type        | Null | Key | Default | Extra |
+------------------+-------------+------+-----+---------+-------+
| teacher          | varchar(40) | YES  |     | NULL    |       |
| time             | int(11)     | YES  |     | NULL    |       |
| week             | int(11)     | YES  |     | NULL    |       |
| classroom_number | varchar(8)  | YES  |     | NULL    |       |
| class            | int(11)     | YES  |     | NULL    |       |
| reason           | varchar(80) | YES  |     | NULL    |       |
| subject          | varchar(40) | YES  |     | NULL    |       |
+------------------+-------------+------+-----+---------+-------+
7 rows in set (0.05 sec)
```

e) 预定教室信息表

图 5-38　数据库主要表的设计（续）

5. 网站设计

该系统拥有良好的人机交互功能，当用户输入正确的用户名和密码，单击登录按钮时，系统会根据用户已注册的信息进入到不同权限的界面。查询网站部分的整体设计如图 5-39 所示。

（1）学生及教师用户模块　当进入学生用户模块时，学生可在这里进行个人信息管理和空闲教室查询等操作。学生还可根据课程来查询授课地点和授课教师，找到自己喜欢课程的上课时间、地点和授课老师，方便旁听该课程。输入教室号，可查询本教室本学期的课

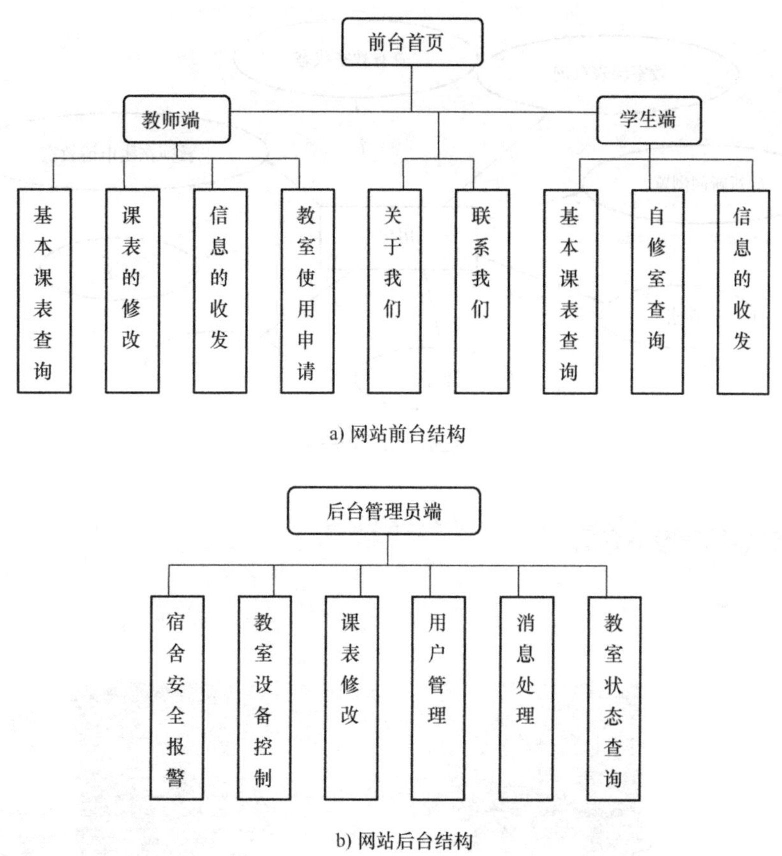

图 5-39　网站整体结构图

表。根据课表安排自己的学习作息时间。学生也可如教师一样查询各教室的动态实时信息，从而找到最适合自己学习的地方，进而体现物联网这一主题，使用户可以在任何时间、任何地点，均可以获取所要查询的实时信息。

当用户进入教师信息管理模块时，可通过该界面进行教师个人信息管理、查询课程安排和教室使用情况等操作。教师还可利用人数采集系统对已到人数和未到人数按需求作相应统计。通过该系统，教师可查询该班学生何时无课，方便临时调课安排；还可查询各教学楼的空闲教室，进行教室预约，省去了到教务处查询的麻烦，便捷迅速。图 5-40 为用户主要功能示意图。

（2）管理员模块　当用户以管理员身份登录，进入管理员功能模块界面时（见图 5-41），管理员可对学生信息、教师信息、教室信息、设备状态等进行操作。

1）用户信息管理。管理员可对用户信息进行查询、增加、修改和删除等操作。

2）教室信息管理。通过教室信息管理模块，管理员可以实时地对教室占用情况进行全面监控，用图表设计界面表示教室的使用情况，提供给用户一个直观的视觉效果，极大地方便教师、学生及其他用户实时地了解掌握此教学楼教室的使用情况。

通过设备维护信息对教室内的风扇、电灯、多媒体等器材的运行状况进行统计，及时对运行不良的设备进行维护，这样既方便师生，同时也方便了管理人员。

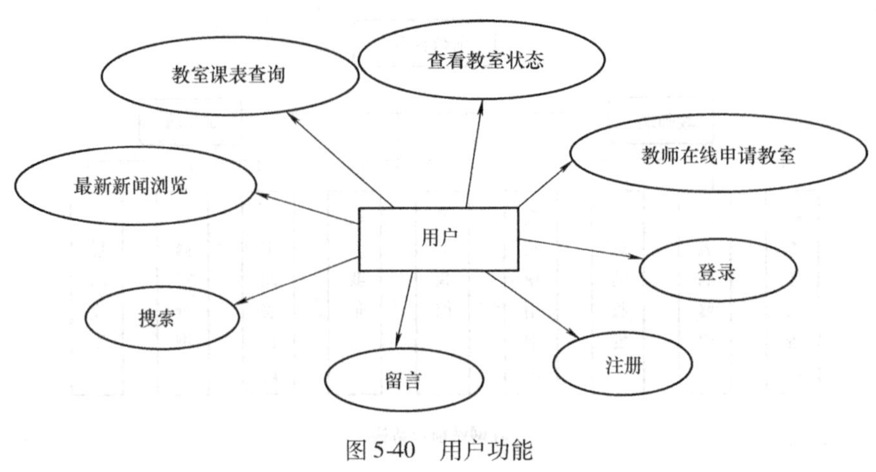

图 5-40　用户功能

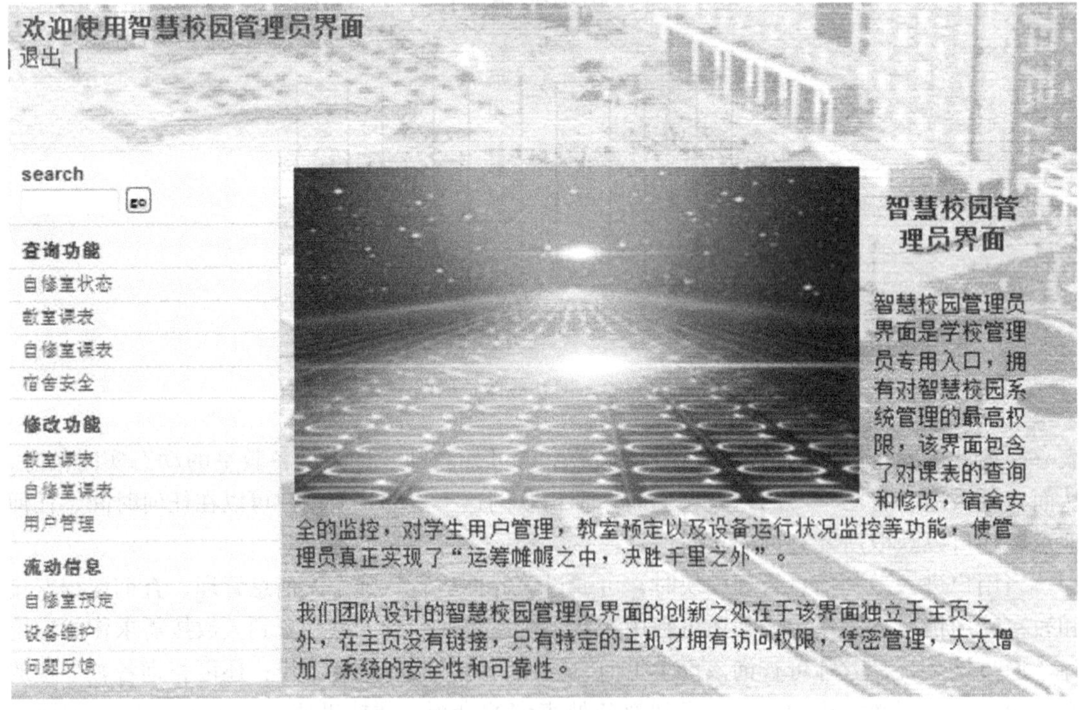

图 5-41　管理员主界面

5.5　智慧交通

5.5.1　概述

近年来城市人口急剧增多，汽车的数量持续增加，交通拥挤和堵塞现象日趋严重，由此引发的环境噪声、大气污染、能源消耗等已经成为现在全球各工业发达国家和发展中国家面临的严峻问题。智慧交通系统（Smart Transportation System，STS）作为近 10 年大规模兴起的改善交通堵塞、减缓交通拥挤的有效技术措施，越来越受到国内外政府决策部门和专家学者的重视，在许多国家和地区也开始了广泛的应用。

随着近两年物联网技术在国内的迅捷发展，智慧交通领域被赋予了更多的科技内涵，在技术手段和管理理念上也引起了革命性变革。

相对于以前以环形线圈和视频为主要手段的车流量检测及依此进行的被动式交通控制，物联网时代的智慧交通，全面涵盖了信息采集、动态诱导、智能管控等环节。通过对机动车信息和路况信息的实时感知和反馈，在 GPS、RFID、GIS 等技术的集成应用和有机整合的平台下，实现了车辆从物理空间到信息空间的唯一性双向交互式映射，通过对信息空间的虚拟化车辆的智能管控实现对真实物理空间的车辆和路网的“可视化”管控。

作为物联网感知层的传感器技术的发展，实现了车辆信息和路网状态的实时采集，从而使得路网状态仿真与推断成为可能，更使得交通事件从“事后处置”转化为“事前预判”这一主动警务模式，是智慧交通领域管理体制的深刻变革。

5.5.2　基于物联网的智慧交通体系框架

针对目前交通信息采集手段单一、数据收集方式落后、缺乏全天候实时提供现场信息的能力的实际情况，以及道路拥堵疏通和车辆动态诱导手段不足、突发交通事件的实时处置能力有待提升的工作现状，基于物联网架构的智慧交通体系综合采用线圈、微波、视频、地磁检测等固定式的多种交通信息采集手段，结合出租车、公交及其他勤务车辆的日常运营，采用搭载车载定位装置和无线通信系统的浮动车检测技术，实现路网断面和纵剖面的交通流量、占有率、旅行时间、平均速度等交通信息要素的全面全天候实时获取。通过路网交通信息的全面实时获取，利用无线传输、数据融合、数学建模、人工智能等技术，结合警用 GIS，实现交通堵塞预警、公交优先、公众车辆和特殊车辆的最优路径规划、动态诱导、绿波控制和突发事件交通管制等功能。通过路网流量分析预测和交通状况研判，为路网建设和交通控制策略调整、相关交通规划提供辅助决策和反馈。

图 5-42 所示的智慧交通体系通过路网断面和纵剖面的交通信息的实时全天候采集和智能分析，结合车载无线定位装置和多种通信方式，实现了车辆动态诱导、路径规划、信号控制系统的智能绿波控制和区域路网交通管控，为新建路网交通信息采集功能设置和设施配置提供规范和标准，便于整个交通信息系统的集成整合，为大情报平台提供服务。

该系统由浮动车式交通信息采集系统、固定式交通信息采集系统、交通信号控制系统、快速路交通管理系统、卡口系统、非现场执法系统、车辆和警员定位系统等子系统组成了交通指挥中心信息平台，这个平台与基于 GIS 的综合信息集成平台无缝对接，通过交通信息处理分析系统对各种交通数据流进行情报化分析处理后，对外提供公共交通信息服务和交通诱导信息服务。交通指挥中心信息平台在动态交通信息诱导系统中起到交通信息汇聚融合、智能处置、情报分析提取和信息分发的作用，为指挥决策和交通信息发布服务，为区县级交通指挥分中心提供数据支持。

交通指挥中心信息平台的主要功能如下：①完成浮动车式交通信息采集系统、固定式交通信息采集系统、车辆和警员定位系统等 7 个系统信息的汇集和标准化处理；②完成对汇集交通信息的质量管理、对道路交通状态信息的判别和评估，并在信息平台内行进一步加工处

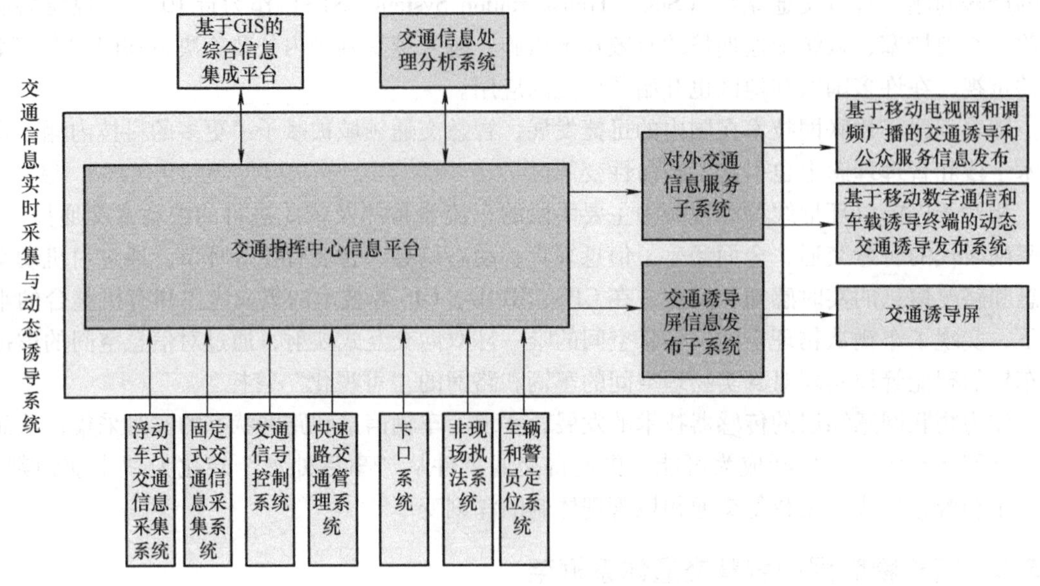

图 5-42　基于物联网框架的智慧交通体系

理，形成统一的交通状态信息；③实现对外交通信息服务子系统、交通诱导屏信息发布子系统、交通信息处理分析系统间的交通信息共享和反馈；④交通指挥中心信息平台的建设应立足于物联网整体情报大平台的需求，设计应满足远期海量终端接入和平台间的数据交换和按需共享的要求。

1. 交通信息实时采集系统

目前，车辆信息采集方式主要有两种，一是固定式采集，二是浮动车式采集。

固定式采集方式通过安装地磁检测器、环形线圈、微波检测器、视频检测器、超声波检测器、电子标签读写器等检测设备，从正面或侧面对道路断面的机动车信息进行检测（见图 5-43）。

目前在路口及卡口等处，视频和环形线圈检测设备被大量采用，这两种方式也存在一定的不足：在天气状态不好的情况下视频检测效果不能满足要求；线圈检测只能感知车辆通过情况，对具体车辆信息等无法感知。

因而，为了实现交通信息的全天候实时采集，必须集成使用多种信息采集技术进行多传感器信息采集，在后台对多源数据进行数据融合、结构化描述等数据预处理，为进一步的情报分析提供标准数据格式。

浮动车通常是指具有定位和无线通信装置的车辆（见图 5-44）。浮动车系统一般由 3 个部分组成：车载设备、无线通信网络和数据处理中心。浮动车将采集所得的位置和时间数据上传给数据数据处理中心，由数据处理中心对数据进行存储、预处理，然后利用相关模型算法将数据匹配到电子地图上，计算或预测车辆行驶速度、旅行时间等参数，对路网和车辆实现“可视化”管控。

浮动车式采集技术是固定式采集技术的重要和有益的补充，它实现了路网全流程的信息采集（纵剖面信息采集），结合固定式采集（断面信息采集），可以为路网数学模型的建立提供更全面丰富的数据，为路网状态仿真提供更精准的依据。

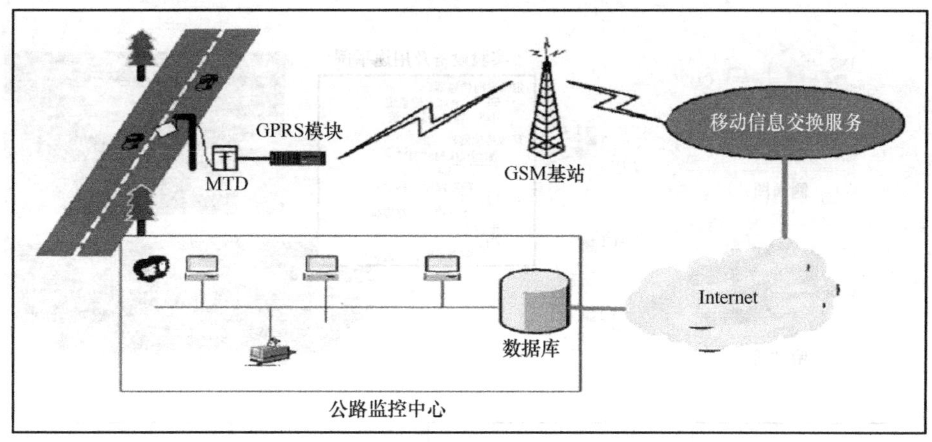

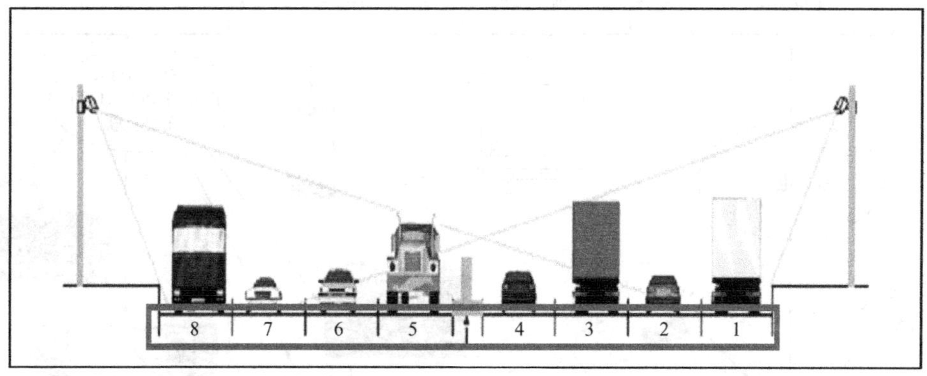

图 5-43　固定式交通信息采集设备（路网信息流断面采集）

目前，浮动车主要由安装了具有交互功能的车载导航设备的出租车、公交车以及其他公共勤务或警务车辆来担当。

2. 交通诱导屏信息发布子系统

交通诱导屏信息发布子系统主要是利用城区主干道的户外大屏，采用区域诱导策略对驾驶员提供诱导，即信息板实时发布对应交通节点下游的部分路网交通状态，并对道路使用者进行实时诱导，对交通管理措施提供跟踪反馈。基本的交通状态产生和发布流程如图 5-45 所示。

交通诱导屏信息发布子系统主要功能包括：

（1）提供在线车辆诱导、紧急事件的通告信息　交通诱导信息包括道路拥堵信息发布、快速路出口匝道拥堵信息以及根据天气状况、路面及路面设施检修状况、特殊情况需要封闭道路等各种交通警示信息等，即时通知驾驶员，以提高其警觉性，实现车流的合理导向，缓解车流分配不均对交通造成的影响，保障车辆的安全行驶。

（2）自动/手动控制　系统有两种控制模式：系统内部建有一个控制策略，分为自动和手动两种控制模式，系统可以自由地在自动和手动之间切换。在自动情况下，系统自动向交通诱导屏发出显示道路交通状况的信息，红色表示堵塞、黄色表示拥堵、绿色表示畅通。在手动的情况下，系统自动向交通诱导屏发出显示道路交通状况的信息需经操作员手工确认方可发布，同时操作员可手工向交通诱导屏发送文字信息。

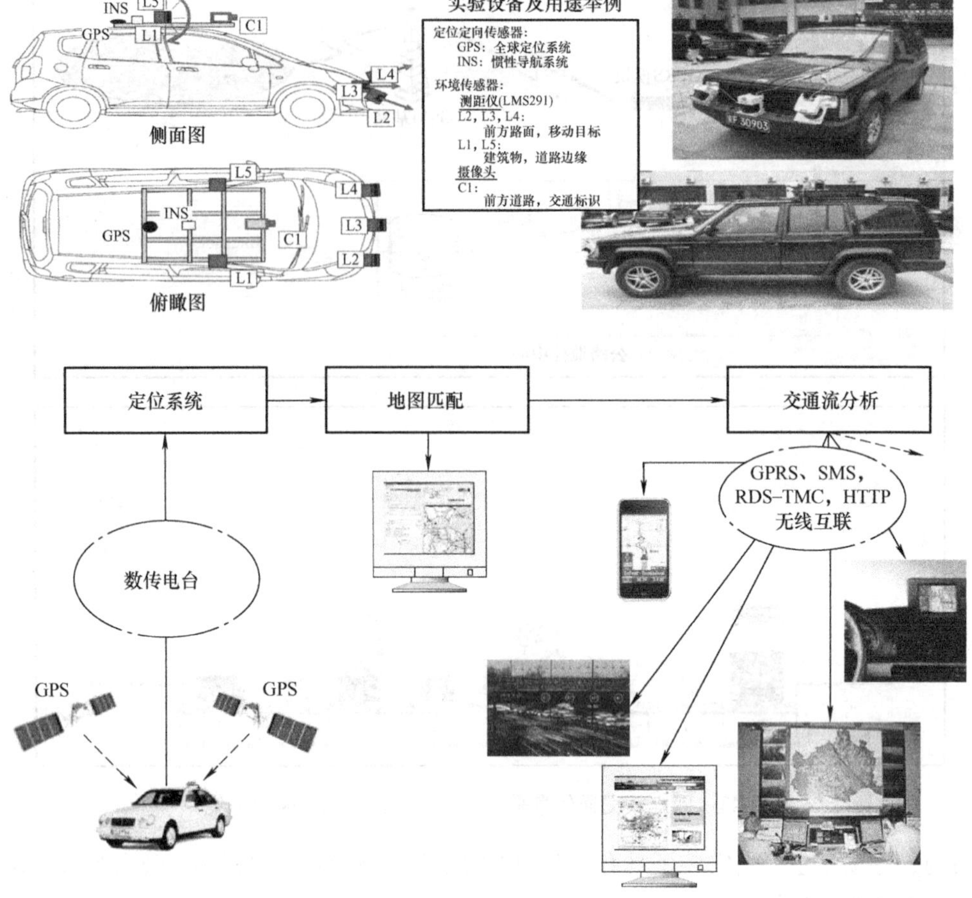

图 5-44　浮动车式采集技术（路网信息流纵剖面采集）

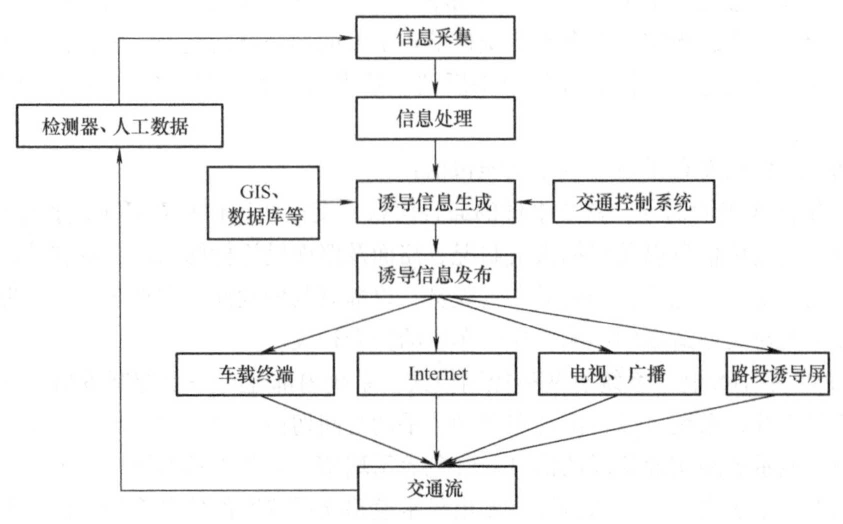

图 5-45　交通诱导信息发布流程图

（3）可变动态文字警示信息显示　信息标志牌完全依靠固定不变的文字信息，对交通诱导还是有一定的局限性。作为功能的进一步完善，发布重要的路况信息、警示信息，在设计的标志板下方增加全点阵显示部分，单行汉字显示，增强可交通诱导屏的可读性。

3. 交通信号控制系统

交通信号控制系统采用三层分布式结构，信号机可以通过串口、以太网等通信方式与中心连接。系统结构分三层：信号控制中心、通信部分和路口部分，具体如图 5-46 所示。

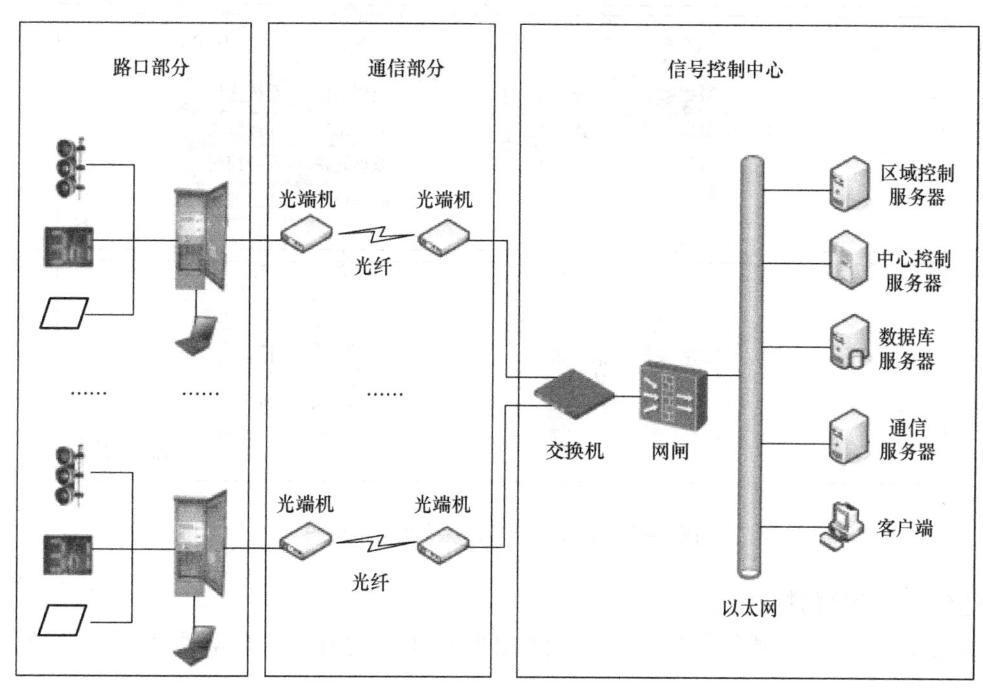

图 5-46　交通信号控制系统层级结构

交通信号控制系统架构具体描述如下：

信号控制中心设备主要包括中心控制服务器、区域控制服务器、通信服务器、数据库服务器、客户端等。通信部分主要包括光端机和通信网络，信号控制点采用光端机与中心设备相连。路口部分设备主要包括信号机、检测器等，信号机根据车辆检测器所检测的交通信息（包括车流量等）实时调整路口控制方案（信号周期和绿信比），实现路口的有序控制。

系统在逻辑结构上从上而下为中心级、区域级、路口级三级（见图 5-47），功能划分描述如下：

中心级控制：主要完成全区域的管理和全市级的交通控制功能，包括参数设置、区域监视、勤务控制等。

区域级控制：主要完成区域信号机的交通信息采集、处理、预测及优化，并将控制方案下发给路口执行。区域控制服务器的优化预测功能是对本区域路口进行战略级的优化，对周期长短、绿信比（指交通灯一个周期内可用于车辆通行的时间比例）、相位差进行第一级优化。区域控制服务器同时负责本区域内信号机的控制与监视。

路口级控制：完成交通信息采集和上传，完成中心控制方案的执行。同时要根据路口的实际交通需求，在中心优化基础上实时调整绿灯时间，使信号配时最大程度地适应路口情

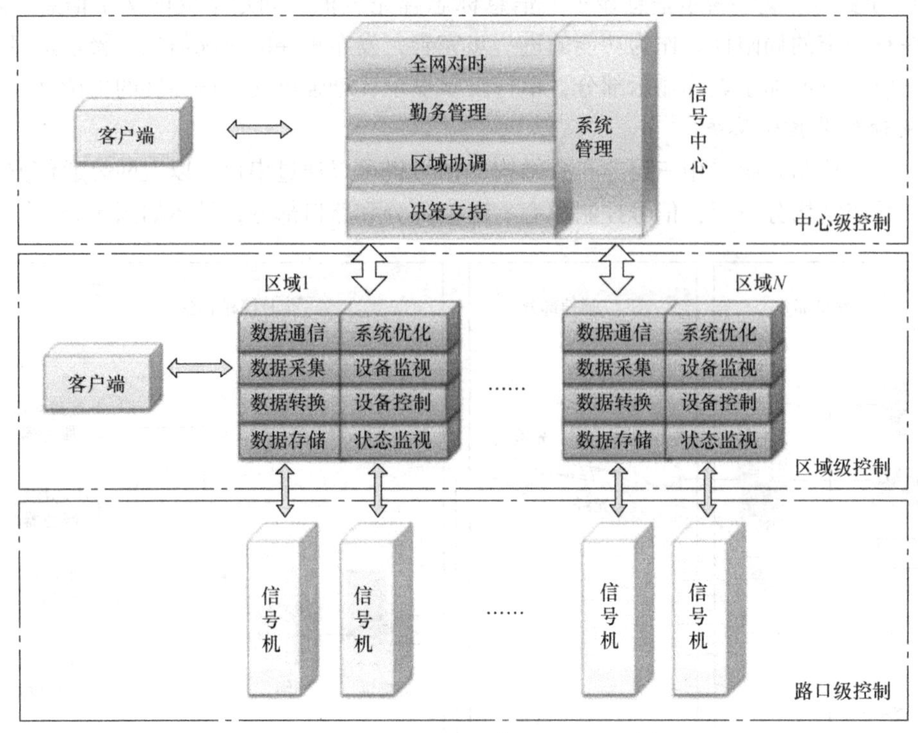

图 5-47　交通信号控制系统逻辑结构图

况，达到最佳程度的畅通。

信号控制系统的交通信号控制机与上位机间应采用先进标准的数据通信协议，以便于系统今后扩展。

信号控制系统须具有以下控制功能：黄闪、全红、手动、遥控、单点定周期、单点多时段、单点全感应、单点半感应、绿波控制、二次行人过街控制、实时自适应优化控制、感应式线协调控制、多时段定时控制、倒计时实时通信功能、公交优先控制功能、紧急车辆优先控制、强制控制、勤务预案控制等。

基于地图的交通监控可以显示区域/子区交通流量状态，也可监视交通饱和度，显示干预线控执行状态，监视勤务预案执行状态，监视 GPS 车辆，显示路口放行状况，监视子区控制状态，手动控制突发事件以及监视突发事件。

5.5.3　基于物联网的智慧公交案例

目前，许多城市都已引入 GPS 公交调度系统，然而在高层建筑密集的路段或有高架桥、隧道遮挡时信号衰弱严重，在一些偏远地区信号强度很弱，都会导致 GPS 系统信号不稳定甚至无法正常工作。同时，GPS 调度系统在公交报站上经常由于信号干扰而误报。据报道，某市新建成的 BRT 系统，市民经常抱怨电子显示屏报站不准，甚至有时会遇到越报越远的情况。另外，目前国内 GPS 系统卫星信号源主要来自国外，如果交通系统过度依赖 GPS 技术，一旦发生特殊事件，国内的 GPS 应用系统将面临瘫痪的危险。

如果 RFID 技术不依靠卫星信号，就完全不会受到上述问题的困扰，同时成本远低于

GPS 系统，由于经过同一站点的多条线路可以复用一个站台设备，那么整体实施 RFID 系统（车载标签 + 定点信号接收器）的成本也将低于 GPS 系统（车载设备 + 基站）。此外，RFID 系统实施后，也可以为其他社会车辆提供增值服务，具有可观的潜在附加经济效益。图 5-48 为智慧公交示意。

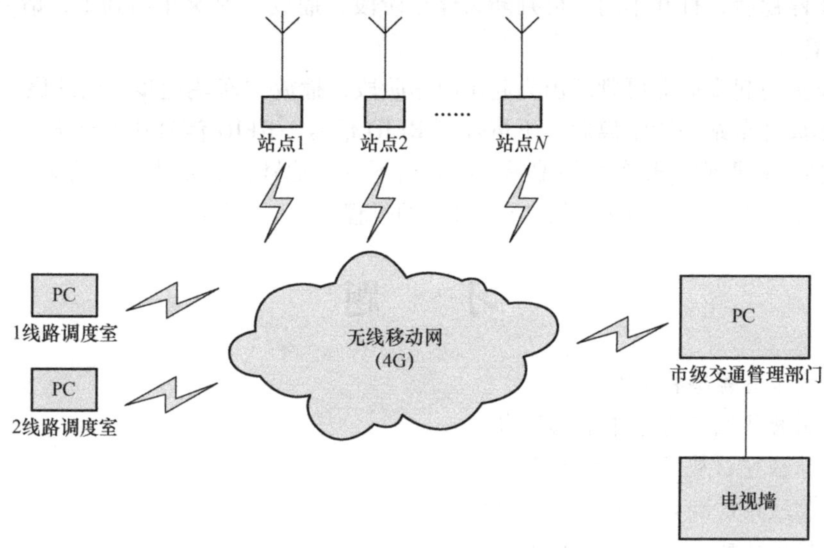

图 5-48　智慧公交

目前最常用的自动报站方式是由驾驶员操纵的报站系统，而在车辆起动与进站时，往往是路面情况最复杂的时候，驾驶员既要对行驶中的汽车进行起动或制动等操作，同时还要兼顾报站系统的操作，给行驶中的车辆带来一定的安全隐患。GPS 报站系统由于精度低，且易受环境和天气的影响，常常误报。通过在公交车辆上安装明信片大小的电子标签，同时在车站加入 RFID 读写器，基本实现了公交报站零误差。

公交车进站系统的工作流程（见图 5-49）如下：

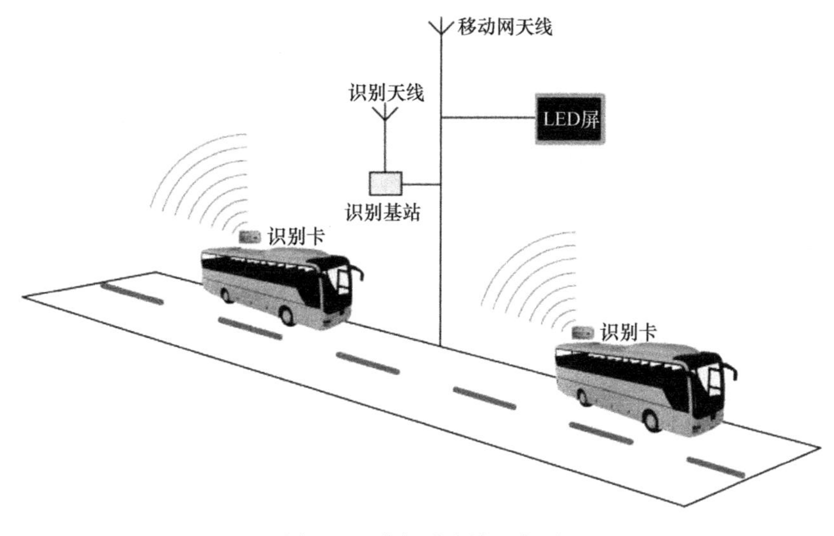

图 5-49　车辆进出站示意图

1）公交车辆在靠近车站时，车站处安装的 RFID 读写器收到贴在公交车上的电子标签发出的信号，判定为进站阶段，GPRS 会将车辆信息、乘客数量、到站时间等信息传输到公交车站调度中心，同时更新各站的 LED 报站显示内容。同时公交车广播系统调用相应录音内容，播放“前方到达××车站，请乘客做好准备”。

2）汽车停稳后，打开车门，可判断为停车阶段，播放“××车站到了，请乘客从后门下车”的录音。

3）汽车关门起步后即可判断出为起步出站阶段，播放“车辆起步，请站稳、扶好”。

4）汽车离开车站一段距离后，不再收到 RFID 信号。RFID 信号从有到无，可以认定为站间行驶阶段，根据刚离开车站的编码，判断出下一个站号，播放“下一站××”。

5）进入下一车站时又重复步骤 1）~4）的过程。

习　题

1. 智慧城市有哪些特征？
2. 请绘制智慧城市的总体系统架构。
3. 智慧社区可以从哪几方面入手？
4. 基于物联网的智慧物流特点是什么？
5. 智慧校园的感知点主要有哪些？
6. 什么是智慧交通？如何组织和实施智慧交通？
7. 智慧交通系统包括哪几个部分？

参考文献

[1] 吴功宜，吴英．物联网工程导论［M］．北京：机械工业出版社，2012.

[2] 刘云浩．物联网导论［M］．2 版．北京：科学出版社，2013.

[3] 张凯，张雯婷．物联网导论［M］．北京：清华大学出版社，2012.

[4] 石志国，王志良，丁大伟．物联网技术与应用［M］．北京：清华大学出版社，北京交通大学出版社，2012.

[5] 詹青龙，刘建卿．物联网工程导论［M］．北京：清华大学出版社，北京交通大学出版社，2012.